아주 낮게 뜬 태양 주변에 나타난 헤일로 현상.

프루도만 ●

150°

180°

동시베리아해

매켄지 강

이누빅 ●

보퍼트해

캐 나 다

120°

뱅크스섬

빅토리아섬

● 케임브리지만

퀸 엘리자베스 제도

90°W

레졸루트만 ●

표류 시작 지점 ✕

북극점 ◆

20
드라

폰드 인레트 ●

엘즈미어섬

얼럿 ●

2020년 2월 ☆
드라니친호

배핀섬

카나크 ●
(툴레)

배 핀 만

60°

노르드 ●

2020년 8월 13일 ☆
트료쉬니코프호

~5607m ○

스발바르
(스피츠베르

롱위에아 ●

2020년 6
존네호와 메리

그 린 란 드

30°

그린란드해

비에르

이토코르토르미우트 ●

0°

콰코르톡 ●
(율리아네호프)

브레머하펜을 향해 가
(2020년 10월 12일 도착

150°

● 베르호얀스크

레나 강

● 틱시

보시비르스크 제도

120°

랍테프해

시 베 리 아

러 시 아

----- 폴라르슈테른호가 실제 항해한 경로
───── 폴라르슈테른호가 표류한 경로
       2019년 9월 20일의 두꺼운 유빙층 상황
       2020년 3월 4일의 두꺼운 유빙층 상황
    ☆ 쇄빙선 또는 파트너 선박을 통한 보급

빌키츠키 해협
첼류스킨곶

북극 곶

세베르나야제믈랴 제도

90°O

● 노릴스크

예니세이 강

크프섬

카라해

바이즈섬

딕손 ●

제프 제도

80°

제믈랴곶
쇼칼스키 섬

노바야제믈랴 군도   60°   70°

바이가치 섬

오비 강

폴라르슈테른호
항해 경로

카라 해협

바렌츠해

60°

페초라 강

30°

노르드곶

무르만스크

019년 9월 20일
폴라르슈테른호 출발 지점

● 아르한겔스크

드비나 강

0   500 km

연구용 기구

폴라르슈테른호

계류기구
미스 피기

원격 감지 사이트

주차 공간 / 주유소

북극곰

연무 오두막

물류 구역

오션 시티

전선과
데이터 케이블

배전기

벌룬 타운

벌룬 격납고

얼음 핵 채취

연구 캠프
(원 구조를 간략하게 묘사)

헬리콥터 BK-117

얼음 두께 센서(이엠 버드)

ROV 시티

기상관측기용 마스트
(30미터)

단파 레이더와
스케터로미터

기온 측정기와
라디오미터

기상학 측정 탑
(11미터)

측정기

눈 천칭

레이저 강설
모니터

메트 시티

소다

난센 썰매가 부착된
스노모빌

광선 레이더

배전함

스노모빌

자율 해양 유동 부표
(AOFB)

남극 아트카 베이Atka Bay 인근 빙붕 가장자리 앞에 있는 여러 빙산이, 신기루를 통해 기이하게 변형된 모습.

어미 북극곰이 태어난지 몇 달밖에 안 된 새끼곰과 함께 방문했다. 두 곰은 자신의 서식지에 나타난 것을 호기심 어린 눈빛으로 주시하지만, 그렇다고 우리의 존재를 성가시게 여기지는 않는다.

모자익 원정대가 2020년 9월 20일 북극 얼음을 빠져나와 긴 귀로에 오르기 전, 얼음 위에서의 마지막 나날을 보내고 있다.

북극에서 얼어붙다

북극에서 얼어붙다

EINGEFROREN AM NORDPOL

마르쿠스 렉스·마를레네 괴링 지음 | 오공훈 옮김

소멸하는 북극에서 얼음 시계를
되감을 330일간의 위대한 도전

한국 포함 37개국 과학자들,
지상 최대 북극 연구 모자익 프로젝트

동아시아

프리더리케, 팀, 필리프를 위해

차례

머리말

꽁꽁 얼어붙은 극지방은 사람의 눈에 띄지 않고 발길도 닿지 않은 채, 태초부터 티 없이 깨끗한 얼음 맨틀 아래 잠들어 있었다. 하얀 예복을 걸친 엄청나게 큰 거인은 축축하고 차가운 얼음 팔다리를 뻗고 수천 년 동안 꿈을 꾸었다.

시간이 흘렀다. 그리고 고요는 깊었다.

역사의 여명기에, 저 멀리 남쪽에서 깨어난 인간 정신이 고개를 들고 땅을 굽어보았다. 인간 정신은 남쪽에서는 따스함을, 북쪽에서는 차가움을 만났다. 그런 다음 미지의 경계 너머로 양대 제국을 옮겼다. 한 제국은 모든 것을 소모하는 열이고, 다른 하나는 모든 것을 파괴하는 추위였다.

하지만 빛과 지식을 향한 인간 정신의 열망이 깨어나기 전에, 미지의 경계는 한 걸음 한 걸음 물러나 북쪽 자연의 거대한 얼음 묘지 입구에, 극지방의 끝없는 고요 속에 멈춰서야 했다. 지금까지 아무리 극복하기 어려운 장애물도 승리의 전진을 하는

군대를 가로막지 못했고, 군대는 자신 있게 계속 이동했다. 그러나 여기서 거인은 인간 생명에 가장 치명적인 적과 동맹을 맺고 그들과 맞섰다. 즉 얼음, 추위 그리고 기나긴 겨울밤이다.

위대한 발견자이자 극지 탐험가인 프리드쇼프 난센Fridtjof Nansen이 1897년에 쓴 탐험 보고서는 이렇게 시작한다. 이후 인간의 발견 정신은 우리가 사는 지구의 거의 모든 곳을 침투해 비밀을 밝혀내고 있다. 인류는 과학 장비로 연구를 계속하고 있다. 하지만 극지방은 여전히 우리의 강한 탐구심에 제약을 가한다. 오늘날까지도 우리의 인식과 통찰은 겨울철 북극지방 중심부에서는 빛을 잃은 상태다. 게다가 북극해를 덮은 얼음은 관통하기가 너무나 어렵고, 외적 조건이 너무나 불리하다. 어떤 연구용 쇄빙선도 이 지점까지 밀고 들어오지 못했다. 쇄빙선이 1년 내내 북극 중심부 기후의 복잡한 체계 과정을 연구한 적이 아직 단 한 번도 없다.

20개국이 연합하여 국제적 차원의 대규모 공동 프로젝트를 수행했다. 이 프로젝트의 목적은 북극 기후 연구를 위한 다학제多學際 표류 관측소인 모자익 원정대MOSAiC-Expedition와 함께 북극지방의 비밀을 해독하는 것이다. 또한, 현대식 연구용 쇄빙선인 폴라르슈테른 (Polarstern, 북극성)호로 사상 최초로 1년 내내 북극 중심부를 돌고, 겨울에도 북극의 주위 환경을 직접 조사하는 것이다. 폴라르슈테른호는 인간의 한계를 확장하는 이 원정에서, 북극 중심부 얼음 속에서 꽁꽁 얼어붙은 채 겨울을 난다. 폴라르슈테른호는 여섯 척의 다른 쇄빙선과 탐사선으로 이루어진 선대의 지원을 받으면서 1년 내내 우리가 반드시 필요로 하는 데이터를 수집한다.

이런 프로젝트를 수행하는 이유는 북극지방은 기후변화의 진원지이기 때문이다. 더욱이 우리가 사는 지구에서 이곳 북극지방만큼 빠르게 온난화되는 곳은 어디에도 없다. 다른 지역보다 최소 2배는 빠르며, 심지어 겨울에는 그러한 경향이 훨씬 더 뚜렷해진다. 오늘날까지도 우리는 아직 이에 대해 많은 부분을 이해하지 못하고 있다. 우리의 기후모델(컴퓨터로 일정 시간별로 적분하여 과거·현재·미래의 기후를 예측한 수치 예측 모델-옮긴이)에서는 지구상의 많은 지역 중 북극이 가장 불확실하고 예측할 수 없다. 21세기 말까지 어느 정도로 온난화가 될지 예측하는 것은 기후모델 요인에 따라 서로 3배까지 차이가 난다. 미래 온실가스 배출을 비관적으로 보는 시나리오에서, 온난화로 북극 기온이 섭씨 5도까지 올라갈 거라고 예측하는가 하면 무려 15도까지 오를 것이라는 전망도 있다. 상당수 기후모델은 몇십 년 안에 북극에서 여름에는 얼음이 얼지 않게 될 거라고 예측한다. 물론 그렇게 예상하지 않는 모델도 있다. 언제 그런 일이 일어날지는 아무도 모른다. 하지만 기후 온난화 대책을 위해 광범위하면서도 근본적인 결정을 긴급하게 내리기 위해서는, 견고하고 신뢰할 만한 과학적 기반이 필요하다. 기후모델은 데이터와 기후시스템의 과정에 대한 정확한 이해를 토대로 하며, 우리는 이 모델을 컴퓨터에서 가능한 한 현실에 가깝게 재현해 내야 한다. 그렇게 해야만 모델이 신뢰할 수 있을 만한 결과를 얻는다. 그러나 기후시스템을 관찰하기 위해 우리의 현대적인 도구와 장비가 투입된 적이 한 번도 없는 지역에서, 어떻게 하면 그러한 연구를 수행할 수 있을까? 관찰이 이루어지지 못하는 경우, 여기서 모델은 기후시스템 과정이 어떻게 작동하고 진행되는지 임시로 가정을 내려야 한다. 이렇게 말할 수도 있다. 기후모델 수립은 추측에서 출발해야 한다고. 이 추측의 영역 때문에 기후변화 예측은 엄청난 불확실성을 내포한다.

이와 동시에 북극은 세계 인구 대부분이 사는 지역인 유럽, 북미, 아시아의 날씨와 기후에 영향을 준다는 측면에서 마치 기상 부엌과 같은 역할을 한다. 추운 북극과 따뜻한 중위도 간의 온도 대비는 북반구의 주요 풍계風系를 움직이게 하고 우리가 겪는 날씨 대부분을 결정한다. 북극의 급격한 온난화는 이러한 온도 대비를 변화시킨다. 그 결과 우리 위도에는 극단적인 기상 상황이 보다 증가하고 강화된다. 그리고 여름에 얼음이 얼지 않는 북극이 과연 우리 기후에 무슨 의미로 나타날지 현재로서는 확실하게 말하기 어렵다. 북극 기후 진행 과정에 대한 인류의 정보가 너무나 없기 때문이다.

그렇다면 얼음이 엄청 두꺼워져서 최고의 연구용 쇄빙선도 뚫지 못하는 겨울에 북극 중심부에 어떻게 도달할까? 우리의 탐험은 북극에서 유빙을 발견한 위대한 극지 개척자 프리드쇼프 난센의 발자국을 따른다. 난센은 그린란드 북쪽에서 발견된 자네트Jeannette 원정대의 잔해를 보았다. 자네트 호는 1879년에 시베리아 앞에서 얼음에 갇혀 난파됐다. 난센은 잔해를 통해 얼음으로 이루어진 일종의 컨베이어 벨트가 극지방 빙원을 가로질러 쭉 나아갈 거라고 추론했다. 이것이 바로 북극 횡단 유빙이다. 난센은 이 유빙을 이용해 이전보다 더, 누구보다도 더 깊숙이 북극 중심부로 밀고 들어갔다. 그는 특별 제작된 목제 범선인 프람Fram호를 타고 원정에 돌입했다. 프람호는 시베리아 연안 앞 얼음 컨베이어 벨트의 발원지에서 얼음에 갇힌 상태에서, 얼음의 흐름을 타고 3년 만에 북극 돔을 가로질러 북대서양까지 떠내려갔다.

모자익 원정대에 참여한 우리도 이러한 접근 방식을 따른다. 우리는 얼음과 맞서 싸우는 대신 얼음과 협업한다. 즉 우리가 적절한 장소에서 얼음에 갇힌다면, 더 이상 우리가 관여하지 않아도 북극 횡단 유빙은 북극 중심부를 가로질러 겨울이면 접근이 차단되었을 지역으로 진입할 기회를 마련해 줄 것이라는 구상이다. 이때 우리는 겨울과 봄이라는 긴 시기 동안 불가피하게 유빙에 단단히 갇힌다.

원정 진행 과정은 완전히 자연의 손에 달려 있다. 원정대는 전적으로 자연의 힘에 내맡겨졌고, 유빙이 우리를 어디로 운반할지, 원정대 탐험이 어떻게 진행될지 누구도 말하지 못할뿐더러 영향도 끼칠 수 없다. 우리는 자연에 몸과 마음을 맡기고 의지한다. 우리는 여행 경로와 과정을 결정하지 않는다. 자연의 힘이 결정한다. 이러한 시도의 경우 어떠한 계획도 세울 수 없고, 모든 것은 원정 진행 과정에서 발전한다. 우리는 엄청난 도전 상황에 직면했다. 얼음의 균열, 얼음 평원에서 갑자기 거대한 빙산이 솟아오르는 상황, 빙산이 서로 포개고 밀치는 상황, 격렬한 폭풍, 극한의 추위, 몇 달 동안 지속되는 극야(極夜, 극지방에서 겨울철에 해가 뜨지 않고 밤이 지속되는 기간-옮긴이), 위험한 북극곰, 그리고 무엇보다도 코로나19 팬데믹까지. 우리는 도전을 감행할 준비가 됐다.

1부
가을

얼음으로 가고 있는 폴라
르슈테른호.

1장
원정을 시작하다

2019년 9월 20일, 첫 번째 날

　폴라르슈테른호는 트롬쇠(Tromsø, 노르웨이 북부에 있는 항구 도시-옮긴이) 부두에 우뚝 솟은 자태로 정박해 있다. 거대한 선체는 조명 장치로 어둠을 깨뜨린다. 조명은 우리의 성대한 작별 인사를 밝힌다. 준비는 끝났다! 나는 갑판에 서서 축하를 보내는 군중을 바라본다. 육지를 향해 있는 우현 쪽 갑판은 사람들로 가득 차 있다. 우리 원정대는 어떻게 이루어져 있을까. 약 100명의 과학자, 기술자, 선원으로 이루어져 있다. 우리 모두 몇 달 동안 얼음에 갇혀 얼어붙을 위험을 무릅쓴다. 우리는 세상 끝에서 사상 가장 큰 규모의 북극 원정에 오른다.

　나는 아래를 내려다본다. 예술가들은 우리의 출발을 축하하기 위해 빛으로 이루어진 움직이는 유빙을 부두 콘크리트 바닥에 투사했고, 선창에 설치한 축제 천막은 저녁 어둠 속에서 빛난다. 여기서 연방연구장관 안야 카를리첵Anja Karliczek, 헬름홀츠 협회(독일에서 규모가 가장 큰 과학연구기관–옮긴이) 회장 오트마르 비스틀러Otmar Wiestler, 알프레트 베게너 연구소AWI 소장 안트예 뵈티우스Antje Boetius가 연설을 통해 우리에게 작별 인사를 한다. 그들은 우리는 물론 우리가 감행하는 원정 의도에도 경의를 표한다. 이는 북극과 지구온난화라는 주제가 정치와 사회에 얼마나 중요하게 자리매김했는지 보여주는 징표다. 수많은 언론이 이 자리에 참석했다. 우리는 배 아래에서 건배를 했고, 특히 알프레트 베게너 연구소장과 진심을 담아 작별 인사를 했다. 그녀는 수년 동안 강한 추진력을 발휘해 우리의 원정이 성사되도록 노력했다. 그녀는 많은 것을 함께 계획했고 가능하게 했다. 그리고 지금 자신도 우리의 원정에 합류하고 싶은 마음이 너무나 간절하다고 했다. 그때 내가 눈물을 조금 보였던가? 트롬쇠의 거친 바람 때문에 눈물이 났던 게 틀림없다! 또한, 우리의 보급 부서 책임자 우베 닉스도르프Uwe Nixdorf와 모자익이라는 아이디어를 탄생시킨 주역인 클라우스 데트로프Klaus Dethloff는 아래에 서 있다. 그들은 자랑스러운 심정으로 우리의 계획이 실현되는 광경을 지켜본다. 어떤 국가도 어떤 기관도, 모자익 원정대 같은 프로젝트를 단독으로 조직할 수 없다. 수많은 사람이 오랫동안 모자익 원정대의 탐험 성사를 위해 일하고 싸웠다. 이제 우리는 이 모든 노력에 대한 보답을 받게 되어 무척 기쁘고 이를 함께 나눈다. 송별 파티에 참석한 손님들이 잔을 한껏 높이 들고 건배한다. 이제 폴라르슈테른호 선체에 오른 우리와 그들은 몇 미터 거리나 떨어져 있기 때문이다. 아래에 있는 친구들과 가족들이 손을 흔든다. 그중에는 내 아내와 두 아들도 포함되어 있다. 우리도 손을 흔든다. 수많은 이의 두 눈이 사랑하는 사람과 마지막으로 시선을 맞추어 보려 애쓴다. 그러나 눈물을 흘리기에는 너무 신나는 분위기다. 슬픈 생각이 떠오를 분위기가 절대 아니다.

이제 출발할 시간이니까! 밴드가 연주하고 쇄빙선의 연결 통로가 올라가고 밧줄이 끌어 올려진다. 뱃고동 소리를 길게 울리면서 폴라르슈테른호가 여유 있게 움직인다. 우리는 머지않아 항구에 있는 사람들의 모습을 알아볼 수 없다. 친구들은 어둠 속으로 사라지고, 바람이 축제 음악을 삼켜버린다.

나는 오랫동안 갑판에 머무르면서 피요르드를 바라본다. 어둠 속에서 해안의 불빛이, 나중에는 노르웨이 섬의 불빛이 지나간다. 아늑한 노르웨이 주택에서 나오는 정답고 친숙한 불빛이다. 노르웨이 주택은 내가 가족과 함께 사는 작은 집과 완전히 똑같다. 마치 독일의 포츠담 바벨스베르크 마을 중심에 서 있는 듯한 기분이 든다. 한동안 이곳을 다시 못 보게 될 것이다. 이곳에 사는 사람들은 가족들과 평범한 하루를 마치지만, 배를 탄 우리는 오랫동안 일상적인 나날을 누리지 못하고, 가족도 만나지 못하게 될 것이다. 앞으로 몇 달 동안 우리에게 어떤 일이 벌어질까?

돌이켜 보면, 출발하기 전 몇 주 동안은 비현실적으로 느껴질 정도로 최종 준비를 하느라 분주했다. 집 안은 사방에 가져갈 물건이 무더기로 쌓여 원정 준비 캠프와 같았다. 하지만 무엇보다도 가족과 함께 보내는 시간이 갈수록 소중해졌다. 이 시간의 귀중함은 우리 의식 속에 서서히 스며들었다. 앞둔 9개월의 시간 동안 우리 가족은 만나지 못하고 떨어진 채 크리스마스, 새해, 서로의 생일을 축하해야 하니까. 그럼에도 아홉 살과 열한 살인 두 아들은 모자익 원정에 열광한다. 아이들은 원정에 대해 모조리 알고 있으며 매우 흥분해 있다. 두 아들의 태도 덕분에 나는 위안을 받아 좀 더 편하게 행동할 수 있게 됐고, 긴 이별로 인한 슬픔도 그런대로 잊었다. 아내도 별다를 바 없다. 내가 항상 긴 원정을 다니는 것에 익숙한 아내도 원정에 대한 내 설렘을 공유한다. 이전 세대 극지 탐험가들과는 달리, 적어도 우리는 원정에 임하는 동안 서로의 소식을 주고받을 수 있다.

요즘 나는 프리드쇼프 난센과 그가 이끌던 팀을 자주 생각한다. 그들은 126년 전에 우리와 매우 유사한 연구 여행을 떠났다. 그들은 목제 범선인 프람호를 타고 엄청나게 선구적인 업적을 이룩했다. 이를 통해 극지방 원정이 성공할 수 있음을 보여주었다. 당시 그들은 완전한 미지의 세계로 떠났다. 외부와 커뮤니케이션도 아예 할 수 없었다. 자신이 과연 살아서 돌아오게 될지조차 알 수 없었다. 그들은 원정을 떠나기 전 며칠 동안 어떤 일을 했을까? 어떤 생각이 들었을까? 무엇이 그들의 마음을 움직이게 했을까? 이들은 가족과 작별 인사를 할 때 얼마나 불안한 감정에 휩싸였을까? 이에 비하면 오늘날 우리의 상황은 얼마나 나아진 건지 모른다!

그리고 이제 우리는 정말로 원정 중이다! 폴라르슈테른호의 항적航跡은 바닷물을 가르며 거품투성이의 파도를 일으키다가 점점 바다에 합쳐져 잦아든다. 궤도는 완전히 사라진다. 이 광경을 지켜보면 기분이 좋다. 몇 년간 계획을 세우던 나날, 막판에 트롬쇠 항구에서 보낸 스트레스 가득한 나날이 점점 멀어져 가는 듯한 기분이 든다.

육지에서 보낸 마지막 나날에 대한 압박감은 이제 고요함에 자리를 양보한다. 배에 있는 사람이라면 느끼는 고요함 말이다. 배는 천천히, 끊임없이 목표를 향해 미끄러져 가고 있다. 특히 밤바다의 어

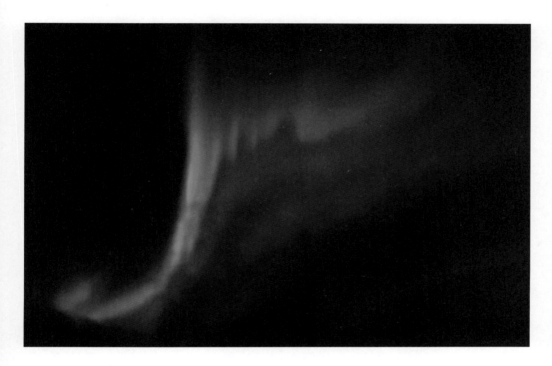

깊고 텅 빈 공간으로 사라지는 물결을 지켜볼 때, 모든 것이 아득히 멀어지는 듯한 느낌이 든다.

9월 23일, 북극지방은 화려한 오로라로 우리를 반갑게 맞이한다.

우리의 원정이 시작됐고, 이제부터는 우리 자신 외에는 의지할 곳이 없다는 사실을 서서히 깨닫는다. 자신의 양말, 헤드램프, 털모자에 적용되는 사항은, 원정 장비와 식량에도 적용된다. 즉 이제 우리는 자기가 가진 것에 무조건 의존해야 한다. 원정 중에는 어떤 것도 구매할 수 없다. 배달은 전혀 이루어지지 않는다. 우리는 외부로부터의 도움을 더 이상 기대할 수 없다.

역설적으로, 이는 안도감을 준다. 세상은 급격히 작아졌다. 가능성과 선택지는 부족하지만, 기이하게도 이 점 때문에 긴장감이 풀린다. 마지막 순간에 머릿속을 분주히 돌던, 무조건 처리하거나 마무리 지어야 한다고 생각했던 일들이 무의미해진다. 출발하기 전,

우리 생각의 시간 단위는 점점 짧아지다 마침내 시간, 분 단위로 생각하게 됐었다. 이제 우리에게는 세상의 모든 시간이 있다. 우리의 원정은 1년이 걸린다. 원정은 단거리 경기가 아니다. 마라톤이다. 태연하고 침착하게 원정을 진행해야 한다. 나는 가져온 수많은 짐 중 몇 개를 푼 다음 잠자리에 든다. 침대에 눕고 1분도 되지 않아 깊은 잠에 빠져들었다. 배가 요람처럼 흔들려 놀라울 정도로 푹 잠든다. 바로 이 점 때문에 폴라르슈테른호를 신뢰할 수 있다.

INFO

폴라르슈테른호

폴라르슈테른호는 1982년부터 지구상 가장 멀리 떨어져 있는 곳을 구석구석 항해하고 있다. 폴라르슈테른호가 수행하는 과제는 많다. 남극에 있는 독일 연구기지, 즉 아트카Atka만 인근 엑스트룀Ekström 빙붕에 위치한 노이마이어 III 기지Neumayer-III-Station에 물품을 공급하는 업무도 한다. 한편 폴라르슈테른호는 극지방에서 거의 영구적으로 연구를 수행하는 데 사용된다. 즉 극지방에서 얼음, 바다, 생명체는 물론 생지화학 과정, 대기, 기후를 연구하는 데 활용된다. 그래서 폴라르슈테른호는 1년 중 평균 310일을 고향인 브레머하펜에서 멀리 떨어진 곳에 머문다. 폴라르슈테른호는 전 세계에서 가장 능력이 뛰어난 연구용 쇄빙선 중 하나다. 이 배는 튼튼한 이중벽과 둥근 선체를 지녀, 1.5미터 두께의 얼음도 문제없이 깰 수 있다. 또한 엔진이 2만 마력이나 되어, 거대한 얼음을 들이박아 뚫기에 충분한 힘을 지니고 있다. 쇄빙선은 해상 연구 설비다. 배 내부에는 고도로 전문화된 장비를 갖춘 실험실 아홉 개가 있다. 특히 모자익 원정대는 과학용 컨테이너 데크를 새롭게 설치했다. *

2019년 9월 21일, 두 번째 날

바다에서 처음으로 맞는 아침이다. 하늘에 구름이 짙게 끼었지만, 수평선에서 불빛이 반짝이는 노르웨이 섬 몇 군데가 보인다. 이와 동시에 휴대폰 통신망이 먹통이 된다. 문명의 산물인 무선전파는 더 이상 우리에게 도달하지 않는다. 폴라르슈테른호는 몹시 세찬 바다를 용감하게 헤쳐 나간다. 오전 11시 무렵, 우리는 스칸디나비아 노르카프(노르웨이의 핀마르크주에 위치한, 노르웨이에서 가장 북쪽에 위치한 지역. 노르카프는 노르웨이어로 '북쪽의 곶'이라는 뜻이다-옮긴이)를 한 바퀴 빙 돌고 북동쪽으로 향한다. 바렌츠해(Barents Sea, 북극해 바깥쪽 해역-옮긴이)로 향하는 것이다. 바렌츠해는 늦여름에는 얼지 않아 우리가 진입할 수 있다.

폴라르슈테른호가 항해하며 내는 익숙한 진동과 구르는 소리를 느낄 수 있어 좋다. 주교舟橋 위쪽에 있는 가장 높은 갑판인 노천 선교로 끌리듯 오른다. 세찬 바람을 맞기는 하지만, 시선을 아래로 향하면 배가 바다를 헤치고 나아가는 광경이 보인다. 또 수평선까지 탁 트인 사방 풍경을 감상할 수 있다. 노천 선교는 내가 폴라르슈테른호에서 가장 좋아하는 장소 중 하나다.

2019년 9월 22일, 세 번째 날

우리는 북동항로를 따라 외해역外海域을 아주 잘 나가고 있다. 배는 바람을 거슬러 13노트 정도의 속도로 나간다. 날이 갈수록 바람은 점점 강해지고, 파도 높이는 평균 4미터를 기록한다. 이러한 기상 조건에서도 폴라르슈테른호는 원기 왕성하게 앞으로 나아간다. 바닷물이 밀려와 우리가 일하는 작업 갑판을 덮치고, 원정 참가자 중 뱃멀미에 시달리는 사람이 처음으로 발생한다. 그럼에도 선상 분위기는 훌륭한 편이다. 여러 해에 걸쳐 오랜 준비를 마친 뒤에 출발하는 것이라, 지금 북극 얼음을 향해 가고 있다는 사실에 모두가 무척 열광한다.

그러는 동안 우리는 갖고 온 짐을 배에 정리 정돈했다. 수하물은 전부 선실 사물함에 쌓아놓았고, 극지방의 얼음 위에서 활동할 때 신을 거칠고 투박한 작업화와 폴라 패딩 부츠가 통로 문 앞에 나란히 줄지어 있다. 폴라르슈테른호에서는 전통적으로 두 사람이 한 방을 쓰는데, 선실이 다음과 같이 구성되어 있기 때문이다. 더블 이층 침대, 작은 소파와 테이블, 별도로 분리된 작은 욕실. 그 밖에는 아무것도 없다. 나 혼자 사용하는 선실은 침실과 아늑한 소파가 딸린 사무실로 구성되어 있다.

하지만 우리는 선실에서 시간을 보낼 틈이 별로 없다. 북극으로 가는 지금도 우리는 온종일 일한다. 실험실에 장비를 갖추어야 하기 때문에 상자를 풀고 기구를 조정해야 한다. 평소 육지에서 활동하는 상황보다는 한정된 공간 안에서 움직이기는 하지만, 날마다 데크, 실험실, 화물 컨테이너 사이를 쉬지 않고 끊임없이 달리다 보면 여러 조치를 동시에 취해야 하는 경우가 비일비재하다.

어제 오후 아카데믹 페도로프Akademik Fedorov호가 트롬쇠에서 출발했다. 이 배는 폴라르슈테른호의 호위선으로 이번 탐험의 첫 여정을 담당한다. 원래 우리와 함께 출항하기로 되어 있었지만, 장비가 항구에 예정보다 너무 늦게 도착하는 바람에 대기해야 했다. 이제 러시아 극지 연구 선대의 기함旗艦인 페도로프호가 우리와 함께 얼음을 향해 가고 있다. 페도로프호는 추가 장비와 보조 인력을 싣고 항해한다. 이 인력과 장비는 우리의 연구 캠프 구축, 분산망distributed networks 배치, 우리 기지에서 약 50킬로미터 떨어진 곳에 있는 조그마한 얼음 땅에 설치될 측량 기지 구축에 필요하다. 페도로프호는 우리가 부빙浮氷에 도킹하기 전에 폴라르슈테른호에 연료를 공급할 것이다. 북극으로 향하는 여정에서 연료를 다 써버리므로 다시 채워야 하기 때문이다. 이렇게 해야 우리는 탱크에 연료를 가득 채운 상태로 긴 겨울을 보낼 수 있다.

우리가 다음으로 설정한 목표는 첼류스킨Chelyuskin곶 일주다. 첼류스킨곶은 유라시아 대륙 최북단이자 북동항로의 요지다. 이 첼류스킨곶을 지나면, 우리 앞에 랍테프해More Laptevykh가 나타난다. 우리는 랍테프해 북쪽 어느 지점에서 얼음에 갇히려 한다. 하지만 그 전에 바렌츠해의 나머지 부분과 카라해Kara Sea를 횡단해야 한다.

횡단이 가능하기 위해서는 두 가지 방법이 있다. 첫 번째는, 얼음 때문에 어쩔 수 없이 해안 근처에 배를 정박시키고는 그곳에 항로가 열려 있기를 희망하는 방법이다. 이 항로는 러시아 본토 근처에 위치한 노바야제믈라Novaya Zemlya군도와 바이가치Vaygach섬 사이에 있는 카라해협을 통과해 나아간다. 카라해협은 카라해로 들어가는 좁은 관문이다. 또는 두 번째로 노바야제믈랴군도 북쪽으로 돈 다음, 카라해 북쪽을 지나 동쪽을 향해 앞으로 나아가는 전투를 벌이는 방법이다. 둘 중 어떤 방법이 가능한가는 얼음이 결정한다.

이처럼 얼음 상태가 무척 까다롭기 때문에, 카라해는 "북극지방의 얼음 창고"라고도 불린다. 이 별명은 19세기 중반 독일 발트해 출신 자연과학자 카를 에른스트 폰 베어Karl Ernst von Baer가 만들었다. 그러나 지금은 얼음 창고의 흔적이 전혀 없다. 현재의 카라해는 얼음

작업 갑판

얼음으로 진입하는 주요 부분이다. 여기에서부터 통로가 얼음 위로 곧바로 이어진다. 이곳에 있는 난방 장치가 된 선실에는 통로를 감시하는 인원이 있어 누가 얼음 위로 올라가는지, 누가 돌아오는지를 기록한다. 작업 갑판 뒤편 끝에는 난방장치가 되어 있고 반원형 파노라마 창이 달린 오두막 형태의 선실이 하나 더 있다. 여기서는 별을 관찰하는 사람이 근무한다. 또한 이곳에서는 북극곰이 오는지도 감시한다. 이곳은 사령교에서는 전혀 보이지 않는 배 뒤쪽 구역을 안전하게 지키는 역할을 한다.

헬리콥터 발착 덱

폴라르슈테른호 소속 BK-117 두 대가 이착륙한다. 이 헬리콥터는 과학 장비로 임무를 수행하거나 얼음 상황을 살펴 우리에게 보고하는 일을 한다. 그리고 여기서 연구용 기구氣球가 성층권까지 날아 올라간다.

실험실 컨테이너

선복(船腹, 그림이 가리키는 부분)과 선수船首에는 실험실 컨테이너가 많이 세워져 있다. 그중 일부는 생물학 관련 연구를 위해 다양한 낮은 온도로 냉각시키거나 특수 조명을 비추는 조건을 지속할 수 있다. 다른 컨테이너에는 선박 외부에서 공기를 빨아들여 대기를 측정하는 기기가 마련되어 있다.

슬라이드 빔

원정 4~5단계 동안에는, 크고 무거운 해양 장비를 여기에서 바로 얼음 구멍으로 투입한다. 장비는 물기둥 깊숙이 투입된다. 반면 원정 1~2단계 동안에 해양 장비는 다른 방식을 쓴다. 즉 배에 장치된 크레인을 사용해 선박에서 멀리 떨어진 얼음 구멍으로 투입한다.

대형 습식 실험실

탐사 연구 중 가장 큰 작업 공간이다. 여기에는 대형 원격 탐사 장비가 구축되어 있다. 이 실험실은 드론과 헬리포드helipod의 본거지이기도 하다. 헬리포드는 대기 측정용 견인체로, 헬리콥터가 끌고 날아간다.

마스트 위 감시대

회전식 열화상 카메라가 설치되어 있다. 이 카메라는 북극곰이 나타나지 않는지 사방을 끊임없이 감시한다. 열화상 방식이라, 한 치 앞도 안 보이는 북극의 어두운 밤도 문제없이 감시할 수 있다. 하지만 이 카메라는 이미 원정 첫 단계가 진행되는 동안 고장이 났다. 같은 종류의 대체 카메라로 바꿨지만, 이 카메라도 마찬가지로 고장 났다. 이후 열화상 카메라 두 대가 남았는데, 다행히도 확실하게 기능을 수행했다. 한 대는 방향 전환 및 줌 기능이 있는 카메라이고, 나머지는 배 뒤편 구역을 지속적으로 감시하는 카메라다.

노천 선교

데이터 전송용 위성안테나가 설치되어 있다. 대기를 연구하는 인력은 위쪽 안테나가 없는 탁 트인 시야 공간을 활용한다. 특히 대형 회전식 구름 탐지 레이더가 설치되어 있다. 이 레이더는 무게가 많이 나가기 때문에 노천 선교는 특별히 튼튼하게 만들어졌다.

사령교

모든 활동을 지휘하는 센터다. 이곳에서 얼음 캠프의 활동을 지속적으로 감독·통제한다. 사령교는 얼음 위에서 활동하는 팀을 위한 무선 통신 센터 역할을 한다. 그리고 이곳에서 북극곰이 나타나는지 감시하는 인력이 캠프 주변을 샅샅이 훑어본다. 겨울철 북극의 밤에는 사령교에서 조종하는 열화상 카메라와 배에 설치된 탐조등 세 대로 감시한다. 반면 여름철 북극의 낮에는 쌍안경으로 살핀다.

강의실

원정팀은 최소 하루에 한 번은 여기서 만나 회의한다. 또한, 이곳 강의실에서 다음 날 북극곰을 감시할 인력을 정한다. 그리고 종종 연구 캠프에 파견되어 다양한 과제를 수행할 자원자를 찾는다. 자원자는 신속하게 구하는 편이다.

실험실

물 샘플 중 상당수를 분석하거나 본국 실험실에서 분석하기 위해 보관·처리된다. 이 물 샘플은 CTD(전기전도도·수온·수심의 약자-옮긴이) 로제트(Rosette, 장미 모양의 측정 기기-옮긴이)가 심해에서 채집한다.

이물(배의 앞부분)

폴라르슈테른호 선수에는 측정 및 실험실 컨테이너가 딸린, 모자익 원정대를 위해 완전히 새롭게 만든 갑판이 구축되어 있다. 원정 기간 동안 여기서 무수한 대기 측정을 끊임없이 진행한다.

이 거의 얼지 않았고 우리 앞에 항로를 활짝 열어놓았다! 그래서 우리는 더 쉽고 빠른 길을 택하여, 노바야제믈랴군도의 북단인 제믈랴곶을 향해 나아간다. 우리 원정대의 위대한 롤모델인 프리드쇼프 난센이 활동한 시대와는 얼마나 차이가 난단 말인가!

프리드쇼프 난센: 표류의 발견

프리드쇼프 난센이 1893년부터 1896년까지 위험을 무릅쓰고 감행한 일은, 우리 원정대에게 본보기가 되고 있다. 난센은 얼음이 자연스럽게 표류한다는 사실을 발견했다. 그는 자신의 배가 유빙을 타도록 한 최초의 인물이다. 지금 우리가 계획한 것과 똑같은 일을 한 것이다. 그는 누구보다도 더 깊숙이 북극으로 밀고 들어갔다. 당시는 북극에 얼지 않는 바다나 심지어 미발견 대륙이 있다는 생각이 확고하게 펴져 있던 시절이다.

수 세기 동안 용감한 사람들이 북극해로 통하는 항로를 내기 위해 노력했다. 빙판 뒤에 있는 거대한 미지의 세계가 환상을 불러일

프리드쇼프 난센은 북극 횡단 유빙(그림 중 두꺼운 화살표)을 발견한 인물이다. 북극 횡단 유빙은 얼음의 자연스러운 표류의 일부다. 그림 왼쪽 윗부분에 있는 화살표는 보퍼트 환류를 나타낸다. 음영선은 여름에 일반적으로 얼음이 확장되는 범위를 표시한다.

으키고 매료시켰다. 이 드넓은 미발견 영역에 무엇이 있는지 탐색하고 싶다는 열망으로 인해, 수많은 탐험가와 팀원들이 목숨을 잃었다. 하지만 난센은 그렇지 않았다. 노르웨이 출신인 난센은 겨우 13명으로 이루어진 팀을 이끌고 돛대가 세 개 달린 프람호를 타고 바다로 출발했다. 난센은 튼튼한 외벽, 둥근 선체, 또 다른 배는 갖춘 적이 없을 정도로 견고하고 안정적인 내부 구조로 프람호를 만들었다. 그래서 프람호는 얼음덩어리와 부딪쳐도 파손되지 않고 손쉽게 뛰어넘을 수 있었다. 심지어 조타도 접을 수 있었다.

난센은 프람호 원정 5년 전인 스물일곱 살 때 단 네 명의 동료들과 함께 스키를 타고 그린란드 내륙 빙하를 횡단한 바 있다. 이때 그는 이누이트족으로부터 북극지방에서 가장 잘 살아남을 수 있는 지식을 습득했다. 우리 원정대도 사용하는 '난센 썰매'는 근본적으로 프람호 원정을 위해 이누이트족의 썰매를 기반으로 만든 것이나 다름없다. 즉 썰매 본체는 화물 무게가 잘 분산되도록 평평하게 만들었고, 이동식 버팀대를 장착해 우툴두툴하고 각진 얼음 표면을 끌고 갈 때 썰매가 부서지는 것을 방지했다. 난센은 상당량의 말린 과일을 식량으로 배에 실었다. 이 말린 과일은 원정대원들이 무시무시한 괴혈병에 걸리는 것을 막아주었다. 당시에는 괴혈병과 비타민 결핍 사이의 연관성이 전혀 정확하게 알려지지 않았음에도 말이다.

이 모든 것은 난센의 계획에 도움이 된 것이 분명하다. 난센은 얼음과 맞서는 대신 얼음과 함께 북극해를 여행하려는 역사상 첫 번째 인물이 되고 싶어 했으니까. 그는 일부러 두꺼운 얼음덩어리가 가득한 시베리아 앞바다로 배를 몰았다. 북극해를 건너 그린란드까지 다시 돌아가기 위해서였다. 난센은 자네트 원정대의 방수포 바지에서 이 아이디어를 얻었다. 이 바지는 1884년 그린란드 콰코르 톡 앞바다에서 얼음덩어리 때문에 난파된 자네트 원정대의 다른 잔해와 함께 발견됐다. 그런데 '자네트호'는 캘리포니아에서 베링해협을 건너 북극 깊숙한 곳까지 진출하는 임무를 수행하던 중에 동시베리아해에서 얼음에 갇혀 거기서 부서지고 말았다. 그렇다면 자네트호의 난파 잔해가 어떻게 시베리아에서 그린란드까지 떠내려 올 수 있었을까? 난센은 유빙이 자연스럽게 북극을 가로지른 게 분명하며, '자네트호'의 잔해는 유빙에 실려 그린란드까지 온 것이라고 결론을 내렸다.

난센의 생각이 옳았다. 해빙海氷은 고정된 게 아니라 북극해를 통해 이동하기 때문이다. 오늘날 우리는 이 표류를 아주 정확하게 안다. 북극 횡단 표류Transpolar Drift는 북극 중심부를 통해 시베리아 북쪽 지역에서 북극 대서양 영역까지 이어진다. 이 표류는 그린란드 북쪽에서 갈라지고, 일부는 프람해협(이곳에서 얼음이 난센의 프람호를 뱉

프리드쇼프 난센(가운데)이 얄마르 요한센 Hjalmar Johansen, 지구르트 스코트 한센Sigurd Scott Hansen과 함께 일식 측정을 진행하고 있다. 1894년 4월 극지방.

어냈고, 이런 이유로 프람호에서 이름을 따왔다)으로 방향을 바꾼다. 또 다른 유빙 일부는 보퍼트해의 소용돌이로 흘러가 버린다. 해빙은 이 소용돌이를 타고 그린란드, 캐나다, 알래스카 해안에서 시계 방향으로 회전한다.

난센과 동시대를 산 사람 중 상당수는 배가 자발적으로 두꺼운 얼음층에 갇혀 흘러가도록 하는 것이 정신 나간 생각이라 여겼고, 난센이 무책임한 행동을 한다고 비난했다. 하지만 난센은 흔들리지 않았다. 1893년 6월 24일, 그는 프람호를 타고 오늘날의 오슬로인 크리스티아나로 출발했다. 그리고 3년 뒤, 난센이 이끈 팀은 우리가 원정을 출발한 곳과 같은 도시인 트롬쇠에서 원정을 마쳤다. 원정에 참여한 모든 이가 무사히 돌아왔다. 하지만 트롬쇠에 도착한 프람호에는 난센과 그의 동행인인 얄마르

프리드쇼프 난센 사진. 이 유명한 사진은 1890년경 헨리 반 더 웨이드Henry van der Weyde가 찍었다.

1893년 9월, 난센 원정대 대원들이 카라해 유빙에서 바다코끼리를 사냥하고 있다.

난센의 파트너인 얄마르 요한센이 프레더릭 잭슨의 오두막 앞에 서 있다. 1896년 6월 프란츠요제프제도.

요한센이 없었다. 배가 랍테프해 북쪽에서 스발바르제도까지 북극해를 계속 표류하는 동안, 난센과 요한센은 원정을 떠나고 두 번째로 맞이한 봄에 스키와 썰매를 타고 북극점을 향해 출발했기 때문이다. 그들은 북극점에 도달하지는 못했다. 하지만 그때까지 북위 최고위도로 꼽히던 지점에 도달하면서 신기록을 세웠다. 난센과 요한센도 마찬가지로 얼음에서 무사히 돌아왔는데, 우연히도 프람호와 거의 동시에 트롬쇠에 도착했다. 프람호는 북쪽 고위 지역을 항해한 유일한 목선으로 남게 되는 기록도 세웠다.

그러나 무엇보다 난센은 귀중한 통찰을 선사했다. 이러한 통찰 덕분에 우리는 오늘날에도 원정 임무를 수행할 수 있게 됐다. 그리고 난센은 폴라르슈테른호를 타고 떠나는 우리의 원정에 영감을 주었다. 그가 아주 매혹적인 인물로 꼽히는 이유가 있다. 그는 사려 깊은 리더였을 뿐만 아니라 때로는 우울한 기질을 드러내기도 하는 인간미를 가지고 있었다. 난센은 오만불손한 다른 탐험가들과는 확실히 거리가 멀었다. 다른 탐험가 중 일부는 북극 원주민으로부터 배울 수 있는 게 아무것도 없다고 생각했다. 그래서 그들은 개가 끄는 썰매 대신 말이 끄는 썰매를 타고 원정을 떠났다. 또한 그들은 북극 원주민이 유사시 얼음에서 탈출하기 위해 활용하는 카약보다는 배에 은식기를 싣는 것을 선호했다. 난센이 활약하기 전후의 수많은 탐험가가 이렇게 생각했고, 이로 인해 죽음의 문턱에 이르렀다. 난센은 극지방의 무자비하고 냉혹한 자연에 겸허한 태도를 보였다. 그는 다른 사람처럼 자연을 정복하려는 영웅적인 시도를 하지 않았다. 그가 성공할 수 있었던 이유는 다름 아니라 참을성 있게 극지방 상황에 적응했기 때문이다. 난센은 원정 보고서에 탐험 경로와 모험 내용을 기록했지만, 자연과 그 안에서 인간의 역할에 대한 성찰도 많이 했다. 그는 극지방 탐험가이자 연구가 활동을 끝낸 뒤 외교관으로 두 번째 경력을 쌓았고, 제1차 세계대전 때 난민 관련 업무에 헌신한 공로로 노벨 평화상을 받았다. 참으로 인상적인 인물이다.

나는 평소에 난센이 프람호에서 남긴 기록을 자주 읽었다. 이 원정에도 난센에 관한 두꺼운 책 2권을 배에 가지고 탔다. 그래서 나는 그의 원정 이후 세상이 얼마나 많이 변했는지 파악할 수 있었다. 우리는 난센이 130년 전에 떠났던 길과 거의 똑같은 경로를 가기 때문이다. 난센은 무시무시한 카라해에서 시베리아의 해안을 따라 힘겹게 길을 내야 했다. 이때 북극 중심부에서 해안까지 펼쳐진 빙원의 방해를 계속 받았다. 하지만 우리는 이보다 훨씬 자유롭게 여행을 떠난다. 2019년 늦여름에 카라해를 건너가기 때문이다. 이 시기 얼음은 위스키 한 잔을 채우기도 부족하다.

카라해 북쪽을 지나 전형적인 북동항로를 따라가는, 우리가 갈 길의 상당 부분을 위성사진으로 미리 보니 한편으로 다른 생각이 들기도 한다. 세베르나야제믈랴Sewernaja Zemlya제도를 지나 랍테프해로 직접 가는 경로는 제도 동쪽에서 남쪽을 향해 돌출한 빙설氷雪이 가로막고 있다. 군도에는 최근에 발견된 지구에서 가장 큰 섬들이 포함되어 있다. 이 섬들은 난센이 활용했던 지도에는 아직 없었다.

이 섬들은 첼류스킨곶 앞에 있으며 당시에는 얼음에 둘러싸여 있었기 때문에, 난센은 곶 아주 가까운 곳을 지났는데도 섬의 존재를 몰랐다. 광범위하게 빙하로 뒤덮인 거대한 섬들이 얼음에서 좀 더 북쪽에 분포될 수 있다는 사실을 전혀 알아차리지 못한 것이다.

지금 우리에게 주어진 문제는, 현재 얼음 상태에서 우리가 목표로 하는 지역에 어떤 방법으로 도착하는 게 최선이냐는 것이다. 섬들과 본토 사이에 있는 빌키츠키해협을 통과해 첼류스킨곶 근처를 지나는, 얼음은 없지만 더 긴 항로를 택해야 할까? 아니면 세베르나야제믈랴제도 최북단 지점인 북극곶Arctic Cape을 곧장 지난 다음에 이곳에서 얼음을 뚫으며 가는 경로를 시도해야 할까? 아니면 섬들 사이를 요리조리 지나 좁고 바위투성이의 통로인 쇼칼스키Shokalsky해협을 가로질러 빙설 대부분을 피해 가는 경로를 택해야 할까?

이를 제대로 판단하려면, 얼음의 두께와 안정성을 알아야 한다. 그러나 유감스럽게도 위성사진으로는 이를 전혀 알아낼 수 없다. 다행히 올해 늦여름에는 그 지역에 배가 두 척 있었다. 하나는 트료쉬니코프Tryoshnikov호로, 우리 러시아 동료들이 소유한 쇄빙선이다. 이 배는 세베르나야제믈랴에 위치한 우리의 연료 보관소에서 빼냈다. 이 이야기에 대해서는 나중에 할 것이다. 그리고 또 하나는 독일 선박인 브레멘Bremen호다. 우리는 이 두 척의 배로부터 이 지역 상황 및 기후 조건에 대한 정보를 수집한다. 이들 두 선박이 보고하기를 지금 쇼칼스키해협을 항해할 수는 있지만, 해협 동쪽은 수많은 좌초된 빙산으로 봉쇄되어 있기 때문에 조심스럽게 우회해야 한단다. 그곳에서 자주 발생하는 짙은 안개를 감안하면, 항해를 강행하는 것은 절대 쉬운 일이 아니다.

트료쉬니코프호가 우리에게 빙설에 대해 보고한다. 빙설은 매우 단단한 얼음으로 구성되었단다. 빙설 일부는 두께가 150센티미터가 넘는다고 한다. 그러니 우회하는 것이 훨씬 낫다는 의견이다. 선장과 나는 일단 세 가지 선택권을 전부 열어놓기로 의견을 모은다. 우리는 우선 첼류스킨곶으로 가는 항로를 계속 유지한다.

2019년 9월 23일, 네 번째 날

선상에서의 일상이 서서히 자리 잡아가고 있다. 우리는 가능한 한 많은 시간을 갑판에서 보낸다. 배가 파도를 헤치고 미끄러져 나가는 광경을 바라보라. 배가 앞으로 나가는 움직임을 즐겨라. 지금 우리는 갑판에서 우리의 항로를 계속 스스로 결정하고 있다. 이런 상황은 곧 끝날 것이기 때문이다. 일단 얼음에 갇히게 되면, 더 이상 아무것도 움직일 수 없다. 모든 것이 정지하고 항로는 얼음이 정하게 된다.

하지만 배에 있는 모두가 얼음과 만나는 순간을 학수고대하고 있다. 그 순간이 오면, 우리 모두가 참여한 원정의 주요 단계가 시작되기 때문이다. 즉 얼음과 함께 북극을 표류하게 되는 것이다. 우리는 즐거운 마음으로 이 순간을 기다린다.

저녁이 되자 우리는 처음으로 바bar를 열었다. 이 바는 "칠러탈(오스트리아 티롤 지방 인Inn강 유역 우측면의 계곡-옮긴이)"이라는 애칭으로 불린다. 바 내부 장식에 익숙해지는데 시간이 꽤 걸렸다. 테이블보, 붉은 조명, 로고 스티커로 뒤덮인 카운터는 확실히 별나다. 이 스티커는 그동안 우리가 지나온 모든 여정의 흔적이다. 분위기도 좋고, 이제 원정대원들은 뒤섞여 서로를 제대로 알아간다. 그렇게 우리는 서서히 긴밀하게 결속된 부대를 형성해 나간다. 인간이 사는 곳에서 최소 수천 킬로미터 넘게 떨어진 북극 중심부 얼음 속에서 앞으로 몇 달 동안 함께 지낼, 소수의 인원으로 이루어진 무리다. 우리는 앞으로 굉장한 체험을 하게 될 거라는 걸 잘 안다. 이러한 기대가 우리를 잽싸게 하나로 융합시킨다.

이날 밤늦게 북극은 자신이 제공할 수 있는 가장 인상적인 광경으로 우리를 맞이한다. 바로 오로라다. 바깥에는 녹색 빛으로 이루어진 드넓은 호가 하늘을 가로지른다. 호는 찬란하게 빛나는 별을 배경으로, 마치 산들바람에 부드럽게 넘실거리는 커튼처럼 느긋하게 움직인다. 어느 지점에서 갑자기 빛이 폭발하면 나선형으로 감아올리는 모양이 되고 좀 더 밝아지다가 아래로 떨어진다. 녹색 빛에서 손가락 모양이 튀어나와 하늘로 향한다. 그러다가 곧 평온한 기색으로 다시 잠잠해지더니 색이 바랜다. 대략 몇 분이 지난 뒤, 다른 지점에서 손가락 모양의 빛이 또 나와 새로운 물결을 이루어 창궁蒼穹 전체로 날아오른다. 빛의 물결은 돌돌 말리더니 다시 바랜다. 빛으로 이루어진 띠가 천정天頂으로 구불구불 움직이는 동안, 천정에서는 별 모양의 광선이 아래로 떨어진다. 하늘 위쪽 끝에 닿은 녹색 빛은 빨간색 또는 보라색으로 다소 희미하게 빛난다. 나는 방향감지 갑판에서 등을 대고 누운 채 몇 시간이고 그 광경을 지켜본다. 그러는 동안 배는 파도를 헤치고 앞으로 나간다.

나는 새삼 오로라에 매료된다. 오로라를 자주 보았지만, 지금까지는 살을 에일 듯 차가운 공기 속에서, 발밑으로 바스러지는 눈을 맞으며, 구름처럼 피어오르는 입김을 내뿜으며 바라보아야 했다. 한겨울 북극 고위도 지점에서 느끼는 기분과 똑같다. 반면 여름에

첫 단계 임무를 수행하는
원정팀이 폴라르슈테른
호 미팅룸에 모여 있다.

는 극지방에서 오로라를 볼 수 없다. 여름 동안에는 극지방의 낮이
너무나 밝기 때문이다.

1992년 1월 스발바르제도에서 처음으로 오로라를 본 기억이 아
직도 생생하다. 북극의 밤이었다. 그 당시 나는 북극에 대해 아는 것
이 전혀 없었고, 아직 이 지역에 대해 훤하게 익숙하지는 않았다. 그
럼에도 나는 연구기지에서 아주 멀리 떨어져 있었다. 오로라를 조
명의 방해 없이 제대로 관찰하기 위해서였다. 당연히 북극곰에 대
비해 총을 휴대했다. 모든 것이 새로웠고, 얼굴은 물론 노출된 피부
에는 어느 한 부분도 빠짐없이 얼음처럼 차가운 북극 공기가 느껴
졌다. 하지만 공기가 너무나 건조해 얼어붙지는 않았다. 영하 30도
이하일 때 눈 덮인 표면이 내는 기묘한 소음도 들렸다. 표면에 무게
를 가하면, 때때로 몇 미터 떨어진 곳에서 바람으로 온통 빽빽한 적
설積雪 윗부분이 부서지면서 소음을 냈다. 북극곰이 있을 수도 있는
저 바깥쪽 어둠 속에서, 발소리 같은 게 들렸다. 그러나 거기에는 아

무것도 없다. 나는 마음을 진정시키고 눈 덮인 표면이 부서질 때 발생하는 소리라는 것을 상기한다. 갑자기 내 뒤편 몇 미터 떨어진 곳에서 날카롭고 삐걱거리는 소리가 들린다. 아, 그렇다. 이곳은 피오르고, 피오르 위의 얼음이 움직이는 바람에 이런 소음이 나는 것이다. 곰이 없기 때문에 나는 여기에 계속 선 채 어디에도 없을 독특한 북극 공기를 들이마시며 오로라를 관찰할 수 있다.

그리하여 나는 몇 시간을 바깥에서 보내며 그곳에서 받은 인상을 마음속 깊이 빨아들였다. 당시 스발바르제도의 오로라는 활발한 상태와는 전혀 거리가 멀었다. 섬에 설치된 우리 연구기지는 북쪽에서 아주 멀리 떨어졌으니까. 스키를 타고 핀란드 북부의 꽁꽁 언 강을 따라 몇 시간이고 가다가, 내 머리 위로 오로라가 몹시 강렬하게 곡예를 부리며 파도처럼 요동치던 광경을 본 기억이 난다.

오로라가 팽창하며 하늘을 가로지를 때, 하늘은 엄청나게 커진다. 하늘은 3차원 입체의 모양이 되어 평소보다 훨씬 더 둥근 천장같아 보인다. 마치 우리 지구를 덮은 거대한 돔을 방불케 한다. 형태도 끊임없이 바뀐다. 때로는 서서히 느릿느릿하게, 때로는 좀 더 빠르게. 하지만 결코 성급하게 변하지는 않는다. 오로라는 믿어지지 않을 정도로 엄청난 고요함을 발산한다.

오로라는 소리를 동반한다는 전설에 가까운 이야기가 있다. 하지만 나는 오로라가 내는 소리를 어디서도 들어본 적이 없다. 오로라는 북극의 절대적인 고요함과 냄새라고는 전혀 없는 얼음처럼 차가운 북극 공기와 더 관련있다.

그리고 이제 나는 파도를 헤치고 나가는 폴라르슈테른호 갑판에 누워 있다. 심지어 오로라를 바라보는 동안, 바깥 기온은 영상이 되었다. 여기 바다 공기는 북극과는 다르다. 훨씬 따뜻하고 냄새로 가득 차 있다. 매 순간순간이 전부 다르다. 극지방을 무수히 방문해 오랫동안 지내더라도, 올 때마다 매번 새로운 것을 발견한다. 단 극지방을 제대로 관찰하고 거기서 받은 인상 자체를 받아들일 준비가 되어 있어야 한다.

이제부터 우리는 맑은 밤마다 이 현상을 보게 될까? 난센의 원정대는 그렇다고 보고한다.

하지만 오로라의 발생 조건은 복합적이다. 오로라는 태양풍이 대기권과 접할 때 발생한다. 태양풍은 주로 전자와 양성자인 하전입자荷電粒子로 이루어져 있다. 그래서 이들 하전입자는 지구 자기장에 의해 포집된다. 그리고 이때 방향을 틀어 폭발적인 속도로 극지방을 지나 지면 방향으로 날아간다. 여기서 하전입자는 지구 대기 상류에 있는 자극磁極 주위에 타원형 모양으로 떨어지는데, 이때 빛을 발하게 된다. 이와 동시에 입자는 자기장 자체를 변화시키는데 이로 인해 오로라는 다양한 모습으로 움직이게 된다. 하지만 우리가 나중에 오로라를 훨씬 많이 보려면, 아마도 두 가지 요인이 덜 발생해야 할 것이다. 이는 난센 원정대가 하늘에서 일어나는 화려하고 장엄한 광경을 자주 목격한 상황과는 다르다.

첫 번째 요인으로 타원형 오로라는 대략 위도 20도에서 자극 주위를 움직인다는 점을 꼽을 수 있다. 그리고 자극은 수십 년 동안 이리저리 이동한다. 난센이 활동하던 시절에 자극은 캐나다 북부에 있었지만, 최근 몇 년 동안은 확실히 지형적으로 북극 방향으로 질주하고 있다. 그리고 현재는 북극과 비교적 가까운 위치에 있다. 우리는 곧 난센보다 북쪽으로 갈 것이 분명하므로, 당시 노르웨이 사람들이 탐험했을 때보다 자극에 훨씬 가까이 다가가게 된다. 그렇게 되면 우리는 오로라를 보기에는 '너무 북쪽'에 있게 된다! 사실 이번 원정의 대부분은 오로라 저쪽 편으로 움직이게 될 것이다. 그래서 오로라와 너무 멀리 떨어져 제대로 볼 수 없을 것이다.

두 번째 요인은 태양풍의 주기가 기본적으로 11년이라는 점을 꼽을 수 있다. 난센이 원정할 때는 정확히 태양풍이 매우 활동적인 단계에 있던 시기였다. 반면 우리가 원정에 나섰을 때 태양풍의 활동은 최소화 단계로 떨어진 시점이다.

이런 이유로 우리는 오로라를 보게 되는 경우가 극히 드물 것이다. 그래서 우리는 이날 밤하늘을 아주 오랫동안 바라본다. 우리는 머지않아 얼음에 도달할 것이다.

2장
얇은 얼음 위에서

2019년 9월 24일, 다섯 번째 날

우리는 밤에 노바야제믈랴군도를 뒤로 하고 북동쪽으로 카라해를 통과한 다음 세베르나야제믈랴Severnaya Zemlya제도를 향해 나아간다. 그 뒤에는 얼음 가장자리ice edge가 있다. 거기로 가는 우리는 개수면(開水面, 빙해 속에 얼음이 없어 배가 자유롭게 항해할 수 있는 비교적 넓은 해면-옮긴이)에서 계속 잘 나아가고 있다. 배는 지금 거센 바람을 헤치며 약 12노트의 속도로 나간다. 바다는 활력에 차 있고 폴라르슈테른호는 경쾌하게 흔들린다. 태양은 거의 모습을 드러내지 않는다. 이 시기에는 언제나 그렇듯이.

우리가 예전에 세베르나야제믈랴제도 동쪽에서 관찰했던 빙설은, 최신 위성지도를 보니 약간 뒤로 밀려나 있다. 그래서 우리는 이 경로를 택하기로 한다. 즉 세베르나야제믈랴제도를 중심으로 북쪽으로 돈 다음, 제도 동쪽의 빙설을 뚫고 랍테프해의 개수면 구역에 다다르려고 한다. 그래서 우리는 세베르나야제믈랴제도 최북단 지점인 북극곶으로 항로를 택한다.

바렌츠해, 카라해, 랍테프해는 시베리아 대륙붕의 얕은 연해다. 이곳 바다의 수심은 200미터 이상인 경우가 드물며, 음향 측심기로 측정해 보면 바닥까지 겨우 수십 미터로 충분한 경우가 종종 있다. 그런데 폴라르슈테른호는 흘수(吃水, 물속에 잠긴 선체의 깊이-옮긴이) 자체만 해도 11미터다. 그리고 이 지역 해도는 불완전해 믿기 힘들다.

우리는 카라해를 통과하는 길에 두 개의 작은 섬을 지난다. 우샤코프섬Ushakov Island과 바이즈섬Vize Island이다. 우리 항해사는 해도를 참고해 두 섬 사이를 안전하게 통과할 수 있는 항로를 정했다. 이 항로의 수심은 확실히 150미터를 넘어야 한다. 하지만 갑자기 측연(測船, 바다의 깊이를 재는 데 쓰는 기구-옮긴이) 수치가 급격히 떨어진다. 100미터, 80미터, 60미터… 고작 35미터다! 당직 항해사는 사령교에서 측연을 잡아 뽑는다. 우현이 바이즈섬에서 멀리 떨어지도록 키를 좌현 쪽으로 열심히 조종하라. 이제 수심은 다시 빠르게 증가한다. 진행이 잘되고 있다. 그런데 우리가 두 번째로 피해야 할 것이 아직 있다. 수심이 얕은 카라해는 오늘날까지도 지도 측량이 제대로 되어 있지 않기 때문이다.

2019년 9월 25일, 여섯 번째 날

이른 아침이 되었지만, 우리는 겨우 20킬로미터쯤 떨어진 곳에 있는 북극곶을 빙빙 돌고 있다. 하늘에는 구름이 짙게 끼어 있어 흐리고 습해서 북극곶이 보이지 않는다. 그래서 우리는 육지를 다시 한번 볼 마지막 기회를 놓친다. 이제 우리는 랍테프해에 들어섰고, 머지않아 얼음이 들이닥칠 것이다.

우리는 처음에는 남동쪽으로 항로를 정한다. 남쪽으로 향함으로써 빙설을 약간 우회하기 위해서다. 그런 다음 동쪽으로 방향을 돌려 얼음을 직접 맞닥뜨리기로 결정한다. 이제 모두가 얼음 가장자리에 도달할 순간을 간절히 기대한다. 정오부터 원정대원 대부분이 갑판에 모여 있거나 사령교에 서서 마법에 홀린 듯 먼 곳을 주시한다.

북극은 아주 독자적인 아름다움을 지니고 있다. 이 아름다움은 아마도 숨 막히게 하는 빙산, 최상의 찬사를 해도 모자랄 정도로 거대한 규모의 빙상氷床, 웅성거리는 펭귄과 다른 동물 서식지가 있는, 세상에서 가장 큰 땅인 남극만큼 호화롭고 첫눈에 압도적이지는 않을 것이다.

그래도 북극 탐험을 감행해야 한다. 북극을 아름답게 만드는 것은 끝없이 펼쳐진 얼음이다. 북극은 절대적으로 고요하다. 오로지 얼음덩어리가 서로 부딪치고 밀치면서 내는 날카롭게 삐걱거리는 아주 조용한 소음만이 고요를 깨뜨릴 수 있다. 공기는 오싹할 정도로 차갑다. 눈 결정체는 드넓은 얼음판을 부드럽고 완만하게 이리저리 떠돈다. 어디서도 볼 수 없는 독특한 빛이 발산하는 분위기도 꼽을 수 있다. 북극의 빛은 1년 중 하루하루가 지나면서 점차 바뀌어 간다.

당연히 여기 북극도 독보적이라 할 만큼 극적인 인상을 줄 때가 있다. 예를 들어 압축 얼음 능선이 엄청난 압력을 받아 쫙 펼쳐진 광경, 거대한 북극곰이 지나가는 광경, 오로라가 초현실적인 형태로 하늘을 가로지르는 광경을 볼 때다. 하지만 북극을 이루는 것이 무엇이느냐고 묻는다면, 이렇게 대답해 주고 싶다. 북극은 고요함으로 이루어져 있다고. 이 고요한 인상을 제대로 파악하려면 세심한 관찰과 주의를 기울이면서 서서히 받아들이는 자세가 요구된다. 이러한 요인이 나를 거듭 북극으로 끌어들인다.

점차 첫 번째 유빙들이 열린 바다 위에서 우리 곁을 지난다. 유빙은 아직 작고 깨지기 쉽다. 그러다가 유빙 크기는 점점 더 커지고 수도 더 많아진다. 바로 첫 번째로 보인 유빙 중 한 곳에, 왼쪽 뱃전 앞에서, 우리는 북극곰 한 마리를 발견한다. 북극곰은 평온하게 유빙에 앉은 채 호기심 어린 눈길로 배를 관찰한다. 파란색, 하얀색, 주황색이 칠해진 우리의 거대한 강철 배가 북극곰을 향해 가까이 다가가자, 곰은 상황이 어쩐지 기분 나쁘게 진행된다고 느끼는 듯한 기색이다. 그래서 곰은 물속으로 뛰어들어 힘껏 헤엄친다.

이후 3시경이 되자, 느닷없이 우리 앞에 온통 새하얗기만 한 광경이 펼쳐진다.

우리는 하늘을 보고 얼음 가장자리를 발견할 수 있다. 아직 얼음 가장자리에 이르기도 전에 말이다. 우리 머리 위에 있는 하늘은 잿빛이다. 그런데 하늘 바로 앞에는 엄청나게 밝은 하얀빛이 자리 잡고 있다. 이 빛은 우리 머리 위의 잿빛 영역과 선명하게 구분되어 있다. 이것이 바로 빙영氷映이다.

이 빙영 효과는 얼음이 빛 대부분을 구름으로 반사하기 때문에 일어난다. 우리가 여전히 항해해 나가고 있는 어두운 개수면과는 다르다. 하늘은 드넓은 빙판에 거의 반대 형상으로 드리우고, 그래서 형상은 유난히 밝게 빛난다. 반대 방향으로도 마찬가지다. 얼음 깊숙한 곳의 수평선 개수면은 원래 하얀색인 구름 덮인 하늘에 위협적인 회색을 반사하는 광경을 볼 수 있다. 이것이 바로 수공(水空, '물하늘'이라고도 한다-옮긴이)이다. 이 수공 효과를 모른다면, 엄청난 악천후의 행렬을 본다고 생각하기 쉽다. 하지만 사실은 단지 얼음이 별로 없는 장소 위쪽에 있는 구름에서 반사되어 나오는 빛이 부족해 이런 현상이 일어나는 것일 뿐이다. 항해자들은 얼음으로 가득한 바다에서 개수면으로 향하는 수로를 찾아내기 위해 수공을 즐겨 이용한다. 수공으로 인해 배는 더 잘 항해하게 된다. 항해자들은 수공을 통해 자유 항로를 실제로 보기 훨씬 전부터 직관적으로 파악할 수 있다.

그러다가 마침내 우리는 얼음 가장자리에 도달한다. 배가 저항에 직면한다. 우리가 단단한 유빙과 맞닥뜨리자 선체 전체가 진동한다. 그리고 우리 폴라르슈테른호는 자신이 가장 잘하는 일을 한다. 씩씩하게 얼음을 뚫고 길을 낸다.

쾅 소리가 나고 삐걱거리고 덜커덩거리고 배는 이리저리 흔들리지만, 폴라르슈테른호는 멈추지 않는다. 다만 때때로 거대한 유빙에 직면할 때, 배의 움직임은 잠깐 정체된다. 그러다 결국, 얼음을 헤치고 나아가고, 다시 속도를 높인다.

폴라르슈테른호는 좀 더 두꺼운 유빙에 직면하면 상승했다가 아래에 깔린 얼음을 선체 무게로 부순다. 쇄빙선의 선수는 바로 이러한 방법으로 얼음을 헤쳐 나가기 위해 평평한 아치형 모양으로 제조된다. 이렇게 선수로 밀어붙이면 얼음에는 균열이 연달아 생기고, 폴라르슈테른호는 이 균열을 따라 얼음을 부수고 밀어낸다. 배가 밀고 나가는 동안, 부서진 유빙 파편은 뱃전에 수직으로 늘어선다. 우리는 여기 얼음에 갇혀 있지만, 종종 7노트의 속도를 내기도 하면서 계속 전진한다. 꽤 두꺼운 유빙과 부딪쳤을 때만 속도는 2~3노트로 줄어들 뿐이고, 정지 상태에 이르는 경우도 드물다.

그러다가 배가 얼음을 통과해 길을 내는 두 번째 방법이 투입된다. 바로 유빙을 힘껏 때려 박으며 항해하는 방법이다. 폴라르슈테른호는 평소대로 운항 중이라도 최단 시간에 스크루 프로펠러 날개를 최대 출력 및 추진력으로 전환할 수 있다. 이를 위해 스크루 프로펠러의 거대한 날개는 회전축에서 뒤틀리게 되어, 이제 날개 경사는 뒤쪽으로 추진력을 생성한다. 갑작스럽게 추진력이 전환되면서 배 전체가 진동하고, 배는 뒤로 움직여 자신이 낸 얼음 수로로 되돌아간다. 그런 다음 다시 완전히 앞으로 나가도록 바뀌고, 폴라르슈테른호는 속도를 내며 얼음 위를 나아간다. 이때 엄청난 양의 추진력이 생성된다. 그리고 전속력으로 얼음판을 때려 박는다. 최상의 경우 거대한 강철 쇄빙선이 충돌할 때 얼음이 부서지고, 자유롭게 갈 수 있는 항로가 열린다. 그러나 때로는 얼음이 무너질 때까지 방향 전환을 여러 번 반복해야 한다.

개수면에서 배의 움직임은 균일하고 예측 가능하다. 그래서 배가 다음에는 어느 방향으로 기울어질지 어느 정도 예측할 수 있다. 바다 상태가 거친 경우에는, 파도가 도움을 줄 때까지 잠시 기다렸다가 계단을 오르는 것이 좋다. 파도가 오르내리며 만들어 내는 리듬에 맞서 싸우면 안 된다. 바다에서 일정 시간이 지나면 우리의 몸은 배의 움직임에 거의 맞춰 프로그래밍 된다.

하지만 이제 폴라르슈테른호는 얼음을 통과하면서 나가고 있다. 그리고 이 빙상 여행의 느낌은 평소 항해와는 완전히 다르다.

몇 분 전까지만 해도 아주 순조롭게 나가고 있더라도, 배는 언제든지 꿈에도 예상하지 못한 상황을 맞아 난관을 겪을 수 있다. 유빙에 들이밀다가, 배가 갑자기 한쪽으로 크게 기울어질 수 있다. 때로

는 전혀 뜻밖의 지점에서 움직임이 일어나고, 종종 예기치 않은 타격이 배 전체를 뒤흔들기도 한다. 지금 우리가 랍테프해를 횡단하며 맞닥뜨린 빙설에는, 놀랍게도 두께가 2미터가 넘는 거대하고 단단한 얼음덩어리들이 퇴적되어 있다. 이 얼음덩어리들은 분명 세베르나야제믈랴제도에서 얼음이 쌓이며 발생하는 엄청난 압력을 통해 형성되었을 것이다. 우리가 항해하다가 이런 얼음덩어리를 맞닥뜨리면, 배 앞쪽 선수에서 쾅 소리가 어마어마하게 난다. 이때 폴라르슈테른호는 한쪽으로 기울어지면서 무게와 추진력으로 얼음덩어리를 분쇄한다. 특히 사우나실 안에 있으면 이를 아주 인상적으로 체험할 수 있다. 사우나실은 선수에서 거의 앞부분에 있고, 뱃전

9월 25일, 폴라르슈테른 호가 세베르나야제믈랴 제도 동쪽 얼음 가장자리에 도달한다.

뒤편 흘수선 높이에 위치해 있기 때문이다. 그래서 사우나실에서는 얼음이 선체에 부딪히며 내는 마찰음과 미끄러지는 소리를 지속적으로 들을 수 있다. 사우나실에서 땀을 흘리는 동안, 바로 옆에서는 두꺼운 얼음덩어리가 배를 들이받으며 쾅 하고 큰 소리를 내는 것이다. 그래서 배가 얼음을 뚫고 지나갈 때, 사우나실은 대원들로 붐빈다.

2019년 9월 26일, 일곱 번째 날

배는 밤사이에 빙설의 가장 단단한 부분을 뚫었다. 그리고 이제 빙원과 평탄한 개수면이 번갈아 나타나는 느슨한 유빙을 통과하며 계속 동쪽으로 향하고 있다. 이곳은 얼음판이 꽤 자주 끊겨서, 유빙 틈새에서 자력계(자계의 세기를 측정하는 장치-옮긴이)를 검정할 좋은 기회를 얻는다. 이를 위해 오전에 정확하게 8자 모양으로 배를 운항한다. 이때 두 원의 지름은 각각 3.4킬로미터다. 이런 방법으로 지구 자기장의 모든 방향을 횡단하고, 새롭게 검정한 자력계로 여정을 계속 진행할 수 있다. 이렇게 하면 원정길에서 표류를 따라 자기장을 정확하게 측정하는 것이 가능하다.

2019년 9월 27일, 여덟 번째 날

그러는 동안 우리는 평평한 대륙붕 바다를 떠나 세베르나야제믈랴제도 동쪽의 얼음으로 뒤덮인 경로로 향했다. 그리고 북극 중심부 대양분지(대양저에 분포해 있는 분지 모양의 해저지형-옮긴이)로 진입한다. 이곳 수심은 대부분 3,000~4,000미터다. 하지만 현재 우리가 있는 위치 바로 아래에는 중심 깊이가 약 5,500미터에 이르는 인상적인 구멍이 하나 있다. 이 구멍이 바로 북극해에서 가장 깊은 지점 중 하나인 가켈 심해Gakkel-Deep다.

이날 우리는 계속 항해하지 않을 것이다. 이전 원정대가 이곳 해저에 설치한 네 개의 장비를 인양하는 작업을 하면서 시간을 보낸다. 작업은 순조롭게 진행된다. 저녁이 될 때까지 네 개의 장비 중 세 개를 인양했다. 이들 장비는 나중에 아카데믹 페도로프호와 함께 반송되기 위해 갑판에서 대기한다.

여정 중에 맞은 휴식 시간을 잘 쓸 수 있다. 나는 휴식 시간을 활용해 동료 몇 명과 함께 호위선 아카데믹 페도로프호를 방문한다.

이 러시아 연구용 쇄빙선은 우리보다 하루 늦게 트롬쇠에서 떠났기 때문에, 지금까지 어떠한 시각적 접촉도 하지 못했다. 선박 간의 의사소통도 마찬가지로 쉽지 않다. 무선 통신을 통해 직접 접촉하기에는 양쪽 배 사이의 거리가 너무 멀었고, 위성 회선으로 접촉을 시도해 보아도 쏴쏴, 치지직거리는 소리만 들리다가 계속 끊어지기 때문이다. 그러나 우리의 계획을 러시아 동료들과 의논하는 것이 중요하다. 우리가 어떻게 얼음 속으로 계속 밀고 들어가려는지에 대한 계획 말이다.

우리는 탁 트인 바다 위를 날아갈 것이다. 그래서 우리는 주황색 생존복을 입고 헬리콥터에 오른다. 이 옷을 입어야 헬리콥터가 비상 착륙을 하더라도 생존할 확률이 올라간다. 생존복은 공기가 통하지 않고 방수 처리도 되어 있다. 나는 언제나 그랬듯이 헬리콥터에 탑승하기 직전에 생존복에 남아 있는 공기를 밀어내려고 무릎을 구부린다. 그렇게 하고 나니 생존복은 진공 포장이나 다를 바 없는 상태가 된다. 우리는 헬멧을 쓰고 폴라르슈테른호 헬기 격납고에 대기 중이던 BK-117 헬리콥터 두 대 중 한 대에 탑승한다.

헬리콥터는 덱에서 이륙해 한쪽으로 기울어진 채 날아오른다. 그러면서 페도로프호가 있는 쪽으로 방향을 돌린다. 헬리콥터에서 우리는 소음 때문에 헬멧에 내장된 마이크와 헤드폰을 통해 의사소통한다. 아래에는 부서진 얼음판이 어두운 바다 위에 모자이크처럼 있다. 약 10분 뒤, 빨간색과 하얀색이 섞인 위풍당당한 페도로프호 선체가 우리 아래쪽에서 나타난다.

폴라르슈테른호와 페도로프호는 나이가 거의 같다. 두 배 모두 건조된 지 40년 됐다. 오래됐음에도 폴라르슈테른호와 페도로프호는 세계 최고의 연구용 쇄빙선으로 꼽힌다. 회의실에서 나는 동료들을 만난다. 이 중에는 무엇보다도 알프레트 베게너 연구소 연구원이자 페도로프호 관리를 위임받은 토마스 크룸펜Thomas Krumpen과 블라디미르 소코로프Vladimir Sokolov가 있다. 60대 중반인 블라디미르 소코로프는 상트페테르부르크에 있는 러시아 극지연구소(Arctic and Antarctic Research Institute, AARI) 고위도 탐사부장으로, 극지 물류 분야에서 최고의 전문성을 갖췄다. 나는 블라디미르와 오랫동안 알고 지낸 사이이고, 항상 그의 조언을 매우 소중하게 여긴다. 이제 우리는 기나긴 표류를 하기 위해 배를 고정할 유빙을 어디서 어떻게 찾을 것인지에 대해 논의해야 한다. 내년에 진행할 원정의 본거지 노릇을 할 얼음 뗏목 말이다.

지금까지의 과정과 위성 데이터 분석에서는, 충분할 정도로 튼튼하고 안정된 유빙을 찾기 어렵다는 사실이 드러났다. 우리는 매우 넓은 지역을 샅샅이 수색해야 할 것이다. 나는 계획 하나를 세웠다. 가능한 한 넓은 영역을 포함해 탐색할 수 있도록 팀을 나눈다는 계획이다. 아카데믹 페도로프호는 대략 북위 85도 동경 120도 지점으로 돌격할 것이다. 그 지점에서 우리가 보유한 BK-117 헬리콥터보다 항속 거리가 훨씬 더 긴 러시아제 Mi-8 헬리콥터(러시아가 개발한 중형 수송용 헬리콥터-옮긴이)를 띄워 수많은 유빙 후보를 탐색하고 표본 조사를 실시한다. 폴라르슈테른호를 탄 우리는 북위 85도 동경 135도 지점으로 이동해서, 그곳에 있는 유빙을 좀 더 자세히 들여다본다.

2019년 9월 28일, 아홉 번째 날

이른 아침에 나머지 네 번째 장비가 바다에서 인양된다. 이제부터 우리는 북쪽으로 향하고, 북극 중심부 깊숙한 곳에 있는 얼음 지대로, 우리 배를 얼음에 가둘 수 있는 목표 지역으로 간다. 처음에는 개별 개수면을 횡단했지만, 머지않아 밀집된 얼음판을 통과할 것이다. 우리는 북극 중심부 빙원에 도달했다. 이곳은 내년에 우리의 생활 공간이 될 것이다.

나는 낮과 밤 대부분을 우리가 갈 목적지의 얼음 상태를 측정한 최신 위성 데이터를 연구하며 보낸다. 사진은 레이더 위성이 보내왔다. 레이더 위성은 레이더 전파를 쏘아 얼음 표면이 이 전파를 어떻게 후방산란後方散亂시키는지 측정한다. 이를 통해 얼음 구조와 개수면 수로는 물론 둥근 모양이 훼손되지 않은 유빙도 명확하게 사진으로 찍는다.

가을 초, 북극의 얼음은 여름 동안에 살아남은 여러 '얼음 섬'으로 이루어진다. 섬과 섬 사이에는 얼음 파편으로 이루어진 드넓은 표면이 있다. 끊임없는 이동과 위치 변경으로 마모된 얼음덩어리는,

이제 아직 훼손되지 않은 작은 유빙과 얼음 파편 그리고 완전히 가루가 된 얼음 죽이 뒤엉킨 혼합물을 형성한다. 연구 캠프를 설치하려면 얼음 섬 하나를 골라야 한다. 얼음 속에서 배를 고정할 위치를 찾을 수 있는 유빙이, 또한 우리의 기반시설을 지탱할 수 있고 1년 내내 안정성을 확실하게 제공할 수 있는 거대하고 훼손되지 않은 유빙이 필요하다. 이를 위해 유빙의 두께는 적어도 1미터는 되어야 한다. 물론 이보다 더 두꺼우면 더 좋다. 유빙 주변에는 얇은 얼음 구역이 있으면 좋겠다. 또한, 새로운 얼음을 만들어 내는 개수면 구역도 근처에 있으면 정말 좋겠다. 우리는 이런 모든 유형의 얼음에 관심이 많기 때문이다.

얼음 섬은 위성사진으로만 파악할 수 있다. 그래서 두께가 얼마나 되는지는 드러나지 않는다. 두께를 제대로 파악하려면 썰매에 GEM(ground-effect machine, 지면 효과식 기계)을 싣고 얼음 위를 달리거나 헬리콥터에 이엠 버드(EM-Bird, 해빙 두께를 측량하는 기구–옮긴이)를 장착하고 유빙 위를 날며 측정해야 한다. GEM과 이엠 버드는 전자기 얼음 두께 센서다. 이 도구들을 활용해 얼음의 전체 두께를 측정할 수 있다. 하지만 얼음 내부 구조를 들여다보고 이를 통해 유빙의 적재 능력과 안정성을 평가하려면, 다음 같은 방법을 피할 도리가 없다. 즉 인간이 직접 유빙에 발을 내디딘 뒤 빙하 핵ice core을 끌어당겨 보아야 한다.

이를 위해 지금 아카데믹 페도로프호 동료들은 작업을 시작했다. 페도로프호는 항해 중에 해저에서 장비를 인양하느라 시간을 할애할 필요가 없었기 때문에, 이미 수색 지역에 도착해 있었다. 우리가 필요한 얼음 두께는 적어도 약 1미터다. 이제 우리는 러시아 동료들

로부터 첫 번째 보고를 받는다. 그들의 보고를 들으며, 우리는 마음 속에 품어온 두려움이 사실로 밝혀졌음을 확인한다.

우리는 북극의 이번 여름도 또다시 극도로 따뜻했다는 사실을 안다. 우리는 지금 너무나 따뜻했던 여름으로 인한 대단히 충격적인 결과를 보고 있다. 처음 조사한 유빙은 두께가 대부분 60~80센티미터에 불과했다. 그리고 이 중에서도 상부 30~40센티미터만 안정성을 확실하게 제공한다. 상황이 이렇게 된 이유는 따뜻한 해양수가 유빙 맨 밑부분부터 해면 모양의 구멍을 만들고, 그 구멍으로 침투해 내부를 녹여 수로를 형성했기 때문이다. 이런 방법으로 해양수는 유빙 내부를 통과하면서 얼음을 녹이고 침식시킨다. 유빙 아래쪽 절반 부분은 완전히 구멍투성이다. 그래서 이 부분은 위쪽의 단단한 얼음과 거의 연결되지 않고 전체적으로 안정성에 기여하지도 못한다.

그 밖에도 유빙 대부분은 여름에 형성된 얼음이 녹은 웅덩이로 이루어져 있다가 아래로 완전히 녹아버렸고, 지금은 위쪽 20~30센티미터 부분만 새로운 얼음으로 갓 덮였다. 여름이 끝날 무렵이면 이 유빙은 스위스 치즈보다 구멍이 더 많아 보이게 된다. 현재는 가을이 시작되면서 다시 얼어붙어 구멍이 보이지 않게 되었지만 얼었다고 해서 표면이 안정되는 결과로 이어지지는 않는다. 그래서 우리는 이런 유빙에 배를 정박할 수 없다. 유빙은 어느 때든지 우리 발 아래에서 부스러질 수 있으며, 첫 번째 폭풍이 들이닥치면 배를 유빙 전체를 가로질러 밀어낼 것이다.

우리는 아직 유빙을 별로 많이 조사하지 못했다. 그런데 나는 이런 문제를 심각하게 걱정하고 있다. 만약 모든 유빙이 그런 지경이면 어떻게 원정을 수행해야 할까? 이런 일은 꼭 일어날 수 있다. 그러니 어째서 유빙이 전부 같은 성질을 가지면 안 되는 걸까? 모든 유빙은 동일한 해역에서 똑같은 여름을 지내고, 위성사진으로 보면 모두 상당히 비슷해 보인다. 이 원정은 시작도 하기 전에 이미 실패로 판명이 날까?

내 마음속에서 특별한 얼음덩어리가 필요하다는 생각이 재빠르게 무르익는다. 동일한 종류의 얼음덩어리를 다량으로 조사하다가 결국, 전부 던져버리는 짓은 별로 도움이 되지 않을 것이다. 우리가 원정을 수행할 수 있게 해줄 특별한 얼음덩어리가 필요하다. 우리에게 안정성을 제공하며, 이로 인해 겨울이 흘러가는 동안 체류 기간을 계속 연장할 수 있는 얼음덩어리가 필요하다. 얼음이 겨울에서 봄을 거치며 전체적으로 더욱 안정되다가 이듬해 여름이 되어 얇은 얼음이 녹아 부서질 때, 우리는 퇴각할 수 있을 것이다. 이를 위해서는 '특별한 눈송이'가 필요하다. 대량의 쓸모없는 얼음덩어리와는 구분되는, 눈송이처럼 독특한 성질을 지닌 얼음덩어리다. 원정을 제대로 유지하려면 그런 얼음덩어리를 찾아야 한다.

매시간 위성사진을 면밀하게 살펴보며 내가 보고 있는 것을 이해하려 애쓴다. 위성사진에 나타난 유빙은 모조리 어두운 바람에, 나머지 다른 밝은 얼음 속에서 섬 같은 모습이 한결같이 두드러져 보인다. 밝은 회색을 띠는 음영은 얼음덩어리 사이에서 거칠게 부스러져 가루가 된 얼음을 나타낸다. 그런데 수십 장의 위성사진에서 볼 수 있는 광대한 북극의 풍경 가운데, 작은 유빙 하나가 유난히 시선을 끈다. 이 얼음덩어리의 크기는 약 3.5×2.5킬로미터이며 다른 모든 유빙처럼 대부분 어두워 보인다. 하지만 이 유빙의 북쪽 영역에는 1×2킬로미터 크기의 핵이 자리 잡고 있다. 이 핵은 위성사진에서는 밝은색 이미지로 보인다. 온전한 유빙 주변에 있는 얼음 파편 색깔과 비슷하다. 그런데 여기 평소 손상되지 않은 유빙 한가운데에 부스러진 얼음 곤죽으로 이루어진 호수가 있는 이유는 무얼까? 어떤 힘이 유빙 주변을 파괴하지 않고도 얼음을 가루로 만들 수 있었을까? 그리고 핵을 좀 더 자세히 살펴보면, 유빙 사이의 틈에 있는 전형적으로 부서진 얼음보다 훨씬 밝기도 하다. 나는 위성사진을 연구하는 동안 이 유빙에 계속 매달린다. 이것이 과연 내가 찾던 '특별한 눈송이'일까?

깊은 밤, 이 유빙으로 진로를 택하기로 결정한다. 다음 날 저녁 단체 회의에서, 나는 이러한 생각을 원정대원에게 발표한다. 하지만 발표하는 과정에서 이 해역에 있는 전형적인 섬들을 차례로 살펴보고, 이 유빙에서 저 유빙으로 가는 지그재그 코스를 정한다. 그렇게 해야 결국, 밝은 핵을 지닌 유빙으로 가게 된다.

2019년 9월 29일, 열 번째 날

아침 무렵, 우리는 동경 129도, 북위 84도로 달려간다. 좀 더 자세히 살펴보고 싶은 첫 번째 유빙 후보로 향하는 것이다. 그런데 이 유빙은 정확히 어디에 있을까? 우리 데이터는 최근에 상공을 통과한 위성이 보낸 것이다. 그때가 거의 24시간 전이었다. 그 이후로 우리는 눈앞이 캄캄한 상태에 놓인 것이나 마찬가지다. 얼음은 다양한 속도로 계속 표류하고, 조석潮汐 주기와 북극 만년설의 고유진동으로 인해 종종 불규칙하게 방향을 바꾼다. 우리는 사령교에서 배의 아이스 레이더(극지방 빙판 두께를 조사하는 탐지 장치-옮긴이)를 진지하게 살핀다. 아이스 레이더는 외부 환경을 자세히 묘사한다. 그리고 우리는 그곳의 구조를 최신 위성지도와 비교한다. 나는 예상되는 표류를 평가하고 진입 경로에 있는 자잘한 유빙들을 확인한다. 연습을 약간 거치면, 우리는 아이스 레이더에서 녹색 얼룩으로 나타나는 유빙의 위성 이미지를 정말 잘 알아보게 될 것이다. 그래서 유빙에 천천히 접근한다. 유빙을 레이더에서 분명하게 알아볼 수 있을 때까지.

배가 속도를 늦추는 동안, 우리는 사령교에서 유빙이 나타나기를 기다린다. 마침내 레이더의 도움 없이도, 우리 앞에 나타난 유빙을 또렷하게 본다. 매끄러워 보이는 거대한 평면이 끝없는 얼음 황무지에 자리 잡고 있다.

배가 멈춘다. 우리는 정박할 가능성이 높은 후보인 유빙을 파괴하고 싶은 생각이 없다. 헬리콥터가 마련된다. 나는 얼음 전문가와 북극곰 감시원으로 이루어진 팀과 함께 이륙한다. 헬리콥터가 커브를 크게 돌 때, 나는 조종사에게 유빙 주변을 좌회전으로 크게 돌도록 지시한다. 그렇게 하면 부조종사석에 앉은 나는 우선 공중에서 유빙을 정확하게 살펴볼 수 있다. 유빙은 꽤 크다. 얼음이 밀착된 능선 하나가 동서 방향으로 가로지르고 있으며, 몇몇 작은 능선은 사방으로 뻗어 있다. 그밖에 유빙의 동쪽에는 개빙開氷 구역 수로가 있다. 이곳은 연구 캠프를 설치하기에 알맞은 장소가 될 것이다. 배의 한쪽에는 오래된 얼음이 달라붙어 있고, 다른 쪽에는 바로 그곳 수로에서 형성된 새로운 얼음이 형성되니까. 참으로 완벽하다!

그런데 과연 유빙은 우리가 머물 수 있을 정도로 충분히 두꺼울까? 나는 얼음 두께를 측정하기 위해 세 지점에 착륙하기로 결정한다. 헬리콥터는 양쪽 활주부滑走部로 첫 번째 착륙 지점에 조심스럽게 착지한다. 우리 중 누구도 이곳 얼음이 얼마나 두꺼운지, 얼마나 유지될지 알지 못한다. 조종사는 서서히 양력揚力을 줄이고, 얼음이 부서지면 즉시 다시 이륙할 준비를 한다. 그는 헬리콥터의 전체 무게로 점차 얼음판에 부담을 가한다. 얼음은 깨지지 않고 계속 유지된다.

헬리콥터에서 내린다. 이제 우리는 진짜로 지구 북쪽 끝에 있는 빙원에 서 있다. 수평선 바로 위에 있는 태양은 엷은 구름을 뚫고 빛을 발하며, 모든 것을 금빛으로 물들인다. 섭씨 영하 8도이고 바람은 가볍게 불 뿐이다. 착륙 지점의 얼음은 놀라울 정도로 평평하고, 가벼운 바람은 우리 발 주변을 빙빙 돌며 바닥에 있던 눈의 결정을 몇 개 흩날린다. 저 멀리에는 우리의 따스하고 안전한 보금자리인, 작디작은 폴라르슈테른호가 있다.

우리는 이 순간을 즐기기 위해 많은 시간을 할애하지 않는다. 바로 첫 번째 구멍을 뚫기 시작한다. 몇 초도 지나지 않아 천공기는 이미 아래를 뚫고 들어간다. 이러한 작업은 별로 좋아 보이지 않는다. 발아래에는 얼음이 거의 없으니까! 우리는 구멍에 연추鉛錘를 떨어뜨리고 끌어 올려, 이 작은 추가 얼음 아래 단단히 자리 잡도록 한다. 그렇게 하면 줄자로 두께를 알아낼 수 있다. 40센티미터도 되지 않는다! 우리는 착륙 지점 주변에서 신속하게 구멍 뚫기와 측정을 몇 번 더 수행한다. 전부 동일한 수치에 이르자 흔들린다. 나는 신고 있던 장화로 눈을 한쪽으로 밀어낸다. 눅눅한 얼음 표면이 반짝인다. 장갑을 벗고 손가락으로 얼음을 문지른 다음 재빠르게 시식해 본다. 소금물 맛이 난다. 이런 행위를 하는 지점 어디에서나, 축축하

바다의 요새

여러 국가의 위성이 우주에서 북극의 해빙을 지속적으로 관찰한다. 위성은 방사선을 측정하고 레이더파를 지구에 쏜다. 지표면이 이 레이더파를 어떻게 반사하느냐에 따라 그 특성을 추론할 수 있다. 예를 들어 개별 유빙은 사진에서와 똑같이 윤곽선으로 식별할 수 있다. 연구자들은 아직 얼음의 반사 특성을 전부 알지는 못하기 때문에, 사진에 나타난 이미지와 실제의 차이에 어리둥절할 때가 많다. 극지방 탐험가가 이미지를 통해 추측할 수밖에 없던 유빙의 밝은 핵을, 실제 두 눈으로 보고 도구로 측정할 수 있는 상황이 오면 특히 그렇다. 모자익 원정대가 수행하는 측정은 위성사진을 이해하는 데 크게 기여할 것이다. *

고 짠 얼음 표면과 마주친다. 그러니까 얼음 표면은 예외 없이 바닷물에 젖어 있다. 얼음은 얇고, 짠 바닷물이 얼음에 나 있는 수많은 작은 수로에서 표면 위로 스며들어 온다.

헬리콥터에서 내려 첫 번째 유빙을 탐색하고 있다.

다른 두 착륙 지점도 상황은 다르지 않다. 얼음 두께는 비슷하고, 어디서나 얼음 표면 위는 축축하다. 곧바로 이런 생각이 분명하게 떠오른다. 이곳은 우리가 겨울을 날 기지가 될 수 없다!

우리는 헬리콥터를 타고 배로 돌아간다. 헬리콥터 아래를 보니 모자이크를 이룬 다양한 종류의 얼음이, 강렬한 햇빛을 받아 장밋빛으로 반짝인다. 오래된 얼음 능선과 유빙 가장자리가 마치 리본처럼 두드러져 보이고, 끝없는 망을 이루어 수평선까지 뻗어 있다. 새로운 얼음이 형성되는 영역과 영역 사이는 좀 더 어둡다.

얼음이 끊임없이 움직이기 때문에, 얼음판은 계속 갈라져 개방된 수면을 생성한다. 이제 가을이 시작되면 수면에는 재빠르게 새로운 얼음이 덮인다. 처음에는 각각의 얼음 결정이 물속에서 자라다가 물에 뜬다. 그런 다음 물과 얼음 결정이 걸쭉하게 혼합된 물질로 변신해 수면에 얇은 층을 이룬다. 이 진창이 된 얼음은 수면의 잔잔한 물결을 약하게 만든다. 이 잔물결은 다른 때 같으면 개수면에서 바람을 타고 놀거나 춤춘다. 물은 얼음 결정으로 인해 활기를 잃고 걸쭉해진다. 그리고 혼탁한 물은 유빙 사이에서 찰랑거린다. 이 광경은 마치 두꺼운 기름층이 형성된 것처럼 보이기도 한다.

이제 얼음 결정은 서로 엉겨 붙고, 그러는 사이에 물은 얼기 시작한다. 바람이 불면, 이 얼음 진창은 계속 부서져 작은 조각으로 분해된다. 조각들은 여러 번 충돌하고, 충돌하면서 모서리 부분이 위로 솟구친다. 그 결과 작은 얼음 결정이 거칠게 엉겨 붙어 뭉치가 되는데, 얼음 가장자리는 조금씩 밀려 올라와 아치 모양을 이룬다. 이 모습은 팬케이크와 비슷하며, 실제로 그런 명칭으로 불리기도 한다. 이 모든 조건이 동시에 이루어지면, '팬케이크 얼음'이 수면을 뒤덮는다.

반면 바람과 파도가 덜한 경우, 얼음 결정은 서로 들러붙을 때 처음에는 깨지기 쉬운 얼음층을 형성한다. 이 얼음층은 일단 반투명이고 어둡다. 이렇게 새롭게 형성된 얼음 형태를 '어두운 닐라스dark nilas'라고 한다. 얼음 결정이 점차 얼음층에 계속 눌어붙는다. 얼음층은 좀 더 견고해지고 색깔도 훨씬 밝아지면서 '밝은 닐라스light nilas'로 바뀐다. 이 얼음층은 시간이 흐르면서 탄력성을 지니게 된다. 이후 얼음층 두께가 약 15센티미터가 되면, 상황과 조건을 고려해 그

위를 걸어도 문제는 없다.

그러나 이러한 얼음층은 여전히 매우 불안정하다. 어두운 닐라스나 밝은 닐라스는 측면에 압력을 받으면 얼음 결정끼리 서로 밀치고 포갠다. 새롭게 형성된 드넓은 얼음 지역에서는 특색 있는 패턴이 형성되는 경우가 많다. 이를 핑거 래프팅finger-rafting이라고 하는데, 실제로 손가락을 맞물린 모습처럼 보인다.

우리는 얼음 표면을 가로질러 다시 배를 향해 날아간다. 아래를 보니, 얼음이 새롭게 형성되는 각양각색의 단계가 동시에 펼쳐지고 있다. 얼음이 통합되어 굳어진 오래된 유빙들 사이에서, 펜 케이크 얼음이 있는 표면을 발견한다. 아울러 어두운 닐라스와 밝은 닐라스가 있는 커다란 표면도 발견한다. 이 표면에는 아주 아름다운 핑거 래프팅 패턴이 덮여 있다.

끝없이 펼쳐진 얼음 모자이크 한복판에 있는 폴라르슈테른호는 저 멀리서 찬란한 햇빛을 받아 반짝이고 있다. 헬리콥터와 폴라르슈테른호 사이의 거리는 서서히 좁아진다. 우리는 날아가면서 얼음으로 이루어진 작은 세상의 주변을 한 번 돌고, 다시 헬리콥터 발착덱에 안전하게 착륙한다.

배로 돌아오니 아카데믹 페도로프호에 있는 러시아 동료들이 보낸 새로운 메시지가 도착해 있다. 그동안 그들은 다른 수많은 유빙을 면밀하게 관찰했다. 우리와 마찬가지로, 어느 유빙이든 조사 결과는 가히 충격적이다. 모든 유빙의 상태는 똑같다. 너무 얇고 너무 불안정하다. 저녁이 되자, 나는 원격 탐사 전문가들과 함께하는 자리를 마련한다. 그들은 해빙 지역 위성 데이터 해석 분야에서 세계 최고로 꼽힌다. 유빙을 직접 본 뒤라서, 이제 우리도 사진을 좀 더

해빙은 여러 얼굴을 지닌다

해빙은 육빙陸氷과는 다르다. 해빙 아래에는 견고하고 안정된 토대가 놓여 있지 않다. 해류와 바람 때문에 해빙은 북극해로 밀려나고 떠돌며, 해빙끼리 서로 잡아당기다가 다시 밀쳐낸다. 해빙은 대략 영하 1.5〜1.7도가 되어야 생성된다. 바다 염분이 빙점氷點을 낮추기 때문이다. 바닷물이 얼면, 고농도 염수 수로가 형성된다. 해빙은 대개 투명하지는 않고 우윳빛을 띤다. 해빙에 난 수많은 공동空洞, 작은 틈, 염수 수로에는 고도로 전문화된 유기체가 살며, 얼음 아래쪽에는 조류藻類가 긴 융단처럼 깔려 있다. 해빙이 얼면 단순히 굳어지는 게 아니다. 그 과정은 복잡하며, 바람, 움직임, 온도 같은 조건에 따라 다양한 결과가 나온다. 그렇기 때문에 얼음은 이 어는 단계에서 아주 다양한 형태를 취한다. 예를 들면 '얼음 진창', '팬케이크 얼음', '밝은 닐라스'다. ＊

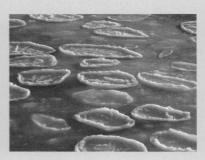

왼쪽 위: 수면이 '얼음 진창'으로 덮여 있다.

오른쪽 위: '팬케이크 얼음'.

왼쪽 아래: '밝은 닐라스'에 난 '핑거 래프팅' 패턴.

잘 판독할 수 있다. 이곳의 유빙은 두께가 전부 얇고 바닷물에 젖어 있다. 이 눅눅한 표면은 레이더 방사선을 후방산란後方散亂하지 않고 그냥 흡수한다. 바로 이런 이유로 레이더 이미지에 나오는 모든 유빙이 한결같이 어두운 회색 톤을 띤다.

참으로 우울한 깨달음이 아닐 수 없다. 이 모든 유빙이 직접 탐사했던 유빙과 똑같이 얇다고 가정해야 한다. 우리가 원정을 진행하기 적합한 유빙은 하나도 없을 것이다. 그렇다면 어떻게 해야 할까?

적어도 우리 원격 탐사 전문가들이 내놓은 이론은, '특별한 눈송이', 그러니까 특별한 유빙을 찍은 위성 이미지에 나온 밝은 지역이 실제로 더 두껍다는 내 생각을 뒷받침한다. 정말 그럴 수 있다. 수많은 얼음이 압력을 가해 얼음이 서로 포개어지고 밀쳐내면서 쌓이는, 보다 더 두꺼운 지역이 과연 이곳에 있을까? 표면이 거칠고 갈라져서 레이더 방사선을 더 잘 후방산란하는 지역은 표면이 더 건조하기 때문에, 위성 이미지에 밝게 나타나는 것일까?

나는 모든 것을 단번에 결판내려 한다. 이 주변의 다른 유빙을 탐색하는 것은 시간 낭비일 뿐이다. 전에 계획한 지그재그 코스를 취소한다. 여기서 밤을 보내고 다음 날 아침에 더 많은 유빙 후보를 탐색하는 대신, 특별한 유빙으로 곧장 가는 코스를 택한다. 이 유빙은 우리의 마지막 희망이다. 밤새 배를 몬다.

북극에 무슨 일이?

2008년 3월, 나는 열대지방 연구 활동을 하다 몇 년 만에 북극으로 갔다. 서태평양에서 선박 원정을 하고, 남양군도 팔라우에서 연구기지를 건설했으며, 보르네오와 네팔을 원정했다. 이제 내 발밑에는 스피츠베르겐Spitzbergen섬 서쪽 해안에 있는 콩스피오르덴 Kongsfjorden이 있었다. 얼음 제도인 콩스피오르덴은 북위 80도, 북극에서 1,000킬로미터 정도밖에 떨어져 있지 않은 곳에 있다. 우리는 그곳에서 북극 연구 기지로 날아가고 있었다. '나는 몇 년 동안 이곳을 고향처럼 여기고 있었구나.' 나는 헬리콥터와 크기가 비슷한 작은 비행기를 타고 기지로 가면서, 처음으로 그런 생각을 했다. 나는 1992년부터 북극 풍경을 손바닥 들여다보듯 훤히 알았다.

1990년대에 자주 그랬던 것처럼, 나는 스키를 타고 얼어붙은 피오르를 건너 반대편에 있는 오두막으로 가겠다고 생각했다. 2008년으로 돌아와서, 발밑에 펼쳐진 피오르를 훑어보았다. 충격에 빠졌다. 도대체 여기서 무슨 일이 일어난 걸까? 원래 3월이라면 눈과 얼음만 있어야 하는데 말이다. 3월의 북극은 여전히 겨울이어야 했다! 항상 그래왔다. 하지만 지금 발아래에는 곧장 바다가 펼쳐져 있고, 활기차게 출렁이는 물결이 햇빛을 받아 반짝이고 있었다. 이곳에서 피오르를 건너는 스키 여행은 더 이상 꿈도 꿀 수 없었다.

착륙한 뒤 해안에 섰다. 불안을 느꼈다. 어떤 예감이 멈추지 않고 의식으로 스며들었다. '지금 이 세계는 소멸해 가는 게 분명하구나.' 예전에 이곳 겨울 풍경은 완전히 얼어붙은 모습이었다. 푸른 얼음, 하얀 눈. 두 눈이 닿는 곳마다 그런 풍경이 광활하게 펼쳐졌다. 지금은 내 앞에 바닷물이 졸졸 흐르고 있었다. 예전에는 보트는 가을이 되면 창고에 넣어두었다. 지금 보트는 한겨울에도 물에서 흔들거리고 있다. 지난 수십 년 동안 해마다 겨울이 되면 피오르가 얼어붙어, 스키를 타고 얼음에 포박된 시퍼런 빙산까지 갈 수 있었다. 빙산이 여름철마다 빙하로 인해 단절되어 피오르로 밀려난 상태였다. 빙산

1992년 3월 콩스피오르덴의 겨울 해빙으로 얼어붙은 빙산의 모습. 1990년대 피오르는 겨울이 되면 항상 대대적으로 얼어붙었고, 스키나 스노모빌로 피오르를 가로지르는 여행이 이루어졌다.

2018년 4월 같은 장소에서 찍은 사진. 10년 동안 피오르는 얼지 않았다. 예전에는 겨울이 되면 얼음과 눈이 있던 곳이, 지금은 1년 내내 피오르 앞바다의 물결이 출렁이고 있다. 이곳 빙산은 더 빠르게 녹고 있으며, 예전에는 스키 여행이 이루어졌지만, 지금은 보트 여행으로 바뀌었다.

은 여전히 존재하기는 했다. 하지만 이제는 오로지 보트를 통해서만 빙산으로 갈 수 있었다.

게다가 빙하는 어떻고! 두 눈을 똑바로 뜨고 얼음 가장자리를 찾았지만 발견하지 못했다. 기지로 돌아와 예전에 비행기에서 찍은 사진과 그보다 더 오래전에 찍어둔 비슷한 사진을 비교했다. 빙하가 점점 더 빠르게 후퇴하고 있다는 사실이 분명하게 드러났다. 오늘날 얼음 가장자리는 1992년 내가 처음 사진을 찍었을 때보다 2킬

1996년 4월에 찍은 크로네브린Kronebreen 빙하 빙설. 빙하 앞에는 콩스피오르덴의 거대한 얼음이 있다.

2008년 4월에 찍은 크로네브린 빙하. 빙하 전면이 후퇴했고, 특히 빙하 앞 피오르에는 얇은 새 얼음만 있다.

2018년 4월에 찍은 크로네브린 빙하. 그동안 빙하 빙설은 약 2킬로미터 물러났고, 빙하 앞 콩스피오르덴에는 얼음이 없고 바다로 이어진다.

~ 2 km

로미터나 더, 내륙 깊숙이 이동한 상태다.

내가 처음으로 스키를 타고 육지 여행을 떠나보니, 이러한 인상은 곧 사실로 밝혀졌다. 여행을 떠나자, 내게 아주 낯선 풍경이 펼쳐졌다. 예전에 브뢰거브린Brøggerbreen 빙하(기지에서 가장 가까운 데 있는 빙하였다)를 오르던 곳은, 이제는 빙하가 후퇴하면서 남긴 빙퇴석氷堆石의 자잘하게 조각난 풍경만 보였다. 이러한 풍경은 시야가 닿는 곳 어디든 드넓게 펼쳐져 있었다. 빙하는 사라졌다. 내륙으로 훨씬 들어가서야 빙하의 빙설氷舌을 발견할 수 있었다.

1년 전만 해도 해빙의 수는 역사적이라 할 만큼 최소치를 기록했고, 북극 온난화가 세상에 알려졌다. 그러나 두 눈으로 직접 보니 상황은 또 달랐다. 여기서 무슨 일이 일어난 걸까? 연구기지에 있는 데이터를 살펴보니 해답을 찾을 수 있었다. 1990년대 중반 이곳 연평균 기온은 섭씨 약 3.5도 정도 더 따뜻해졌다. 이는 지구의 나머지 지역보다 기온이 훨씬 빠르게 오른 것이다. 심지어 겨울에도 터무니없을 정도로 약 7도나 올랐다. 1990년대 중반 연평균 기온은 약 영하 5도 정도를 기록했지만, 오늘날에는 빙점氷點에 육박하고 있다. 또 머지않아 영상 온도에 이를 것으로 전망하고 있다. 평균 온도가 영상이라니, 그것도 북극권 한복판 기온이 말이다!

실제로 북극 전체가 다른 지역보다 두 배 이상 온난화되고 있다. 여름보다 겨울 온도가 더 빠르게 오르고, 특히 스피츠베르겐섬의 온난화가 다른 어느 곳보다도 심각하다.

그리고 이와 더불어 얼음도 후퇴하고 있다. 지난 40년 동안 40퍼센트 이상의 얼음이 후퇴했다. 이는 매해 9월 여름 끝자락의 해빙 최소량을 기준으로 한다. 1960~1970년대에 잠수함이 측정한 얼음 두께와 현재 데이터를 비교하면, 얼음 두께도 약 절반가량 감소한 것으로 나타난다. 따라서 오늘날 얼음 부피는 4분의 1도 채 남지 않았다.

아직 남아 있는 얼음은 더 빨리 부서지고 더 이르게 녹는다. 그 결과 평소 같으면 수년에 걸쳐 바다를 표류하는 오래된 해빙이 차츰 크게 줄어든다. 이때 해빙은 변형을 거듭해 두꺼운 유빙으로 축소되어 밀려난다. 오늘날 북극에는 생성된 지가 최대 2년밖에 안 되는 어린 얼음이 거의 90퍼센트를 차지한다. 1980년대 중반에는 북극 전체 중 절반이 오래된 얼음으로 덮여 있었다. 그리고 현재 4년이 넘은 아주 오래된 얼음은 사실상 사라진 상태다. 특히 3월에는 오래된 해빙은 겨우 1퍼센트쯤밖에 없다.

그래서 북쪽 지역의 얼음은 후퇴하고 있으며 계속 얇아지고 부서지기 쉬워진다. 바로 이것이 우리가 원정을 진행하며 알아낸 사실이다.

2019년 9월 30일, 열한 번째 날

오전 4시 30분, 우리는 목표로 한 유빙에 도달하고 얇은 얼음에서 안전한 거리에 멈춘다. 나는 쌍안경과 레이더 이미지·위성 데이터를 번갈아 들여다보며 임시로 계류繫留하기 좋은 장소를 찾는다. 지금 탐색 활동 중에 얼음을 파괴하거나 눈이 쌓인 표면을 짓밟아서는 안 된다. 얼음과 눈 표면은 1년 내내 추적해 자세히 조사할 것이기 때문이다. 그래서 건드리지 않은 상태로 놔두는 것이 중요하다. 슈테판 슈바르체Stefan Schwarze 선장은 귀중한 유빙을 훼손하지 않고 얼음을 이러저리 둘러가며 폴라르슈테른호를 예정된 위치로 능숙하게 조종한다. 나는 예전에 폴라르슈테른호를 타고 여행한 적이 있어 슈테판을 잘 안다. 그는 수십 년 동안 이 배를 몰고 북극과 남극을 두루 다녔다. 슈테판은 초반 6개월을 선상에서 보낼 것이다. 원정 후반 6개월은 토마스 분더리히Thomas Wunderlich 선장이 그와 임무 교대를 할 것이다.

우리는 머물만한 유빙 위치를 잘 선택했다. 우현에 심층 탐사 장비를 내리기에 적합한 평탄한 지대가 있다. 앞에는 수수께끼 같은 영역이 펼쳐져 있다. 바로 레이더 위성 영상에 밝게 나타나는 지역이다. 우리를 여기로 오게 한 비밀스러운 곳이다. 쌍안경으로 그곳에서 높은 얼음덩어리와 서로 혼란스럽게 연결된 유빙으로 이루어진 산을 볼 수 있다. 예상이 제대로 적중했다! 이 얼음산은 두껍고 거대해 보인다.

사령교에서 쌍안경으로 보아도, 이곳은 몇 번의 천공 작업으로는 충분하지 않다는 걸 알 수 있다. 압축된 얼음으로 이루어진 산이라 우리 앞에 있는 얼음의 두께는 수 미터나 되므로, 안전하게 작업할 수 있다. 그래서 이 유빙은 확실히 면밀하게 탐사할 가치가 있다. 스노모빌과 특히 GEM을 포함한 얼음 관련 장비를 갖춘 팀이 우현 크레인을 타고 내려온다. 앞에서 이미 언급한 내용을 떠올려 보자. 예를 들면 GEM은 얼음 두께를 연속으로 기록하는 장치다. 스노모빌이 얼음 위로 견인하는 동안 기록한다. 앞으로 몇 시간 동안 GEM은 유빙 위에 여러 루프를 가동해 얼음 두께를 측량한다.

우리가 머물 유빙은 세 개의 영역으로 이루어져 있다. 하나는 북쪽 전반의 평평하고 얇은 얼음 영역. 그다음으로는 북쪽 3분의 1을 차지하는 두껍고 압축된 얼음 영역. 그다음으로는 마찬가지로 남쪽의 평평하고 얇은 광범위한 얼음 영역. 이 유빙에서 얼음이 얇은 지역은 우리와 페도로프호의 러시아 동료들이 지금까지 조사한 다른 모든 유빙과 유사하다. 이곳 표면 중 평탄하고 얼음 두께가 약 30센티미터인 지역이 최대 70퍼센트나 된다. 여기에는 얼음이 녹은 웅덩이도 있다. 이 웅덩이는 따뜻한 여름, 얼음에 처음 형성되었다가 아래쪽이 완전히 녹는다. 이후 가을인 지금 다시 새롭게 언다. 그 사이에 나 있는 작은 길은 약 80~100센티미터 두께의 얼음으로 이루어져 있으며, 이 길의 아래쪽 절반은 구멍이 엄청나게 많다. 하지만 북쪽 3분의 1 지역에 있는 1×2킬로미터 크기의 압축 얼음 핵이, 우리가 획득하려는 주요 목표물이다! 이곳 표면은 깊게 갈라진 틈이 엄청나게 많아서, 스노모빌과 GEM을 타고 그곳을 주파하기란 거의 불가능에 가깝다. 그러나 우리는 주파가 가능한 궤도를 따라 두께가 몇 미터나 되는 얼음을 측정한 적이 많다. 측정하다 보니, 확실히 높은 등마루의 규모가 예전에 다뤘던 얼음산보다 훨씬 방대하다는 걸 깨닫는다. 내일 탐사를 계속하기로 결정한다. 우리는 유빙에서 밤을 지낸다.

2019년 10월 2일, 열세 번째 날

어제는 유빙을 좀 더 자세히 들여다보았고 데이터도 충분히 확보했다. 그래서 우리는 어젯밤에 호위선으로 떠났다. 아침에 아카데믹 페도로프호와 만나기로 합의한 지점에 도착한다. 그 배가 이미 그곳에 있는 것을 보니 기쁘다. 우리는 아카데믹 페도로프호와 나란히 항해한다. '미라 의자mummy chair'에 앉은 러시아 동료들이 우리 쪽으로 건너온다. 미라 의자는 배에 장착된 기중기의 도움으로 소

집단의 사람들이 배에서 배로, 배에서 얼음이나 육지로 이동하는
데 사용된다. 우리가 보유한 미라 의자는 실용적인 주황색 강철 상
자로, 나는 이 의자에 앉아 얼음 위를 둥실둥실 뜰 기회가 이미 여러
번 있었다. 하지만 페도로프호의 미라 의자는 아주 인상적인 구조
물이다. 이 의자는 아주 거창한 카나리아 새장과 너무 크게 만든 어
살(漁箭, 물고기를 잡기 위해 물속에 둘러 꽂은 나무 울-옮긴이)을 합친 것처
럼 보인다. 이제 러시아 대표단은 이 새장에 올라 크레인의 도움으
로 우리에게 건너간다. 우리는 포옹과 큰 웃음으로 따뜻한 환영을
주고받은 뒤(예전부터 알고 지낸 좋은 친구를 북극에서 이렇게 가까이 만난
적이 언제였던가?) '푸른 살롱-salon'으로 함께 간다. 이제 원정대 전체가
가장 중요한 결정을 내려야 한다. 살롱 공간에 긴장이 가득함을 느

원정대가 머물 유빙을
찾는 첫 번째 탐사에서
발견한 얼음 형성물.

낄 수 있다. 우리 모두를 불안하게 만드는 사항은 다음과 같다. '우리의 계획에 적합한 유빙의 어느 부분에서 배를 얼어붙도록 해야 할까?' 이 결정이 내년 전체 기간 원정대의 운명을 정할 것이다. 이는 우리가 올바른 코스로 표류할 것인지는 물론, 우리가 머물 새로운 얼음집이 충분히 안정적이라는 걸 증명할 것인지에 달려있다. 이 순간의 상황보다는 수년 동안 표류 통계를 연구한 내용을 먼저 검토해야 한다. 나는 출발이 가능한 모든 지점에서 표류하면 각각 어떻게 진행될지 미리 계산했고, 이렇게 예측한 장면을 머릿속에 넣어두고 있다. 나 자신이 대략 북위 85도 동경 135도 지점에서 출발하고 싶다는 걸 안다. 거기에는 모든 중요한 매개변수가 균형을 이루는 곳인, 이른바 '스위트 스폿sweet spot'이 있다. 출발점을 선택할 때 이를 꼭 고려해야 한다. 아시아 쪽에서 볼 때 유빙이 북극을 넘어 너무 멀리 표류하면 안 된다. 그렇게 되면 쇄빙선이 더 이상 겨울 얼음을 뚫고 나갈 수 없는 4월 초에, 우리에게 필요한 물품을 공급하는 비행기가 오는 길이 너무 멀어지기 때문이다. 또한, 이쪽에서 볼 때 우리가 너무 먼 곳까지 흘러가면 러시아의 배타적 경제 수역EEZ에 다다를 수 있다. 이 수역에서는 연구 활동을 허락받지 못한 상황이다. 또한, 북쪽이나 서쪽으로 너무 멀리 떨어진 곳에서 출발하면, 얼음이 우리를 너무 일찍 뱉어낼지도 모른다. 그리고 동쪽으로 너무 멀리 떨어진 곳에서 출발하면, 보퍼트 환류Beaufort Gyre로 빨려 들어갈 위험이 있다. 보퍼트 환류는 보퍼트해에서 일어나는 얼음 소용돌이다. 얼음이 이 환류에 빨려 들어가면 몇 년에 걸쳐 표류할 수 있고, 우리도 이곳에서 빠져나오기가 어려워질 수 있다.

나는 이 중요한 결정에 대비해 준비를 잘해두었지만, 그래도 러

시아 동료들의 조언을 듣고 싶다. 북극에서 안정적인 유빙을 선택하는 방법을 그들보다 더 잘 아는 사람은 없다. 우리 러시아 친구들은 수십 년 동안 북극 얼음에 작은 표류 캠프를 세웠고, 이 캠프가 북극 지역을 떠돌아다니게 했다. 유빙 위에 지은 작은 오두막에 자리 잡은 원정대는, 무조건 유빙의 운명에 자신을 맡길 수밖에 없었다. 그들에게는 비상시 퇴각할 수 있는 안전한 배도 없었다. 불과 몇 년 전만 해도 표류 캠프는 중단되어야 했다. 새로운 북극에는 더 이상 이러한 위험 부담을 감수할 만큼 충분히 두껍고 안정적인 유빙이 없기 때문이다.

이제 우리 러시아 동료들은 모자익 원정대의 열광적인 파트너가 됐다. 그들은 당시 러시아 표류 기지를 위해 유빙을 선택한 전문가

폴라르슈테른호가 새로운 얇은 얼음 지역에서 호위선 아카데믹 페도로프호와 만나고 있다.

모자익 유빙을 선택하기로 결정한 내용을 폴라르슈테른호의 푸른 살롱에서 발표하고 있다.

들의 체험을 집약해 우리 공동 원정대에 가져왔다. 우리는 푸른 살롱에 함께 앉아 우리와 그들이 모은 유빙 측정 데이터를 곰곰이 살피고 숙고한다. 으레 그랬듯이 대화는 우리 측 여성 통역사를 거쳐 진행된다.

먼저 페도로프호 동료들이 수십 개의 유빙을 조사하면서 알아낸 사실을 발표한다. 우울한 내용이다. 우리 배에 안정적인 기반을 제공하는 것은 물론 우리가 구축하려는 방식의 연구 캠프를 튼튼히 지탱하기에 적합한 유빙은 하나도 없다. 이 유빙들에 대한 우리의 평가는 대체로 "적합하지 않다", "전혀 적합하지 않다", "전혀 고려할 가치가 없다" 사이를 오락가락한다.

그다음으로 우리는 조사 결과를 상세하게 발표한다. '특별한 눈송이' 유빙을 측정해 보니 개별 눈송이처럼 독특하며, 눈에 띄게 놀랍고 인상적이다.

발표를 마치고 나는 블라디미르 소코로프에게 평가해 달라고 요청한다. 블라디미르는 항상 신중하게 말하며 단어를 많이 사용하는 편은 아니다. 하지만 그가 말하는 단어 하나하나마다 전적으로 신뢰할 수 있다. 지금 그는 다양한 해빙 물리학 분야의 전문가들과 짤막하게 상의한다. 그런 다음 통역을 위해 잠깐 말을 멈추었다가, 현상황에 대한 자신의 견해를 다음 같이 요약한다. 블라디미르는 지금까지 발견한 유빙이 전부 탐사에 적합하지 않다는 나의 평가가 맞다고 확인시켜 준다. 그는 우리가 이 특별한 유빙을 발견했다는 데 확실히 놀랐고, 표류를 위해 그 유빙을 선택하라고 강력히 조언한다. 그가 말을 마치자 해빙 전문가들이 일제히 고개를 끄덕인다. 그의 견해는 내 생각과 정확히 일치한다. 그래서 나는 이 유빙을 택

북극곰 두 마리가 아카데믹 페도로프호와 폴라르슈테른호가 만난 장소를 방문하고 있다.

해야 한다고 선언한다. 모자익 원정대에서 중요한 결정은 보통 떠들썩하게 환호하는 일 없이 일어난다. 우리는 조용히 미소 짓고 고개를 끄떡이면서 기쁨을 나눈다. 우리가 다음 해를 지낼 보금자리를 찾았다! 그리고 나는 다시 블라디미르에게 신중하면서도 근거가 탄탄한 평가와 조언을 해준 것에 다시 한번 깊은 고마움을 전했다. 그는 이번뿐만 아니라 원정을 준비하면서도 도움을 아끼지 않았다.

기쁨의 순간은 그리 오래가지 않는다. 바로 그 순간, 마치 누군가가 지렛대를 잡아당기기라도 하듯, 우리는 다음 원정 단계를 계획하기 시작하기 때문이다. 유빙 탐색은 끝났고, 시간을 낭비할 틈이 없다. 겨울과 긴긴밤이 코앞으로 다가오고 있다.

지금 처리해야 할 일을 열거하면 다음과 같다.

1) 분산망을 구축한다. 즉 장비와 측량기계로 이루어진 무인無人 망을 만드는 것이다. 우리가 머무는 유빙에서 최대 50킬로미터 떨어진 곳에 구축한다. 이제 최대한 빨리 페도로프호에서 장비와 측량기계를 내려놓아야 한다.

2) 페도로프호의 화물을 옮기는 작업을 하고 연료도 넘겨받는다.

3) 중앙 연구 캠프를 구축한다.

팀이 즉시 결성된다. 고해상도 위성 데이터의 도움으로 우리가 머물 유빙 주변의 얼음 상황을 판단하기 위해서다. 2시간 후, 분산형 네트워크의 주요 기지가 될만한 장소가 결정되고, 페도로프호의 Mi-8 헬리콥터가 탐사를 위해 이륙한다.

그러는 동안 나는 BK-117 헬리콥터를 타고 유빙으로 되돌아간다. 상공에서 유빙을 바라보며 좋은 아이디어를 얻는다. 이제 겨울을 나기 위해 정박할 유빙 지점과 방법을 결정해야 한다. 또한, 레이저 스캐너와 적외선 카메라를 다루는 팀도 배에 타고 있어, 이 장비로 유빙을 측량해 완벽한 3D 지도를 만들어 낸다. 이는 연구 캠프 계획을 위해 긴급하게 필요하다.

그러는 동안 승무원들은 벙커 호스를 넘겨주고 있다. 이 벙커 호스를 통해 앞으로 몇 시간 동안 수백 톤의 연료를 페도로프호에서 폴라르슈테른호로 옮길 것이다. 이 연료는 우리의 긴긴 겨울 동안 꼭 필요하다.

저녁이 되자 우리 배에 있는 바인 칠러탈이 문을 연다. 우리는 러시아 동료들과 함께 중요한 단계를 성공적으로 끝내고 다음 단계를 시작한 것을 보드카와 맥주로 축하한다.

3장
새로운 보금자리

2019년 10월 4일, 열다섯 번째 날

아침이다. 며칠 만에 처음으로 하늘이 열렸다. 우리는 돌연 수평선 바로 위에서 빛나는 태양을 본다. 얼마나 장엄한 광경인가! 이 엄청난 날에 더할 나위 없이 들어맞는 분위기다. 왜냐면 이날 나는 배를 정박할 유빙 장소를 결정한 다음에 선장과 상세히 의논하고 결정을 내릴 것이기 때문이다. 즉 오늘 밤부터 계속 우리는 유빙을 들이받을 것이다.

낮에는 마지막 화물 운송 작업이 완료된다. 어제 이미 페도로프호의 화물을 우리 배로 넘겨받는 작업을 했다. 이를 위해 우리는 두 배를 선미船尾에서 선미로 나란히 배치했다. 무거운 설상차인 피스턴불리Pistenbully 두 대가 폴라르슈테른호에 인양됐다. 두 배가 물에서 자유롭게 흔들리는 상황에서, 페도로프호의 크레인이 정밀한 작업을 진행해 폴라르슈테른호의 사령교를 지난다. 얼음이 마주 선 두 배 사이에서 너무 강하게 압박하는 바람에, 폴라르슈테른호에

서둘러 짐을 내려놓아야 했다. 크레인이 모든 화물을 정해진 위치에 제대로 내려놓을 수 있도록, 우리는 여러 번 위치를 바꿨다. 작업이 끝나고 보니 우리 배는 사방이 화물로 가득 차 있다. 그래도 이전에 수백 톤의 연료를 페도로프호에서 받아 비축했기 때문에, 폴라르슈테른호의 안정성은 허용된 범위 안에 있다.

이제 나는 유빙으로 가는 경로 계획을 짠다. 여정 중에 마주치는 비교적 작은 유빙을 절대 부수고 싶지 않다. 나중에 우리 측정기지의 네트워크인 분산형 네트워크에 사용할 기기를 이 유빙들에 구축해야 하기 때문이다. 문제는 우리가 받은 위성 이미지는 이미 몇 시간 전 상황인데, 그사이 유빙은 시간이 지남에 따라 계속 표류한다는 점이다. 그래서 나는 펜과 종이로 가능성이 가장 많은 표류 경로를 미리 계산하고 좌표를 변환한 뒤, 산출한 중간 지점을 사령교 항해사에게 넘겨준다. 항해사는 이를 항법 컴퓨터에 입력한다.

저녁 7시에 작업을 완료한다. 이제 배는 출발한다.

나는 사령교에 머물며 출발을 감독한다. 얼음은 불규칙하게 표류하고 있고, 누구도 내가 계산한 유빙 위치가 여전히 정확하게 맞는지 말 못 한다. 지금 밖은 이미 아주 어둡다. 한 줄기 가느다란 빛만 수평선에 걸려 있다. 사령교도 어둠이 깔려 외부 얼음 윤곽을 더 잘 인식하게 되어, 유빙 윤곽이 희미하게 나타나는 아이스 레이더에 집중할 수 있다. 나는 이 아이스 레이더를 통해 분산형 네트워크를 설치할 유빙들을 확인한다. 아울러 우리 배는 이 유빙들을 지나 항해해야 한다. 경로는 계획한 대로 잘 진행되고 있다. 다만 가는 도중 어느 한 지점에서, 우리 배는 두꺼운 얼음을 통과하느라 북쪽으로 밀렸다. 그러는 바람에 우리가 선택한 유빙 중 하나와 위험할 정도로 가까워졌다. 그렇다고 이 유빙을 피하려고 배의 조타를 우현으로 움직이는 것은 그리 바람직하지 않다. 폴라르슈테른호는 두꺼운 얼음에 갇히면 때때로 아주 제멋대로 움직이니까. 다행히도 마침내 뱃길이 열려, 여정을 계속할 수 있게 된다. 분산형 네트워크를 설치할 유빙을 간신히 피해 지났다.

우리는 안전한 거리에서 대규모 연구 캠프를 세울 유빙 주위를 돈다. 이 유빙에서 우리는 꽁꽁 얼어붙을 것이다. 우리가 어둠 속에서 이 유빙을 제대로 못 알아보는 바람에 실수로 깨부수고 지나간다면 엄청난 재앙을 맞이할 것이다! 곧 유빙의 윤곽이 아이스 레이더에 나타나고, 이제 우리는 폴라르슈테른호 레이더 영상을 기준으로 삼는다. 캠프를 성공적으로 구축하기 위해 제대로 된 위치에 정확하게 지정한 다음 배를 그곳에 정박해야 한다. 그래서 나는 유빙 돌격 계획을 위한 나침반 방위와 기동작전에 필요한 최종 경로를 미리 계산했다. 우리가 보는 것이 맞다. 유빙에 완벽하게 상륙하기 위한 경로를 제대로 가고 있다. 어둠 속 어딘가, 우리 앞에 있을 유빙 말이다.

선장과 나는 조용히 의견을 맞추고, 때때로 경로를 약간씩 수정한다. 그런 경우 말고는 사령교는 매우 고요하다. 동료 몇 명이 합류했는데도 그렇다. 모두가 엄청나게 집중하고 있다. 마침내 결정적인 순간이 왔다. 유빙을 들이받을 때 절대로 파괴해서는 안 되며, 마찬가지로 우리가 들이미는 지점도 계획한 장소와 맞아떨어져야 한다. 그곳은 다음 해 내내 우리의 거주지가 될 것이니까.

창문 앞을 보니, 탐조등 불빛을 받은 거대한 얼음 표면이 모습을 드러낸다. 우리가 목표로 한 유빙이 분명하다!

이제 상황은 경험이 엄청나게 풍부한 선장에게 달려 있다. 이 배에 탑승한 사람 중 노련한 선원이라는 표현에 어울리는 인물이 있으니, 바로 슈테판 슈바르체 선장이다. 그만큼 폴라르슈테른호에 대해 통달하고, 또한 얼음에서 어떻게 행동해야 하는지도 잘 아는 사람은 거의 없다. 그리고 지금 이러한 지식과 경험이 결정적인 역할을 한다. 유빙에 진입할 때 배의 추진력은 정확하게 조율되어야 한다. 추진력이 너무 크면 유빙을 부순다. 추진력이 너무 약하면 배는 너무 일찍 얼음 속에 멈춰 서게 된다. 선장은 조정 레버를 부드럽게 앞으로 민다. 육중한 강철 거상은 부드러운 구동력을 잘 따르고, 잘 맞추어 놓은 가속도에 이를 때까지 돌진한다.

이제 유빙은 바로 우리 앞에 있다. 나는 쌍안경으로 깃발이 있는

폴라르슈테른호가 모자익 유빙 위치에 도착해 얼음에서 안정적인 상태를 유지하고 있다.

위치를 확인한다. 우리가 이곳을 처음 측량할 때 꽂아놓은 깃발이다. 경로는 정확하게 진행되고 있다. 배를 조종하며 동력을 정확하게 공급하고 있는 선장에게 짧게 고개를 끄덕인다. 배는 얼음을 부수며 유빙속으로 들어간다. 사령교가 덜그럭덜그럭 뒤흔들린다. 배는 우리의 계획대로 AIS(자동 식별 장치) 기지를 지나가며 충돌한다. 우리는 우현 바로 앞에 AIS 기지가 위치하도록 조치한다. 이 기지에는 우리가 여기를 처음 방문했을 때 놔둔 송신기가 있다. 마지막으로 선장과 짧게 조용히 의논한 후, 선수를 왼쪽 뱃전 쪽으로 가볍게 당겨 조금만 더 가게 한다. 스톱!

2019년 10월 4일 밤 10시 47분. 우리는 멈춤 상태를 유지한다.

배는 단단한 얼음에 멈춰 섰고 안정적인 상태를 유지하는 것으로 보인다. 창문과 노천 갑판을 통해 우리가 있는 위치를 조망한다. 기계를 공전空轉 상태로 바꾼다. 선수가 얼음의 거센 압력을 받아 멈춘 뒤 뒤로 미끄러졌지만, 배는 겨우 몇 미터 밀려났을 뿐이다. 이제 배는 돌처럼 움직이지 않고 얼음 속에 있다. 얼음 속에서 위치를 유지하기 위해 동력을 쓸 필요는 더 이상 없다. 선장은 안전을 위해 기계를 몇 시간 공전 상태로 둔다. 우리가 계속 움직여야 할 경우, 동력을 가동하기 위해서다. 마침내 선장은 기계를 끄고, 배는 완전히 정지한다. 전기와 열을 공급하기 위해 작은 보조 디젤만 가동 중이다.

그런 다음 모두 제자리로 돌아간다. 매우 중요하지만, 그럼에도 고요한 저녁이다. 모든 이는 앞으로 몇 달 동안 여기서 무슨 일이 기다릴지에 대해 각자 생각에 빠진다.

나는 이날 밤 내내 여러 일을 한다. 우리가 머물 유빙을 레이저 스캐너로 찍은 지도를 들여다본다. 배 사령교 위에서 탐조등으로 외

부의 얼음 모양 물체를 살피고, 이 물체가 레이저 스캔 지도에도 나
와 있는지 확인한다. 그리고 우리가 유빙에 자리 잡을 정확한 위치
와 방향을 삼각 측량한다.

모자익 원정대가 머물
유빙에 솟은 얼음 조각.

2019년 10월 5일, 열여섯 번째 날

다음 날 아침, 유빙은 미지의 행성처럼 우리 주위에 자리 잡고 있
다. 낯선 천체를 연상케 하는 것은 드넓은 하얀 평원과 기이한 얼음
형성물뿐만이 아니다. 사실 이 땅에 발을 디딘 사람은 아직 한 명도
없기 때문이다.

우리는 빙원 동쪽 지역에 있다. 단단하고 압축된 얼음으로 이루
어진 유빙 핵의 위치에서 보면(우리는 그동안 이 유빙 핵을 "우리의 요새"
라고 불렀다) 우리는 남쪽 방향에서도, 동쪽으로 치우친 근처에 있다.

새로운 보금자리　　**83**

이 지역 요새에는 압축된 얼음으로 이루어진 능선이 솟아 있다. 이 능선은 요새와 유빙의 평평하고 얇은 영역(지금 우리가 있는 곳)을 구분한다. 이 능선은 우리의 요새를 보호하는 외벽outer wall인 셈이다. 이 능선에서 갈라져 나온 작은 능선 하나는 곧바로 우리 배 선수로 이어진다. 우리는 여기에 멈춰 있다. 계획대로 이제 우현에 평평한 얼음으로 이루어진 영역이 우리와 외벽 사이에 생겼다. 이 영역은 배에서 짐을 내리는 물류 구역으로 아주 잘 이용할 수 있다.

나는 팀장들과 함께 연구 캠프를 위한 첫 번째 계획을 개발했다. 팀장들의 성격은 각양각색이지만, 모두 우리의 거대한 계획에 열정적으로 임하고 있다. 알프레트 베게너 연구소 동료이자 공동 탐사대장인 마르셀 니콜라우스Marcel Nikolaus가 얼음 팀을 이끈다. 그는 모자익 원정대를 준비하면서 남다른 계획을 추진했고 수많은 절차와 과정을 완수했다. 마찬가지로 알프레트 베게너 연구소 동료인 앨리슨 퐁Allison Fong은 에너지 넘치는 생태계 팀장이다. 생태계 팀은 여기 북극에 사는 모든 생물을 조사한다. 이번 원정에서 그녀는 새로운 별명을 얻게 될 것이다. 바로 "전기톱 앨리Chainsaw-Alli"다. 얼음 어딘가에 톱으로 썰린 구멍이 나 있다면, 이는 그녀가 거기에서 남다른 솜씨로 전기톱을 휘둘렀다는 뜻이다. 예테보리 대학교의 카타리나 아브라함손Katarina Abrahamsson은 승선 첫 단계에서 생지화학 분야 대표자로 활동한다. 원래 이 분야 전반은 엘렌 담Ellen Damm이 운영·관리하지만, 그녀는 다음 원정 단계가 되어야 승선하게 된다. 카타리나를 다시 보게 되어 엄청 기쁘다. 우리는 1994년에 남극에 함께 간 적이 있었다. 이후에는 연락이 끊긴 상태였다. 하지만 극지방 연구자 커뮤니티는 작아서, 언젠가는 다시 만나게 마련이다. 알프레트 베게너 연구소의 팡잉치Ying-Chih Fang는 소규모 해양 팀의 일원으로 승선하고 있다. 해양 팀도 나중에 합류할 벤야민 라베Benjamin Rabe가 팀 전반을 운영·관리한다. 그리고 콜로라도 대학교와 미국 국립해양대기청National Oceanic and Atmospheric Administration, NOAA에 소속된 매튜 슈프Matthew Shupe가 있다. 모두 그를 맷Matt이라고 부른다. 그는 나와 함께 대기 팀을 이끌고, 이른바 메트 시티Met City 시장으로 수십 개의 연구 프로젝트를 책임진다. 맷은 모자익의 첫 순간부터 비전을 제시했고, 수많은 계획을 공동개발했다.

나는 소규모 팀을 구성해 유빙을 보다 면밀히 탐색해 연구 캠프의 주요 기반시설이 자리할 곳을 정한다.

연결 통로를 내린다. 얼음으로 가는 길이 열렸다. 먼저 우리는 작은 얼음 능선을 따라 외벽까지 걸어간다. 이 외벽 뒤로 "우리의 요새"인 유빙 핵이 펼쳐진다. 드넓고 갈라진 틈이 엄청나게 많은 얼음 풍경이다. 일부는 직선으로 뻗은 얼음 능선이 있고, 일부는 기이하고 각각 제멋대로 솟아오른 얼음 형성물이 있다.

우리는 이 중 한 영역을 조각 정원sculpture garden이라고 부른다. 마치 마법에 걸린 성에 있는 조각 정원처럼 보이기 때문이다.

연구 캠프의 주요부主要部는 요새를 따라 주축과 일직선으로 구축할 계획이다. 완벽한 설정이다. 전력 공급선과 주요 기반시설은 외벽의 거대한 얼음 능선을 따라 놓인다. 측량기계 일부는 이러한 축, 즉 캠프의 '척추'를 이루는 짧은 지류에, 이 지역을 장악한 얇은 얼음 위에 설치할 수 있다. 결국, 우리는 북극의 전형적인 얼음이 지닌 상황과 조건을 연구하려는 것이니까. 주요 전력 공급선과 유리섬유 데이터 케이블은 폴라르슈테른호의 선수에서 앞서 언급한 작은 얼음 능선을 따라 외벽으로 약 200미터 직선으로 이어진다. 자세히 설명하면, 모퉁이에서는 곡선으로 가다가, 그다음에는 계속 '척추'를 따라 우리 연구 캠프의 끝부분까지 이어진다. 이렇게 진행해야 할 것이다.

우리는 외벽을 따라 걷는다. 맷은 계획된 캠프의 맨 끝에서 '메트 시티', 즉 기상학 도시에 적합한 완벽한 지역을 찾는다. 그는 메트 시티의 기상관측기용 마스트를 세우고 연구 오두막을 지을 위치를 결정한다. 측량기계를 제어하는 컴퓨터는 이 오두막에 보관한다. 오두막은 외벽에 짓고, 마스트는 평평한 얼음으로 변화하는 지점에 세운다. 해양 팀은 모퉁이와 메트 시티 사이의 주축을 따라가며 오션 시티Ocean City를 구축할 위치를 찾는다.

그곳에서 멀지 않은, 메트 시티 쪽에서 약간 떨어진 위치에 원격 감지 사이트remote sensing site를 설치할 계획이다. 이 사이트는 외벽 근처 얇은 얼음 위에 세우며 레이더를 설치한다. 나는 오션 시티 근처에서 벌룬 타운Balloon Town을 구축할 위치를 결정한다. 그렇게 하면 오션 시티와 벌룬 타운은 메트 시티로 가는 주요 전력 공급선을 따라 배전 노드를 분배할 수 있다. 여기서 얼음 표면 위 수백 미터 떨어진 상공의 대기를 측정할 계류기구(강철 등의 줄로 잡아매 공중에 띄워 두는 기구-옮긴이)를 가동해야 하기 때문에, 벌룬 타운을 일반적인 얼음에 구축해야 하느냐 아니냐 따지는 건 그리 중요하지 않다. 그래서 나는 요새 외벽 넘어 평평하면서도 매우 방대한 지역을 선택한다. 이곳은 절대 움직이면 안 되는 벌룬 타운의 대규모 격납고를 안전하게 유지해야 한다. 그리고 실제로, 벌룬 타운은 가장 안전한 장소이며(우리 캠프의 다른 거의 모든 영역과는 달리) 균열이나 새로운 얼음 능선의 직접적인 위협을 절대 받지 않을 것이다.

우리는 이러한 계획을 세우고 다듬으면서 얼음을 '읽는다'. 단층이 매우 빈번하게 일어난 이 지대에서 안정적인 지역을 구별해 내려 애쓰며, 우리가 있는 위치를 레이저 스캔 지도에 나타난 유빙 구조와 계속 비교한다. 이렇게 사방이 얼음뿐인 풍경에서는 거리에 대한 감각을 금방 잃는다. 방향을 가늠할 수 있는 지점이 거의 없기 때문이다. 그럼에도 우리는 얼마 지나지 않아 눈앞에 보이는 풍경을 유빙 지도와 일치시키는 데 성공한다. 이를 통해 얼음구조를 더 잘 이해할 수 있게 된다. 우리는 계속 멈춰가며 구멍을 뚫어 발아래 얼음 두께를 조사한다. 안전하지 않은 지역에서는 중금속 기둥을 앞에 있는 얼음에 찔러 넣는 방법을 모색한다. 그렇게 하면 얼음이 우리를 지탱할 수 있는지 확인할 수 있다.

얼음 팀장인 마르셀 니콜라우스는 ROV(remotely operated vehicle, 무인 해중 작업 장치—옮긴이) 시티가 들어설 위치를 찾는다. ROV 시티는 수중 로봇이 얼음 아래로 잠수할 구역이다. 이곳은 다른 작업의 영향을 받지 않는 상태를 유지해야 하며, 주변 얼음의 특성과 잘 어울려야 한다. 따라서 외벽은 ROV 시티가 들어서기에 적합하지 않다. 더 위험하기는 하지만, 마르셀은 주축에서 떨어진, 배의 전방 약 500미터 지점 얇은 얼음이 있는 곳에 위치를 확정한다. 최고의 과학을 위해 때로는 위험도 감수해야 한다. 별도의 전선과 자체 데이터 케이블이 여기로 연결된다. ROV 시티가 마지막 대규모 기지가 됐다. 이제 얼음 캠프의 개요가 확정됐다.

지금까지 우리는 완전히 집중한 상태에서 탐색 작업을 했다. 이제 일과를 완료했다. 그런데 갑자기 얇은 구름층이 갈라진다. 지금은 정오 무렵이다. 이제 태양은 수평선 바로 가까이에서 모습을 드러내고, 모든 것을 장밋빛으로 물들인다. 가을의 오로라다. 숨 막힐 정도로 아름답다. 우리는 그저 눈으로 가득한 얼음 능선에 앉아, 오로라가 발산하는 분위기를 내면으로 받아들인다. 바람은 거의 불지 않는다. 때때로 삐걱거리는 소리가 아주 낮게 들릴 뿐이다. 우리 밑에 있는 얼음이 움직일 때 나는 소리다. 누구도 말이 없다. 이 순간, 모두가 각자 방식으로 오로라의 분위기를 받아들인다. 이때 받은 인상은 영원히 마음에 간직할 것이다. 어차피 이 느낌을 말로는 표현할 수 없으니까.

얼음에 세운 도시

프리드쇼프 난센이 얼음을 부수고 들어가 얼음 한복판에서 목제 범선을 얼린 지 126년이 지났다. 놀라울 정도로 선구적인 그의 업적은 이러한 탐험 방식이 굉장한 효과를 발휘한다는 사실을 보여주었다. 이제 우리는 사상 처음 현대식 연구용 쇄빙선으로 난센을 모방한다.

하지만 우리의 프로젝트에는 확고한 임무를 수행하는 폴라르슈테른호만 포함된 것이 아니다. 비밀 도피처는 우리가 얼음 위에 짓고 있는 도시 전체의 중심을 이룬다. 우리는 이미 몇 년 전에 연구 및 이행 계획의 첫 번째 버전을 작성했다. 이 버전에는 물류의 한계가 있는 조건에서 어떻게 과학적 목표에 달성할 수 있는지 분명히 밝히고 있다. 이후 점점 더 상세하게 계획을 세웠고, 얼음 위에서 프로젝트를 수행할 파트너도 더 많이 추가됐다. 심지어 우리가 처음으로 유빙에 발을 내딛기도 전에 이미 연구 도시를 대략 그린 지도도 있었다.

이제 우리는 당연히 이 계획을 현장 여건과 비교해 균형을 맞추어야 한다. 이러한 작업은 성공적으로 진행된다. 유빙은 프로젝트와 관련한 모든 구성 요소를 수용할 수 있다. 이는 우리가 계획한 모든 프로젝트가 성공할 가능성이 높다는 의미다.

설정 노선은 배에서 출발해 작은 압축 얼음 능선을 지나 3시 방향으로 곧장 요새로 향한다. 그런 다음 약간 구부러졌다가 가장 먼 지점인 메트 시티까지 거의 직선으로 이어진다. 기상학 도시는 아주 멀리 떨어져 있어야 한다. 그곳에서는 특히 기류를 측정하는데, 이 방향에서 바람이 불면 선체 때문에 기류가 소용돌이칠 수 있기 때문이다. 메트 시티의 측정 프로그램은 엄청나다. 수십 대의 기기가 대기의 모든 중요 매개변수, 아주 미세한 난기류를 통해 전달되는 에너지 흐름, 태양 및 열복사, 우리 위에 있는 에어로졸(공기 중에 부유하는 미세한 고체 및 액체 입자-옮긴이)과 구름을 포착해 기록한다. 우리가 모두가 의사소통을 수월하게 하려고 선택한 영어인 코너corner, 즉 모퉁이를 바로 지나면 왼쪽에 오션 시티가 있다. 오션 시티는 무엇보다 CTD 로제트CTD-Rosette를 구비하고 있다. CTD 로제트는 해수의 전도율, 온도, 수심을 측정하기 위한 측심연(測深鉛, 바다의 깊이를 재는 데 쓰이는 기구-옮긴이)으로, 바다에 내려가 물 샘플을 채취한다. CTD 로제트보다 훨씬 큰 오빠뻘 되는 측심연은 폴라르슈테른호의 크레인을 통해서만 배 바로 옆의 바다로 들어갈 수 있으며 시간이 지난 뒤에야 작업에 배치될 예정이다. 그 밖에도 오션 시티는 수많은 장비를 보유하고 있어 해양의 중요한 특성을 모조리 파악하는 완벽한 관측소로 자리매김한다.

오션 시티 앞 배로 가는 방향에 원격 감지 사이트가 생긴다. 이곳에서는 얼음에 설치한 산란계scatterometer와 레이더가 관찰 활동을 한다. 위성에 장착된 장치와 비슷하다. 그다음으로 설정 노선 오른쪽을 따라 벌룬 타운 현장이 이어진다. 이곳에는 우리의 계류기구가 대규모 격납고와 함께 설치된다. 이 격납고는 대기 아래 수백 미터 범위에서 끊임없이 수집한 데이터를 제공하는 역할을 한다. 이렇게 배에서 메트 시티까지 이어진 경로를 따라 전선과 데이터 케이블이 설치되지만, 스노모빌이 달리는 작은 도로를 따라서도 설치된다.

게다가 선수 바로 앞에는 우리 ROV 시티가 위치한다. 그곳에서 무인 해중 작업 장치인 수중 로봇이 작업을 시작한다. 얼음 아래 풍경을 촬영하고, 물속으로 들어오는 태양 복사를 측정하고, 물 샘플을 채취하고, 얼음 아래쪽 지형을 측량하고, 그곳 생태계를 연구한다. 이러한 작업 중에서 하나라도 실패하면, 좋은 결과물과 나쁜 결과물을 동시에 얻게될 것이다.

이렇게 얼음 위에 단단하게 설치하는 작업과 더불어, 샘플링 사이트sampling sites를 구축하는 일도 있다. 우리는 샘플링 사이트에서 1년 내내 얼음 및 눈 샘플을 끊임없이 채취한다. 이러한 작업을 위해 사이트 자리를 지금 정해놓아, 그 자리에 통행과 왕래가 전혀 없도록 유지해야 한다. 그리고 이동 측정, 특히 지속적인 레이저 스캐너 측정도 있다. 이 측정의 목적은 얼음 및 눈 지형의 변화를 관찰하는 데 있다.

눈 측정과 눈 샘플 채취 작업을 실행하는 수십 군데의 현장과 1년 내내 빙하 핵을 끌어당기는 지역은 부분적으로 완전한 어둠 속에 있어야 한다. 얼음과 물속에 사는 빛에 민감한 미생물은 심지어 우리의 인공 선박 조명에도 반응하기 때문이다. 이 실험을 위해 우리는 폴라르슈테른호에서 몇 킬로미터 떨어진, 드높은 압축 얼음 능선 때문에 그림자가 영원히 드리운 곳에 암흑 구역을 설정했다. 이 같은 극지방 원정에서는 전반적으로 기후시스템의 매개변수가 매우 복잡해 100개가 넘을 정도다. 더욱이 이러한 매개변수는 1년 내내 끊임없이 기록된다. 또한, 1년 중 특정 단계에서는 다른 수많은 매개변수가 추가된다. (이 책 앞부분에 수록된, 연구 캠프 위치와 방향을 묘사한 지도를 참조하라.)

그래서 우리는 주변 환경을 가능한 한 자세히 조사한다. 공기, 바다, 그 사이에 있는 눈과 얼음, 생태계, 생지화학 등이다. 그래야 이러한 요인들이 서로 어떤 영향을 주고받는지 밝혀낼 수 있다. 모자익 원정대가 누리는 타의 추종을 불허하는 이점이 바로 여기에 있다. 우리는 규정된 구역에서 북극의 전체 시스템을 관찰하므로, 여기서 작동하는 프로세스를 더 잘 파악하고 배울 수 있다. 우리의 분산망은 유빙 주변 최대 50킬로미터에 이르는 매우 많은 측정 지점을 보유하고 있어, 규정 구역 범위를 크게 확대하는 데 기여한다. 예를 들면 기후모델에서 단일 셀 격자grid cell로 취급되는 영역을 다루고, 우리의 측정을 기후모델링과 연결하는 매우 귀중한 기회를 제공한다. 지금까지는 북극 중심부의 기후 진행 과정에 관한 데이터가 너무 적다. 심지어 겨울 관련 데이터는 전혀 없다. 최고로 강력한 연구용 쇄빙선조차도 북쪽으로 멀리 떨어진 중심부까지 갈 수 없기 때문이다. 우리가 지금 수집하는 데이터는 여러 세대의 연구자들에게 계속 유용할 것이다.

몇 시간 동안 탐색한 후, 우리는 만족스러운 기분으로 폴라르슈테른호에 귀환한다. 나는 유빙에 발을 내딛고 싶으면 누구나 가도 된다고 결론 내린다. 물론 태양이 아직 수평선을 따라 움직이는 동안에 한해서다.

그래서 점심 식사 후에 우리는 폴라르슈테른호 근처에 있는 지역에 내리기로 정했다. 북극곰 감시원이 안전을 확인한 뒤, 거의 모든 원정대원이 얼음에 발을 내딛는다. 어떤 이는 사람의 흔적이 전혀 없는, 눈이 살짝 덮인 표면을 그냥 조용히 거닌다. 또 어떤 이는 사진을 찍거나 수다를 떨거나 눈 속에 몸을 던진다. 우리 모두 곁에는, 빨간색과 황금색이 섞인 태양이 수평선에서 빛을 발하고 있다. 새로운 집에서 보내는 첫날에 어울리는 큰 선물이다! 지금이 태양을 보는 마지막 순간이다. 이후 태양은 긴 겨울을 앞두고 마지막 노을을 남기다가, 마침내 수평선 너머로 사라진다.

하지만 이 시점에서 우리가 전혀 모르는 사실이 있다. 우리가 있는 위치에서 태양이 언제 수평선 너머로 사라질지 정확하게 예측하기란 불가능하다. 실제로 이미 수평선 뒤로 완전히 넘어간 상태이더라도, 때때로 신기루를 통해 태양을 볼 수 있기 때문이다. 참으로 신기한 일이다. 북극과 남극의 지평선 위에서, 아주 차가운 눈으로 뒤덮인 표면에서 관찰하는 대상은 믿을 수 없을 때가 많다. 항상 이 장소에 실제로 존재하는 것은 아니라는 뜻이다.

나는 바다에서 멀리 떨어진 남극 빙붕 한가운데에서 보기만 해도 기분이 좋아지는 만灣을 본 적이 있다. 그 만에는 빙산이 여럿 떠돌아다녔는데, 사실은 진짜 빙산이 아니었다. 보는 이를 기만하는 신기루였다. 수평선 너머 엄청나게 멀리 떨어진 지점에 있는 사물이 눈앞에 나타났다. 실제로는 전혀 있을 수 없는 곳에 모습을 드러낸

것이다.

　태양도 마찬가지다. 수평선 아래 있게 된 지 오래인데도 완전히 왜곡된 형태로 하늘에 반사되는 경우를 종종 볼 수 있다. 이미 난센도 자신의 예측으로는 긴 겨울이라 태양이 이미 수평선 너머로 사라졌어야 하는 날인데도 계속 보여 어리둥절하고 놀랐다. 그가 보고한 내용 중에는 자신이 그린 스케치가 포함되어 있는데, 긴 겨울철의 어느 날 정사각형 태양이 수평선에 나타난 그림이다. 당시 난센은 이러한 현상이 나타나는 이유를 제대로 설명하지 못했다. 그러나 이 스케치를 통해 아주 명확하게 입증된 사실이 있다. 즉 난센은 태양이 대기의 여러 층에서 다중 반사하는 광경을 본 뒤, 이때 받은 인상을 정사각형 별로 표현했다는 사실이다.

첫 번째 탐사팀이 작업을 마친 뒤 모자익 유빙에서 배로 귀환한다. 그 사이에 해가 마지막으로 진다. 앞으로 거의 6개월 동안 해는 뜨지 않을 것이다. 이제부터 극야가 이곳을 지배한다.

이 인상적이면서도 혼란스러운 이미지는 대기의 가장 낮은 영역에 있는, 밀도가 다양한 여러 공기층이 작용한 결과다. 북극과 남극의 차가운 얼음 표면 위 바닥 부분에는 아주 차가운 얼음 공기층이 있고, 공기층 온도는 최저 100미터 지점에 이르러서야 상승한다. 이렇게 여러 공기층은 매우 안정적으로 형성되며, 이 때문에 어떠한 난류도 억제된다. 여기서 온도와 밀도가 다양한 여러 층이 형성될 수 있다. 이 여러 층은 서로 섞이지 않으며, 아래 평지에서 바라보면 빛이 반사된다. 이는 수면 아래쪽에서 비스듬히 바라볼 때와 완전

위 사진에서 볼 수 있는 빙산이나 아래 사진 비행기 뒤쪽 얼음 안에 있는 보기만 해도 기분이 좋아지는 만灣 모두, 실제로는 존재하지 않는다. 독일 남극기지인 노이마이어 III Neumayer III 근처에서 신기루가 만들어 낸 환영이다. 실제로 그곳은 평평한 빙붕 표면이 수평선까지 뻗어 있다.

히 똑같다. 이는 말하자면 연무가 짙게 깔리고 바닥은 차가운 공기로 가득한 부둣가에서 더 따뜻하고 밀도도 낮은 대기층을 비스듬히 올려다보면, 수면 반사와 똑같은 현상이 일어나는 것이라고 할 수 있다. 이런 수많은 공기층은 서로 겹칠 때가 종종 있으며, 이때 수평선에서 기이한 형태와 비현실적인 이미지가 생성된다.

마침내 태양이 우리 앞에서 완전히 사라졌다. 이후 태양은 지평선 주변에서 영원한 궤도를 그리며, 빙빙 돌며 낮아진다. 그리고 10월 중반 이후부터는 정오에 조금이나마 감지할 수 있던 어스름한

빛도 과거의 추억이 된다. 10월 22일부터 태양은 지평선 아래 6도가 넘는 지점에 계속 머문다. 상용 박명(civil twilight, 태양이 지평선 아래 6도에 있을 때의 상태-옮긴이)은 사라지고, 북극 중심부는 몇 달 동안 얼음으로 뒤덮인 깜깜한 밤에 꼼짝없이 갇힌다. 그 기간 동안 모든 인간은 생명의 위협을 받는다.

　우리는 3월이 되어야 태양이 돌아올 것으로 기대한다. 그때까지는 어디로 표류할지 확실히 파악할 수 없기 때문에, 태양이 언제 돌아올지도 알 수 없다. 북쪽으로 가면 갈수록 태양이 뜨는 시기는 그

INFO

낮과 밤 사이

북극의 백야와 극야는 유명하다. 여름에는 태양이 항상 하늘에 떠 있고, 겨울에는 밤이 계속 지배한다. 그 사이 가을과 봄에는, 다른 나머지 세상처럼 매일 태양이 뜨고 지는 기간이 있다. 이 기간은 짧다. 이 기간은 북쪽으로 가면 갈수록 더욱 짧아져 결국 북극에 이르면, 백야는 아무런 과도 단계 없이 곧장 24시간 깜깜한 밤으로 바뀐다. 이러한 상황이 시작될 때, 태양은 지평선 아래 있기는 하지만, 아직은 당장 깜깜해지지는 않는다. 햇빛은 처음에는 하늘에 흩어지고, 여러 단계의 황혼을 거친다. 이러한 단계는 별이 지평선 아래 얼마나 깊숙이 있는지에 따라 구별된다. 상용 박명은 일몰로 시작해서 태양 면의 중심이 지평선 아래 6도에 있을 때 끝난다. 그동안에는 인공조명 없이도 주변을 계속 돌아다닐 수 있다. 이후 태양은 항해 박명nautical twilight으로 넘어가, 지평선 아래 12도까지 지속된다. 이때 별과 별자리는 잘 알아볼 수 있다. 그런 다음 천문 박명astronomical twilight으로 이어지는데, 이때 태양은 지평선 아래 18도까지 가라앉는다. 그때부터 눈으로 알아볼 수 있는 광선은 더 이상 하늘에 도달하지 않고, 어두워질 대로 어두운 경지에 이른다. 이렇게 절대적으로 캄캄한 북극의 밤 상태는 오로지 북극 중심부에서만 볼 수 있다. 즉 북위 84도부터다. *****

만큼 더 늦어질 것이다. 하지만 적어도 3월 21일까지는 태양이 북극에서도 떠오를 것이다. 그때까지 기나긴 북극의 밤을 보내며, 우리에게 무슨 일이 일어날까?

2019년 10월 6일, 열일곱 번째 날

이제 우리는 본거지 역할을 할 유빙을 확정했다. 심지어 예상보다 일찍 진행하기는 했지만, 그럼에도 시간은 촉박하다. 일광은 2주 정도밖에 남지 않았고, 이후에는 캠프를 세우는 일이 훨씬 어려워질 것이니까. 빛이 약간 남아 있는 동안 주요 기반시설을 구축해야 하고, 얼음을 계속 조망해야 하고, 헬리콥터를 타고 제약 없이 비행할 수 있어야 한다. 예를 들어 어둠이 완전히 드리운 상태에서는, 외부 하중을 두는 이륙이나 얼음에 표시되어 있지 않은 장소의 착륙은 더 이상 불가능하다. 게다가 지금 겨울이 무자비하게 다가오고 있다. 얼음은 점점 두꺼워지고 있다. 아카데믹 페도로프호의 입장에서는 이곳을 떠날 최적의 시기다. 떠나지 않으면 페도로프호 또한 우리와 함께 얼음에 갇히게 되어 더 이상 빠져나가지 못하는 위기에 빠진다. 우리는 페도로프호를 통해 측정 기지 네트워크를 구축하는 데 일주일을 할애하고, 이후 페도로프호는 고국으로 돌아가는 경로를 밟아야 한다. 하지만 그 전에 우리는 약 24명의 현 원정대원을 페도로프호에 탑승시키고, 같은 수의 페도로프호 인원을 폴라르슈테른호로 데려와야 한다. 그 밖에도 우리는 두 척의 배에 실린 상당한 규모의 장비와 기기를 계속 교환해야 한다. 문제는 이를 어떻게 실행해야 하느냐다.

원래 나는 폴라르슈테른호와 마찬가지로 페도로프호도 유빙에서 수백 미터 떨어진 곳에 계류시킨 뒤 얼음과 관련된 인력과 물자를 교환할 계획을 세웠다. 그러나 이 계획은 지금 주변 얼음이 침식될 수 있다는 현실과 부딪쳤다.

얇고 불안정한 유빙에 발길이 닿을 때마다 얼음이 부서질 위험이 발생한다. 그리고 상대적으로 두껍고 견고한 지역인 요새는 이 얇은 얼음 안에 존재한다. 그래서 요새에 도달하려면 다른 지역을 훼손할 수밖에 없다. 우리는 요새에 접근하는 작전을 실시했는데, 이때도 일부 유빙에 강제 침입하는 과정을 피할 수 없었다. 진입하는 과정에서 훼손이 어쩔 수 없이 발생했다. 이러다 보니 우리가 유빙에 더 큰 손상을 입힐 위험도 증가했다. 또한 페도로프호가 요새에 정박하는 상황도 불가피할 수 있다. 그런 경우 나중에 페도로프호가 다시 출발하면, 얼음 표면이 훨씬 많이 파괴될 것이다. 나는 이러한 위험을 감수하고 싶지 않다.

그래서 계획을 다시 세운다. 페도로프호는 유빙에서 몇 킬로미터 떨어진 곳에 머물러야 한다. 이곳의 민감한 환경에 방해되지 않기 위해서다. 대신 나는 무거운 러시아제 Mi-8 헬리콥터가 안전하게 착륙할 장소를 찾으려 한다. 그 장소는 우리가 폴라르슈테른호에서 스노모빌을 타고 안전하게 도달할 수 있는, 두꺼운 유빙 핵 지점 어딘가다. 그런 다음 이 얼음 위에 설치한 헬기 이착륙장을 물류 작업 중심지로 활용해, 이곳을 통해 모든 교역을 수행할 수 있다. Mi-8 헬리콥터는 폴라르슈테른호 헬리콥터 발착 덱에 착륙할 수 없다. 덱이 감당하기에 이 헬리콥터는 너무나 크고 무겁기 때문이다.

나는 얼음 팀장인 마르셀과 함께 Mi-8 헬리콥터가 적절하게 착륙할 장소를 찾아 나선다. 이 헬기 이착륙장은 최소 80센티미터의 안정적인 얼음이 있어야 하고, 얼음 능선이 없이 평탄해야 하고, 폴라르슈테른호에서 스노모빌로 쉽게 접근할 수 있는 지점에 있어야 한다. 또한 스노모빌 뒤에 무거운 짐을 실은 난센 썰매를 연결해 출발하더라도 접근성이 좋아야 한다. 분명 이러한 장소는 요새 지역에서만 발견할 수 있을 것이다. 거기 말고 다른 곳은 아무리 보아도 충분히 안정적이지 못하다.

레이저 스캔으로 찍은 유빙 지도는 엄청나게 소중하다. 또 한 번 우리에게 지도 역할을 톡톡히 한다. 그런데 끊임없이 표류하는 유빙은 어떻게 탐색할까? 대륙 지도에서 알 수 있듯이, 절대 좌표는 몇 시간이 지난 뒤에는 무의미해진다. 여하튼 우리는 종종 시속 500미터가 넘는 속도로, 때로는 이보다 훨씬 빠른 속력으로 표류한다. 지표면에 고정된 지점은 얼마 지나지 않아 완전히 다른 유빙 지점에 있게 된다. 그래서 좌표는 무의미해지고, GPS 탐색 장치도 제대로 작동하지 못한다.

생각을 바꿔야 한다. 유빙을 탐색하고 그곳에서 올바른 길을 찾기 위해 우리만의 좌표계를 그린다. 즉 위치 및 방향 탐색은 얼음 위의 고정된 지점과 얼음 위의 고정된 방향과 관련지어 진행해야 한다. 우리는 폴라르슈테른호의 선수를 고정된 지점으로, 선수의 축을 방향으로 선택한다. 그런 다음 좌표는 선박까지의 거리와 폴라르슈테른호 축 방향을 각도로 표시한다. 단순화시키기 위해 후자(방향-옮긴이)를 시간이라고 일컫는 경우가 많다. 그래서 마치 시계 숫자판처럼, 선수가 12시 방향에 있는 것으로 여긴다. 이를 통해 위치 정보를 파악할 수 있다. 예를 들어 3~4시 방향 1,250미터는, 배에서 우현 정횡으로 1,250미터 떨어졌다는 의미다. 이 극極좌표계는 얼음 위를 탐색할 때 엄청나게 유용한 것으로 입증됐으므로, 우리가 유빙 지도를 만들 때도 이 방법으로 기입한다. 시각적으로 폴라르슈테른호와 계속 접촉하는 한, 쌍안경에 달린 레이저 측정기로 배까지의 거리를 파악하고 우리가 선박 축을 기준으로 어느 방향에 있는지도 판단할 수 있다. 이를 통해 얼음 지도에서의 우리의 위치를 신속하게 찾을 수 있고, 일단 위치를 기입해 두면 유빙이 계속 표류해도 나중에 그 위치를 다시 찾을 수 있다.

우리가 아주 멀리 떨어진 곳에 있거나 더 정확한 자료가 필요한 상황에 놓이면, 사령교의 항법 시스템을 사용할 수 있다. 항상 장거리 여행을 할 때는 트랜스폰더를(송신기transmitter와 응답기responder의 합성어로, 수신된 전기신호를 중계 송신하거나 수신 신호에 어떠한 응답을 돌려주는 기기의 총칭-옮긴이) 가지고 다니기 때문에, 우리의 현재 위치는 선박 항법 컴퓨터에 나타난다. 사령교는 폴라르슈테른호의 현재 위치와 함께 우리와 배 사이의 정확한 거리와 방향을 무선으로 알려준다. 그러면 우리는 이를 바탕으로 유빙 지도 좌표계에서 위치를 찾아낼 수 있다.

이 방위 기반 항법 시스템을 통해, 우리는 레이저 스캐너로 찍은 유빙 지도에서 얼음을 지나는 경로를 추적한다. 이를 위해 우선 요새 안으로 들어간다. 즉 얼음 압착이 엄청난 규모를 이룬 영역 깊숙이 들어간다. 이곳은 단단하고 두꺼운 얼음 조각이 독특한 형태를 자아낸다. 우리는 각양각색의 형태를 이룬 얼음 형성물을 통과한다. 일부 얼음에는 작은 고드름이 달렸다. 우리를 위해 별도로 장식한 듯하다는 생각이 들었다. 그중 하나는 엄청나게 큰 버섯처럼 보이고, 다른 것은 얼음에 갇힌 거대한 북극 괴물의 이빨처럼 보인다.

이곳 얼음 위에는 여태까지 발견되지 않은 상상의 동물이 존재하는 걸까? 때로는 모든 것이 너무 비현실적인 것처럼 느껴져서, 이런 생각이 들 수도 있는 것이리라.

얼음 형성물 사이로 평평한 평원이 펼쳐져 있다. 폴라르슈테른 호에서 멀리 떨어져 있는 이러한 풍경을 지나노라면, 북극 빙원의 끝없는 얼음 위에 펼쳐진 풍경을 돌아보노라면, 누구나 자신이 아주 작아 보인다. 이곳은 광활하다. 우리 주변 1,000킬로미터에는 아무것도 존재하지 않는다. 이러한 깨달음이 들자 경외감이 절로 솟는다.

이번에는 스노모빌을 타고 험준한 얼음 풍경을 돌아본다. 회전할 때마다 새로운 풍경이 펼쳐진다. 여태껏 사람의 눈으로 본 적도 없는 독창적인 얼음 조각품이 등장한다. 여기 사방을 둘러보아도 황량하기만 한 드넓은 북극 공간에서 이런 얼음 작품을 만든 조각가는 관객이나 박수갈채를 위해 작업한 것이 아니리라.

스노모빌의 엔진을 끄면 숨 막히는 고요함이 펼쳐진다. 우리는 종종 잠시 숨을 멈추고 움직이지도 않는다. 극지방 탐험 장비가 바스락거리는 소리를 내지 않도록 하기 위해서다. 그러고는 고요함에 몸을 완전히 내맡긴다. 이제 북극의 미묘한 아름다움을 깨닫게 된다. 얼음 결정체가 경미하게 부는 바람을 타고 눈 위를 부드럽게 떠다니면, 아주 낮게 바스락거리는 소리가 난다. 이때 얼음이 약간 움직이면서 삐걱거리는 소리를 내지만, 거의 알아차리지 못할 정도다. 이 모든 것들이 내가 북극을 사랑할 수밖에 없는 이유다.

2019년 10월 8일, 열아홉 번째 날

낮 동안에는 바람이 세게 일어, 얼음 위에 세운 깃발을 뒤흔든다. 우리가 표지판 삼아 설치한 깃발이다. 바람이 몰고 온 눈송이가 얼굴에 부딪힌다. 눈송이는 추위 때문에 딱딱한 얼음 결정체로 변하기 마련이다. 이 얼음 결정체가 피부에 부딪히면, 바늘에 찔린 것처럼 따갑고 아프다. 정오 무렵에는 바람이 격렬히 불어 풍력 계급이 7에 이르고, 심한 눈보라가 시작된다. 눈보라와 돌풍이 거세게 몰아치면 50미터 앞도 잘 보이지 않는다. 이제는 북극곰이 나타나도 더이상 알아볼 수 없을 지경이다. 나는 안전을 위해 얼음 위에서 하던 모든 일을 멈추고 배로 돌아간다. 바람이 배 주위에서 울부짖고 모든 상부 구조물을 뒤흔든다. 우리는 폴라르슈테른호 사령교에 있는 파노라마 창을 통해 이 난장판을 관찰한다. 이 창은 바깥 자연의 힘을 막아주는 바위 역할을 한다. 덕분에 안전하고 안락한 휴양지에 온 기분이다. 하지만 폭풍은 흔적을 남긴다. 오후가 되어 폭풍이 잦아들자, 선수 바깥쪽 얼음에 균열이 생긴다. 균열이 재빠르게 나타나 점점 확대되고 검은 톱니 모양의 선이 되어 유빙을 가로지르는 순간을, 시선이 닿는 한 똑똑히 볼 수 있다. 방금 전까지만 해도 굳게 닫혀 있던 얼음판이, 지금 1미터 넓이의 틈이 생겨 우리 주변을 가로지른다. 약 1시간이 지나자 얼음은 다시 잠잠해진다. 하지만 균열은 여전히 남아 있다.

2019년 10월 9일, 스무 번째 날

다음 날. 어제와는 다르게 온화하고 고요한 날씨와 좋은 시야가 우리를 맞이한다. 이제 균열이 선수 바깥쪽에서 시작되어 드넓은

곡선을 그리며 좌현 전방으로 이어지다가 유빙 전체를 관통한 광경을 볼 수 있다. 저쪽에 있는 균열은 우리에게 방해되지 않는다. 그쪽에는 유빙이 얇은 지역이 있고, 균열은 우리가 계획한 ROV 시티의 위치와도 다소 멀리 떨어져 있기 때문이다. 또한 얼음 위에 관측소를 세우는 계획에는 이곳에 기반시설을 갖춘다는 내용이 없기도 하다. 현명하게도 우리는 우현 쪽에 있는 아주 거대한 얼음으로 이루어진 외벽, 즉 요새의 외벽을 따라 거의 모든 사안을 계획했다.

하늘이 맑고 공기의 움직임이 거의 없으면 땅은 빠르게 냉각되고 기온은 섭씨 영하 15도까지 떨어진다. 지평선 아래에 있어 보이지 않는 태양의 노란색으로 반사된 빛이, 균열로 갈라진 곳에 드러난 물에 반사된다. 그리고 이제 연기가 피어오른다! 안개가 수면에서

모자익 유빙을 가로지르는 첫 번째 균열. 앞으로 원정이 진행되면서 더 많은 균열이 잇따를 것이다.

어미 북극곰 한 마리가 새끼와 함께 북극의 어두운 밤 속에서 모습을 드러낸다. 그리고 연구 캠프를 탐색한다.

가느다란 실처럼 솟아오른다. 안개는 공기의 희미한 움직임을 타며 물 위에서 춤추고, 빛이 발산하는 광채와 함께 어울려 논다.

실처럼 가느다란 안개는 차가운 공기와 섭씨 영하 1.5도밖에 안 되어 비교적 따뜻한 바닷물 사이의 엄청난 온도 차이로 인해 발생한다. 공기가 마치 스튜 냄비 바닥에 있기라도 한 양 따뜻한 물 위로 상승하면 대류 세포가 생성된다. 대류 세포는 열이 위로 밀려 올라가면서 형성되는 조그마한 기류 영역이다. 이 공기와 더불어 수증기가 바다에서 상승하여, 추위에 응결되어 실처럼 가느다란 안개를 형성한다. 이 현상을 바다 연기라고 부른다. 바다 연기는 극지방이 아닌 지역에서도, 매우 춥고 바람이 불지 않는 겨울날에 탁 트인 수면에서 관찰할 수 있다. 오늘 이러한 광경은 오래 지속되지는 않는다. 머지않아 얇은 얼음층이 균열에 형성되어 수증기 공급을 차단

하기 때문이다. 우리는 서둘러 바닷물과 생긴 지 얼마 안 된 어린 얼음 표본을 재빠르게 채취한다.

얼음 위에서는 구축 공사가 잘 진행되고 있다. 저녁이 될 때까지 우리는 주 전선을 모퉁이까지 끌어 올린다. 이 모퉁이는 앞으로 유빙을 가로지르는 곡선 도로가 될 것이다.

어미 북극곰과 새끼가 연구 캠프를 탐색한 뒤 서로 신나는 놀이를 하고 있다.

2019년 10월 10일, 스물한 번째 날

저녁이다. 이미 어두워졌고, 모든 팀은 얼음 위 작업을 마치고 귀환했다. 갑자기 열화상 카메라 화면에 작고 밝은 점 두 개가 나타난다. 뭔가 따뜻한 물체이고, 우리 연구 캠프가 있는 방향 쪽으로 이동하고 있다. 배의 탐조등이 빠르게 물체를 비춘다. 어미 북극곰과 아직 한 살도 안 된 새끼가 우리를 발견했다. 지금 북극곰 두 마리는 얼음 위에 있는 새롭고 진기한 물건이 무엇인지 확인하려 한다. 그들은 오션 시티로 가는 길을 택한다. 털가죽 색깔이 상당히 밝은 것으로 보아, 어미는 아직 나이가 비교적 어릴 것으로 추정된다. 새끼를 처음 낳았을지도 모른다. 하지만 어미 북극곰은 자기 아이를 돌보는 방법을 잘 알고 있다. 두 마리 모두 영양 상태가 아주 좋아 보일 뿐만 아니라 털가죽 밀도가 높아 두껍고 둥글기 때문이다. 이 장엄한 동물을 바라보는 일은 정말 멋지다.

오션 시티는 아직 공사 중이기는 하지만, 이미 얼음에 구멍을 뚫어놓아 나중에 이 구멍을 통해 기구를 바다 아래로 내려보낼 것이다. 이 구멍은 분명 북극곰 두 마리의 관심을 끈다. 도대체 이 이상한 구멍은 뭐지? 맛있는 바다표범이 숨을 쉬기 위해 뚫은 구멍일까? 하지만 바다표범 냄새는 나지 않는다. 그리고 구멍은 직사각형이며 바다표범이 숨 쉴 구멍치고는 너무 크다. 게다가 얼음 위에는 진짜 재미난 장난감이 사방에 깔려 있다. 난생처음 보는 것들이다.

결국 (우리의 설치물인) 장난감이 우스꽝스러운 구멍보다 훨씬 흥미로워 보인다. 두 곰은 정밀 탐색을 실시한다. 깃대에 뒷다리를 세우고 깃대를 넘어뜨리고, 주변을 어슬렁거리다가 한번 테스트해 보듯이 장비 저 장비를 물어뜯는다. 특히 빨간색과 주황색이 들어가기만 하면 모조리 관심을 기울인다. 동물 살코기로 오인해서 그런 걸까? 곰들은 우리가 설치한 주황색 두꺼운 전선을 조심스럽게 한 입 문다. 하지만 전선은 고무 같고 맛도 엄청 없다. 이렇게 갉아 먹는 행동은 조심스럽게 탐색하는 행위일 뿐이며, 케이블을 훼손하지도 않는다. 또한 이 시점에서는 아직 전류가 흐르지 않는다.

북극곰은 믿을 수 없을 정도로 호기심이 많고 놀기 좋아하는 동물이다. 북극곰이 두려워하는 것은 거의 없다. 천적이 없기 때문이다. 북극곰의 호기심은 목숨을 위협하는 북극 환경에서 상상 가능한 모든 식량원을 찾는 데 큰 도움이 된다. 하지만 때때로 그냥 즐겁게 노는 것처럼 보이기도 한다.

예전에 스피츠베르겐섬 북서 해안에 있는 얼어붙은 얼음 제도 콩스피오르덴에서 곰 한 마리를 관찰한 적이 있다. 이 북극곰은 피오르로 얼어붙은 작은 빙산에 힘들게 기어올라 가장 높은 곳에 앉았다. 그러고는 몇 분 동안 사방의 매혹적인 풍경을 감상했다. 적어도 인간의 시각에서 해석하기로는 그랬다. 실제로는 어딘가에서 바다표범 냄새를 감지할 수 있지 않을까 싶어 사방팔방으로 킁킁거렸을 것이다. 그리고 나서 곰은 등을 대고 앉더니, 빙산 측면의 눈 쌓인 비탈길을 재빠르게 미끄러져 내려갔다. 그런 다음 다시 빙산에 올랐다가 내려가는 과정을 반복했다. 한 15분 동안 그런 행동을 했을 것이다. 내가 보기에 북극곰이 이런 행동을 한 이유는 단 한 가지로 설명할 수 있다. 재미있으니까! 북극곰 연구자가 좀 더 합리적인 또 다른 설명을 할 수도 있겠지만, 나는 다른 이유를 못 찾겠다. 이런 순간에는 동물과 매우 가까워져서, 동물을 인간화시켜 생각하는 것 말고는 다른 방법이 없다.

북극곰의 몸무게는 약 0.5톤이고 몸길이는 약 3미터다. 그럼에도 고양이처럼 유연하게 움직인다. 북극곰은 갈라진 얼음 틈을 민첩하게 뛰어넘고, 재빠르게 몇 걸음을 걸어 압축 얼음 능선을 기어오른다. 또한 힘들이지 않고 수로 속으로 미끄러져 들어갔다가 다시 수면 밖으로 나온다. 그러고서 빠르고 힘차게 헤엄친다. 가히 북극의 왕이라 평가할 만하다. 북극곰은 이러한 북극 풍경을 완전히 장악하니까. 북극곰은 자신의 엄청난 덩치를 이보다 훨씬 더 큰 근력으로 보완해, 민첩하고 우아하게 움직인다. 반면 우리는 이런 환경에서 두껍고 무거운 극지 장비를 걸친 채 얼마나 느리고 둔중하게 움직이는가! 원래 이러한 환경이 우리의 터전이 아니다. 이런 우리에게 수로와 압축 얼음 능선은 극복하기 어려운 장애물이다!

우리가 머물 유빙에 등장한 곰 두 마리는 이제 전선을 따라 배가 있는 방향으로 달린다. 이 모든 게 매우 흥미진진하게 여기는 듯하다. 두 곰은 그냥 무슨 일이 일어나는지 보려고 이것저것 쓰러뜨리는 것을 즐긴다. 특히 어린 곰은 흥분해서 이리저리 뛰어다닌다. 어떠한 것도 놓치고 싶지 않아 보인다. 두 곰은 너무나 가까이 다가와, 배에서도 소리가 들릴 정도다. 새끼 곰은 끊임없이 소리를 낸다. 반쯤은 요란하게 짖어대고, 반쯤은 울부짖는다. 마치 강아지가 흥분해서 날뛰는 듯하다. 다만 새끼 곰이 내는 소리가 열 배 더 클 뿐이다. 그러는 와중에 새끼 곰은 어미의 몸과 짧게 짧게 접촉을 계속 시도한다. 마치 자신의 행동이 정당하다는 것을 확신시키려는 듯하다. 새끼 곰이 보기에 상황이 꽤 수상쩍어 보이는 듯하다.

두 곰은 배의 선수 바로 옆에 있는 대형 배전함에 도달한다. 앞에서 말했듯이 배전함에 있는 많은 전선은 아직 전류가 흐르지 않기 때문에, 동물에게 직접적인 위험은 없다.

하지만 이제 곰을 쫓아낼 시간이 왔다. 곰들이 우리가 여기 있다는 사실에 익숙하고 우리에 대한 관심이 이동 본능을 넘어설 경우, 계속 배 쪽으로 돌아올 위험이 있다. 그러면 조만간 곰과 인간 사이에 치명적인 상황이 발생해, 양쪽 모두 큰 위험이 될 수 있다. 게다가 여기서는 먹이를 찾지 못하게 될 것이다. 곰은 자신에게 자연스러운 생활 방식을 따라야 한다. 즉 드넓은 북극을 돌아다니며 여기 서식하는 몇 마리 안 되는 바다표범을 끊임없이 사냥해야 한다. 그 외의 다른 모든 행위는 동물을 위험에 빠뜨릴 수 있다. 북극곰 서식 지에 인간 정착촌을 만든 경험에 따르면, 조기에 매우 강력한 억제 책을 단행함으로써 인간과 동물 간에 일어나는 돌발사건 발생 횟수 를 줄일 수 있다. 이러한 억제책은 특히 북극곰의 안전에 중요하게 작용한다. 왜냐면 곰과 인간이 서로 위험한 접근을 감행하면 극도 로 위험한 상황이 발생하며, 곰이 직접 공격해 오면 결국 즉각적인 정당방위를 위해 발포가 불가피하기 때문이다. 그리고 우리는 어떠 한 상황에서도 이런 일을 피하고 싶다.

그럼에도 나는 잠시 망설인다. 지금 섬광탄을 발사해 곰들을 깜 짝 놀라게 할 수도 있다. 그러면 곰들은 몇백 미터를 달아날 것이다. 그러나 효과는 짧게 지속될 뿐이다. 얼음은 아직 탐사의 발길이 닿 지 않은 곳이 엄청 많은 데다 아주 어둡다. 그래서 스노모빌을 몰고 수로가 통과하는 얼음 표면을 가로질러 달아나는 곰을 몰아내, 우 리가 있는 지역에 영원히 발을 못들이게 하는 일을 할 수 없다. 그렇 다면 곰은 섬광탄에 깜짝 놀라기는 하지만, 결국 놀라는 것 말고는 아무런 해도 입지 않는다는 사실을 습득한다. 그렇게 되면 나중에 전면적인 추방 작전을 실시해도 성공 가능성은 줄어든다.

그런데 몇 분이 지나자 두 곰이 우리 시설물에 익숙해하는 모습 이 눈에 띌 정도로 분명해진다. 여기서 달갑지 않게도, 곰들은 적응 한 것이다. 스피츠베르겐섬에서 북극곰 관리 업무를 하다가 이번 원정에 참여한 아우든 톨프센Audun Tholfsen과 잠깐 논의한다. 그는 이 제 행동할 때가 됐다는 견해를 확실히 밝힌다. 우리는 신호 총을 준비한 뒤 발포를 가장 잘할 수 있는 지점인 선수에 자리를 잡는다. 그런데 곰들은 갑자기 배전기와 케이블에 흥미를 잃은 듯하다. 두 곰은 선수 주위를 빙빙 돌다가, 좌현 쪽으로 터벅터벅 걸어간다. 설치물이 없는 곳이다. 거기서 두 곰을 드러누워 휴식을 취한다. 조금까지만 해도 엄청 흥분했던 새끼 곰은, 이제는 어미에게 착 달라붙어 있다.

유감스럽게도 이러한 상태는 오래가지 않는다. 이제 두 곰은 우리 배의 좌현을 탐색한 뒤, 선수 주위를 돌아 배전기로 돌아간다. 결국 여기에는 먹을 만한 게 없는 걸까? 어미 곰이 일부 케이블 접속기의 플라스틱 덮개를 이빨로 잘근잘근 뜯기 시작한다. 지금은 곰이 플라스틱 부품을 먹는 것을 막기 어렵다. 플라스틱은 몸에 좋지 않을 수 있다. 당장 이런 행동을 멈추게 해야 한다. 나는 즉시 선수에서 신호 총을 배와 곰 사이에 겨누고 첫 발을 쏜다. 신호탄이 밝은 섬광과 요란스러운 폭음을 발산하며 공중에서 폭발한다. 두 곰은 즉시 반응해 배에서 멀리 달아난다. 우리가 바란 바다. 미리 협의한 대로, 아우든이 두 번째 신호탄을 발사한다. 그러는 동안 나는 재장전을 한 뒤 또 쏜다. 재장전과 발사를 반복하며 연속으로 쏜다. 신호탄 화약은 곰들로부터 안전한 거리를 유지하며 폭발하지만, 두 곰이 얼음을 가로질러 혼비백산 달아나자 그 뒤를 따르기도 한다.

이제 중요한 과제가 남았다. 바로 곰들이 여기 오는 것을 확실하게 단념하도록 만들어, 습관화 효과를 막는 것이다. 우리는 두 곰이 신호탄 사거리 범위를 벗어날 때까지 여덟 발을 발사한다. 곰들은 달아나기를 멈추었지만, 우리가 어떤 존재인지 충분히 깨달았다. 곰은 어둠 속으로 터벅터벅, 유유히 사라진다. 하지만 이러한 신호

탄 발사가 추가로 곰을 추적하는 조치 없이 지속적으로 성공을 거
둘지는 의문이다. 그리고 이러한 의문을 품는 것은 타당할 수밖에
없다.

2019년 10월 11일, 스물두 번째 날

이날은 깜짝 놀랄 일로 시작된다. 균열이 사라져 버렸다! 하룻밤
사이에 균열이 완전히 다시 붙었다. 어제만 해도 얇은 얼음층 위에
수로가 나 있던 자리에는, 오늘 보니 얼음 능선이 펼쳐져 있다. 얼음
의 압력으로 얇은 새 얼음은 균열 바깥으로 밀려났고, 이제 얇은 유
빙이 서로 뒤죽박죽 겹쳐진 선을 형성하고 있다. 첫 번째로 작은 압
축 얼음 능선이 형성된다. 이는 말하자면 우리가 원정을 진행하며

일광이 지평선에서 마
지막으로 희미하게 빛
나고 있다. 며칠 후면 황
혼 단계가 끝나고 짙푸
른 단계가 시작된다. 밤
이 완전히 어둠을 드리
우기 시작하기 전에, 며
칠 동안은 간신히 알아
볼 수 있는 수준의 미미
한 푸른빛이 주변을 비
춘다.

계속 보게 되는 거대한 빙산의 행진을 알리는 서곡이라 할 수 있다.

두루 둘러보아도 북극곰은 보이지 않는다. 안도감이 든다. 생산적인 하루가 될 것이라는 희망을 품는다. 하지만 밤에 일어난 사건 후의 우리 주변의 얼음 환경을 계속 조사해 보고 싶다. 그래서 정찰 비행을 위해 헬리콥터를 마련한다.

헬기가 이륙하자마자, 배 사령교 좌현에서 수백 미터 떨어진 지점에서 전날 밤에 만났던 두 친구를 보게 됐다. 어미 곰은 아주 정상적으로 사냥 행동을 보이고, 더 이상 우리에게 관심을 두지 않는다.

두 곰을 방해할 생각은 정말 없고, 그냥 사냥하도록 내버려 두고 싶다. 하지만 이 곰들이 우리가 있는 곳 주변에서 별 탈 없이 지내는 법을 익힌다면, 나중에는 매우 큰 위험이 발생한다. 그래서 우리는 헬리콥터를 타고 곰들을 다른 방향으로 이끈다. 북극곰은 일반적으로 헬리콥터를 굉장히 두려워한다. 우리는 천천히 두 곰을 조금씩 배에서 몰아낸다. 김을 내뿜는 깃대에서 측면으로 몰아낸다. 그렇게 해야 나중에 배의 냄새에 이끌려 다시 오는 일이 없다.

그런 다음 우리는 얼음 위에서 작업을 재개한다.

2019년 10월 12일, 스물세 번째 날

밤새 안절부절못했다. 북극곰 때문에 계속 걱정된다.

사령교에서 주변을 자세히 살펴본다. 곰의 흔적은 없다. 연결 통로를 내린다. 팀은 얼음 위에서 작업을 시작한다. 눈이 조금 내리지만, 그 외에는 기상 조건이 좋고 시야도 충분하다. 좋은 날이 될 듯하다.

그러나 이는 착각이었다. 정오 무렵, 사령교에 있던 북극곰 감시원이 우리 배 좌현으로부터 약 2킬로미터도 안 떨어진 지점에서 곰 두 마리를 발견한다. 분명 옛 친구들이 다시 온 것이다. 그곳에서 곰들은 어제처럼 바다표범을 사냥한다. 어미 곰은 바다표범이 숨을 쉴 때 활용하는 얼음 틈새를 따라 냄새를 킁킁 맡으며 걷는다. 때때로 어미는 어느 한 지점에 특별한 관심을 보이는 듯하다. 어미 곰은 한 얼음 구멍 앞에서 1시간 넘게 완전히 얼어붙어 있다. 미동도 전혀 없이, 홀린 듯 바라본다. 박제된 게 아닌가 생각이 들 정도다. 새끼 곰은 자기 엄마가 사냥하는 모습을 지켜보거나 눈 속을 이리저리 뒹굴며 논다. 가끔 곰들은 호기심 어린 눈으로 우리를 쳐다본다. 처음에는 더 이상 가까이 다가오지 않는다. 하지만 이러한 상황은 바뀔 게 분명하다.

우리는 지금 우현 맞은편에서 일하느라 바쁘고 곰들은 우리에게 다가올 기미를 보이지 않기 때문에, 나는 얼음 위 작업을 계속 진행한다. 물론 일하는 내내 두 곰을 계속 지켜본다.

한편으로는 적외선 카메라 시스템을 통해 북극곰의 열화상 신호를 연구할 좋은 기회이기도 하다. 왜냐면 곧 완전히 어두워질 것이고, 그러면 캄캄한 밤중에 외부에 있는 북극곰의 위치를 파악할 수 있는 유일한 방법은 열화상 카메라뿐이기 때문이다. 배에는 두 대의 카메라 시스템을 탑재하고 있다. 배에서 가장 높은 지점인 마스트 위 감시대에는 퍼스트 네이비First Navy가 장착되어 있다. 퍼스트 네이비는 군사용으로 개발된 최첨단 적외선 카메라다. 이 카메라는 엄청 빠르게 회전하며, 주변 환경의 360도 실시간 영상을 제공한다. 우리는 이 영상을 나란히 설치된 고화질 모니터 화면 두 대를 통해 본다. 표면의 미세하게 다른 온도가 얼음 구조를 묘사하며, 카메라

영상에 다양한 회색조로 표현된다. 표면이 주변 환경에 비해 따뜻할수록, 사령교 모니터 화면에 나타나는 형태는 밝아진다.

바깥에 나가 눈™ 아래에서 보기 전에, 얼음의 갈라진 균열도 이미 모니터를 통해 하얀 톱니 모양의 선으로 인식하는 경우가 많다. 이렇게 보이는 이유는 균열 사이로 바다의 열이 얼음을 통과해 눈을 따뜻하게 데우기 때문이다. 이는 인간의 눈으로는 알아차리지 못한다. 또한, 완전한 어둠 속에서도 얼음 위에 있는 모든 사람의 움직임을 아주 세밀하게 추적할 수 있다.

멀리서 보면 북극곰은 처음에는 작고 밝은 점으로 보인다. 그래서 속아 넘어가기 쉬운데, 얼음에 난 구멍도 화면에는 밝고 하얀색에 가까운 점으로 나타나기 때문이다. 물도 최소한 외부에서 활동하는 북극곰의 두꺼운 털가죽만큼이나 따뜻하다. 그래서 우리는 작은 스티커를 모니터 화면의 밝은 점에 붙여 따로 표시한다. 잠시 후 밝은 점이 계속 움직이면, 이것은 북극곰이므로 알람을 울려야 한다.

가까이에서 보면, 북극곰의 어느 한쪽 점이 유난히 밝게 빛난다. 이것이 바로 코다. 북극곰의 코는 단열 효과가 있는 털가죽보다도 따뜻하므로 카메라에 잘 포착된다. 하지만 곰이 아주 가까이 있을 때만 그렇다.

이 적외선 카메라 시스템은 매우 귀중한 가치를 지닌다. 이 카메라의 고화질 영상은 오늘날 최대로 구현할 수 있는 수준이다. 유감스럽게도 이 카메라 시스템은 극도로 복잡하고 매우 민감하기도 하다. 혹독한 겨울 날씨 조건에서 이 도구가 얼마나 심각하게 시달릴지는 머지않아 확실히 알게 될 것이다.

더욱이 우리가 보유한 열화상 카메라는 회전 및 줌 기능이 있어 의심스러운 지점을 정확하게 겨냥할 수 있다. 그래서 탐조등 빛만으로는 쌍안경을 통해 더 이상 볼 수 없는 상황이라도, 열화상 카메라로 북극곰을 오랫동안 추적할 수 있다. 카메라는 선명도가 덜하고 파노라마 영상도 제공하지 않지만, 원정이 끝날 때까지 우리를 위해 임무를 충실하게 수행한다.

우리는 카메라와 쌍안경을 동시에 활용해 오후 내내 두 북극곰을 관찰한다. 그래서 이제 마지막 황혼의 잔광 속에서 열화상 카메라에 비친 영상을 해석하고, 이 카메라 시스템에서 북극곰은 어떤 생김새인지 기억해 둔다. 그렇게 하면 나중에 완전한 어둠 속에서도 곰을 확실하게 감지할 수 있다.

오후가 되자 곰들은 갑자기 배 주위를 돌아다니기 시작한다. 아직 어느 정도 거리를 두고 있지만, 점차 의도적으로 배 선미 쪽으로 향하고 있다. 움직이는 속도가 점점 더 빨라진다. 이제 두 곰이 배 주위를 빙빙 돌다가 우현 뒤쪽에 다시 모습을 드러내면, 얼음 위에서 작업하는 우리 팀은 돌아오는 길을 차단당한다. 곰들이 배 바로 뒤편에 있자, 나는 얼음 작업 현장에서 철수하기로 결정한다. 나는 이런 상황에 대비해 지정된 통신문인 "BREAK, BREAK" 코드를 발신하며 다른 모든 무선 통신을 중단한다. 그래서 지금 당장 긴급 통신을 최우선으로 할 수 있다. 지금 우리가 처한 상황 전반을 신속하게 파악한다. 얼음 위에 있는 모든 팀이 배로 돌아가는 직선로는 아직 안전하다. 그래서 모든 팀에게 즉시 배로 귀환하라는 지시를 내린다. 각 팀이 지시 사항을 잘 받았는지 무선으로 일일이 확인한다. 그런 다음 배의 경적이 길게 울리도록 조치한다. 전형적인 대피

신호다.

질문도, 논의도 없다. 얼음 위 어디서든 합의된 절차가 시작된다. 각 팀은 무장한 북극곰 감시원 곁으로 모인다. 사방에서 스노모빌 시동을 걸고 썰매를 결합한다. 모두가 썰매에 확실하게 탑승한다. 모든 팀이 신속하고 질서정연하게 배로 귀환한다. 그러는 동안 북극곰 두 마리는 배 뒤쪽 주변을 계속 돈다. 배로 점점 가까이 다가온다. 단 18분 만에 연구원 수십 명이 안전하게 배로 돌아와 탑승한다. 연결 통로가 올라간다. 철수 작전은 아주 모범적으로 성공을 거둔다. 이 원정대는 확실히 신뢰할 만하다!

그렇다고 우리가 너무 이르게 귀환한 것도 아니다. 이제 곰들은 선미에서 우현에 있는 얼음 캠프로 재빠르게 달려왔으니까. 그곳에서 편안함을 느끼는 게 분명하다. 곰들이 그곳에 익숙해지는 것을 막기 위해, 다시 몰아내야 한다.

지금 무장한 원정대원 두 명을 스노모빌 두 대에 태워 두 곰에게 보낸다. 그들은 신호 총을 발사해 곰들을 쫓아내야 한다. 이러한 조치는 이미 검증된 절차다. 스노모빌 중 한 대가 고장 나면, 두 원정대원은 나머지 스노모빌에 탑승해 곰을 피할 수 있다. 마찬가지로 스노모빌 시동이 걸리지 않거나 아예 스노모빌이 없는 경우, 우리가 긴급 출동해 얼음 위에 있는 동료를 도울 것이다. 이때 항상 두 사람이 스노모빌 두 대에 탑승한다. 둘 다 신호 총과 소총으로 무장해 안전하다. 그래서 이제 추가로 두 사람이 스노모빌에 탑승한 채 연결 통로에서 대기하고 있다. 위급 상황이 발생하면 개입하기 위해서다.

먼저 바깥으로 나온 두 원정대원은 얼음 위에서 출발한다. 그들

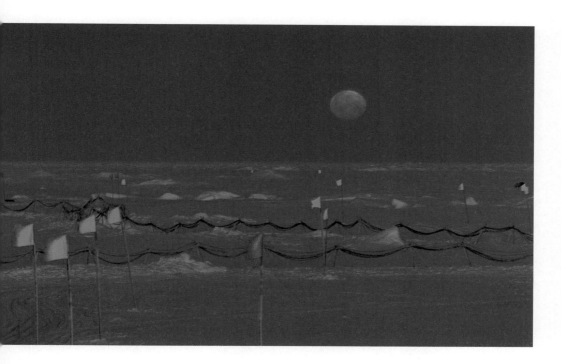

연구 캠프의 전선과 깃
발이 꽂힌 트랙이 달빛
을 받고 있다.

은 차량 발판에 선 상태를 유지하는데, 더 나은 시야를 확보하기 위해서다. 곰들은 엔진 소리를 듣고 깜짝 놀라 이쪽을 쳐다본다. 소음 때문에 마음이 동요되는 듯하다. 보통 곰은 스노모빌이 너무 가까이 다가오면 도망가지만, 우리는 그렇게까지 접근하고 싶지는 않다. 곰들로부터 약 150미터 떨어진 거리에서 신호 총을 쏜다. 섬광탄 두 발이 발사된다. 탄환은 곰과 스노모빌 사이 공중에서 폭발한다. 정확한 지점이다. 곰들은 즉시 배에서 달아난다. 연구 캠프를 벗어나 갈라진 틈이 많은 요새의 풍경으로 자리를 옮긴다. 두 원정대원은 계속 곰을 쫓으며 섬광탄을 더 발사한다. 그런 다음 임무를 성공적으로 마치고 돌아온다. 도망친 두 곰은 계속 뛰어 배에서 상당히 멀리 떨어지더니 결국 우리 시야에서 사라진다. 그러나 얼음 위 작업은 오늘 재개되지 않을 것이다.

저녁에는 선장과 함께 자리에 앉는다. 우리의 걱정은 점점 커진다. 북극 중심부에 사는 곰은 보통 몇 마리 남지 않은 바다표범을 찾아 얼음 위를 돌아다니고, 시간의 흐름을 따라 북극 이곳저곳을 떠돌며 엄청나게 먼 거리를 이동한다. 하지만 북극곰의 처지에서 온갖 냄새로 가득한 우리 배는 다시 한번 되돌아가 보고 싶을 만큼 흥미롭지 않을까? 오늘 방문에서도 두 곰은 배를 앞에 두고 수줍어하거나 두려워하는 모습을 전혀 보여주지 않았다. 하지만 곰들이 자연스러운 생활방식을 따라 얼음을 가로질러 계속 나아가도록 설득해야 한다. 그렇지 않으면 두 곰에게 문제가 생길 것이다. 곰이 인간에게 익숙해져 근처에 머물면 삶이 위험해진다. 분명 여기서는 먹이를 충분히 찾을 수 없게 된다. 그리고 위험한 만남이 일어나면, 곰을 죽이고 사람을 구하기 위해 가장 필요한 건 조준사격뿐이다. 이곳에서 곰은 자신의 호기심 때문에 재앙을 맞을 수 있다. 결국, 얼마 남지 않은 일광도 곧 사라질 것이다. 완전한 어둠 속에서 곰의 존재를 일찍 감지하기란 그리 쉽지 않다. 이는 꽤 많은 시간이 지난 뒤에 고통스럽게 입증될 것이다.

2019년 10월 13일, 스물네 번째 날

오늘 하루는 시작부터 좋지 않다. 우리의 친구 곰 두 마리가 얼음 위에 차분히 앉아 있다. 우현 전방에서 약 1킬로미터 떨어진 지점이다. 메트 시티에서 그리 멀지 않은 곳이다. 지금까지 우리가 몇 번이나 꽤 불친절하게 굴었는데도, 곰들은 여전히 우리를 좋아하는 것 같다.

우리는 곰들이 싫어하는 일을 시작한다. 다시 스노모빌 두 대와

섬광탄을 동원한 다음, 헬리콥터를 타고 곰들을 쫓는다. 교과서에 실어도 손색없는 정석적인 절차다. 이것으로 충분하기를 소망한다.

오후가 되자 나는 사람들을 다시 얼음 위로 보낸다. 야외 작업이 계속된다. 낮 동안의 기온이 영하 14도에서 영하 25도로 내려가고, 캠프 전체에 신선한 바람이 부는 바람에 체감온도는 영하 35도까지 떨어진다. 호흡이 즉시 응결되어 얼음 결정 형태로 수염, 속눈썹, 모자, 목도리에 들러붙는다. 얼굴이 완전히 얼어, 빨간색 극지방용 방한복을 입은 사람들은 더 이상 누가 누군지 서로 구별하지 못할 지경이다. 원정 사상 가장 추운 날이다.

지금 기온이 내려가고는 있지만, 공사는 순조롭게 진행되고 있으며 모든 오두막이 세워졌다. 오늘 얼음 위 작업을 위해 증원을 받았

폴라르슈테른호에 설치된 세 대의 밝은 탐조등 중 하나가 오션 시티를 비추고 있다.

폴라르슈테른호가 원래
는 아주 평평한 모자익
유빙에 있다. 나중에 이
지역은 빙산에 의해 완
전히 모양이 바뀐다.

다. 지금 당장 우리 캠프와 페도로프호 사이를 오가는 헬리콥터 셔
틀이 운행된다. 아침에 동료들이 헬리콥터를 타고 오고 저녁에 다
시 돌아간다. 러시아제 대형 헬리콥터 Mi-8도 화물을 운반한다. 이
후 난센 썰매와 스노모빌이 이 화물을 요새의 헬리포드에서 폴라
르슈테른호까지 수송한다. 그러는 사이 페도로프호 동료들은 유빙
주변의 기지 네트워크를 거의 완성했다. 몇 개의 작은 사이트만 남
았다.

시찰 투어를 마치고 귀환 길에 오르자마자, 보름달이 유빙 위로
떠오른다. 짙은 주황색의 거대한 원반이, 남색이 짙다 못해 거의 검
은색을 띠는 하늘에서 빛을 발한다. 보름달은 밤새 지평선에서 우
리 주위를 배회한다. 그리고 달이 궤적을 그리면서 유빙도 바뀐다.

밤늦게, 즉 밤 11시에서 자정 사이에 지금까지 보여준 모습 중에서 가장 강력한 압축 얼음을 경험한다. 우리 주변 사방팔방에서 얼음이 우르릉거리기 시작하고, 배는 진동하고 흔들린다. 나는 작업 갑판 뒤에 서 있다. 갑자기 바로 옆에서 커다란 폭음이 나면서 얼음이 깨진다. 삐걱거리는 소리를 날카롭게 내며 유빙이 서로 밀리고 포개다 펼쳐진다. 그러다가 몇 미터 높이의 얼음 능선이 내 옆에 있는 하늘로 치솟는다. 조금 전까지만 해도 잔잔하고 평평한 얼음이 있던 곳이다. 이는 아마도 화려한 보름달이 작용한 결과일 것이다. 즉 보름달은 통상적으로 만조 때 조수 차를 증가시키고 해빙의 고유진동을 촉진한다. 이미 난센은 얼음이 압착됐다가 열리는 순환 과정이 특히 보름달과 초승달이 뜨는 시기에 강력하게 진행된다고 보고한 바 있다.

2019년 10월 14일, 스물다섯 번째 날

오늘은 곰들이 안 보인다. 며칠 동안 날마다 17시간을 작업한 뒤라서, 오늘 예정된 기자회견을 취소했다. 오래간만에 처음으로 1~2시간 휴식을 취한다. 선실에서 음악을 듣다가 거의 서서 잠이 든다.

2019년 10월 15일, 스물여섯 번째 날

오늘도 온종일 곰들이 보이지 않는다! 일이 잘 풀릴 것 같다. 분명 지난번 추방 작전이 효과를 거둔 듯하다.

오후에는 드디어 놀라운 진전을 이루고 있는 캠프를 자세히 둘러볼 시간을 마련했다. 수중 로봇이 활동할 ROV 시티는 거의 모든 준비를 마쳤다. 로봇이 들어갈 얼음 구멍은 톱으로 잘라놓았고, 주변 바닥은 나무판자를 덮었고, 구멍 위에는 주황색 천막을 쳐 단단히 고정했다. 천막 내부 조명을 켜면 황혼과 어울려 아름답게 빛난다. 원격 감지 사이트가 들어갈 오두막도 드디어 완공했다. 이 사이트는 원격 탐사 장비를 활용해 측정 활동을 진행한다. 메트 시티에는 11미터 높이의 측정 탑도 거의 완공됐고, 마찬가지로 30미터 높이 마스트의 받침도 세워져 있다. 이제 건설 공사에 참여한 연구원 중 일부가 이틀 후 페도로프호를 타고 이곳을 떠나기 전에, 메트 시티의 모든 시설물이 제시간에 설치 완료될 것이 확실하다. 오션 시티만 다소 정체되고 있다. 이곳의 문제는 CTD 로제트를 물속에 내리는 윈치(쇠사슬로 무거운 물건을 옮기는 기계-옮긴이)를 제어하는 장치에 계속 오류 메시지가 표시된다는 점이다. 담당 기술자도 페도로프호로 돌아가 초고속으로 문제 해결에 몰두한다.

스노모빌을 타고 돌아오는 길에 잠깐 멈춘다. 폴라르슈테른호가 황혼 속에서 빛난다. 주변에는 얼음과 벌판뿐이다. 배는 거대한 강철 덩어리이기는 하지만, 이렇게 황혼 속에서 보니 정말 집에 온 듯한 친숙한 느낌이 든다. 배로 돌아가 작업을 계속하기 전에, 적어도 몇 분 동안은 이러한 풍경을 기꺼이 즐기고 싶다.

지난 며칠 동안 유빙에 새로운 균열이 계속 일어났다. 하나는 모퉁이에서 발생해 오션 시티 구역 내 설정 노선을 가로질렀다. 또 다른 균열은 배 전방 메트 시티로 향하는 쪽에 생겨 대각선으로 가로질렀다. 그리고 폴라르슈테른호가 유빙으로 난입한 직후 선수 앞쪽 얼음판에 생긴 균열도, 이후 벌어졌다가 봉합하기를 반복하고 있다.

그러나 이 모든 것은 이날 밤 유빙에서 일어난 일에 비하면 정말 아무것도 아니다.

　새벽 4시경, 내 방 전화벨이 울린다. 사령교가 경보를 전한다. 당장 선실에서도 계속 들을 수 있고 느낄 수도 있다. 배 주변 얼음이 덜컹거리고 우지끈거리며, 이 때문에 배가 진동하고 있음을. 나는 재빠르게 극지방용 방한복을 입고 사령교로 서둘러 달려간다. 여기서 감시원이 상황을 자세히 알려준다. 얼음이 움직이기 시작해 폴라르슈테른호를 앞으로 밀어내고 있다는 것이다. 선수 앞쪽에 나 있던 균열이 1미터 높이의 압축 얼음 능선으로 밀려 올라가고, 얼음 덩어리가 ROV 시티로 이어지는 케이블 방향으로 굴러간다. 지금 나는 아무것도 할 수 없다. 하지만 우현도, 배 바로 옆에 있는 적재 구역도 상황은 위태로워지고 있다. 그곳에는 장비가 많이 보관되어 있다. 그러므로 여기서 빠른 조치를 취해야 한다.

　서둘러 작업 갑판으로 간다. 거기서 선박 정비사와 선적 담당관이 이미 연결 통로를 내려놓았다. 바깥에서 얼음이 내는 소음은 이루 말할 수 없을 지경이다. 마치 이 세상에서 나는 소리가 아닌 것 같다. 쾅 하는 소리, 우지끈하는 소리, 뻐거덕거리는 소리가 엄청 크게 들린다. 그 밖에도 끼익 하는 소리와 신음하는 듯한 소리도 들린다. 이렇게 강력한 얼음 압착 현상은 처음 겪는다. 아래쪽에서는, 얼음이 배의 측면을 유빙 쪽으로 밀며 압박했다. 그러다가 압력이 다시 느슨해진다. 이 와중에 이제 적재 구역의 앞부분은 폐허로 변한다. 상자 하나와 목재 일부가 이미 물속을 떠다니고, 또 다른 장비 상자는 갈라진 틈 안으로 굴러 들어갈 위험에 놓였다. 그뿐만이 아니다. 균열의 갈라짐이 밤새 주차된 여러 대의 스노모빌 대열을 따라 빠르게 진행된다. 스노모빌 한 대는 이미 반쯤 물속에 잠겨 활주부가 유빙 아래에 끼었다. 다른 스노모빌은 갈라진 틈 속으로 사라질 위기에 놓였다. 스노모빌이 없으면 원정은 끝장이다!

신속하게 상황을 점검한 뒤, 취침 중이던 물류 팀원 한 명을 깨웠다. 소속 선적 담당관, 물류 팀원, 나는 스노모빌이 있는 곳으로 달려간다. 우선 내가 스노모빌의 시동을 건다. 아직 움직일 수 있는 스노모빌을 조종해 위험 지역에서 빠져나온다. 그런 다음 우리는 힘을 합쳐 반쯤 가라앉은 스노모빌을 일으켜 세운다. 다행히 스노모빌은 제대로 작동되어 물 위에 뜬다. 이 스노모빌도 운전해 빠져나온다. 그러는 사이 구명 슈트를 입은 선적 담당관은 물에 잠긴 상자와 목재를 꺼내 얼음 위에 올려놓는 작업을 시작했다. 작업은 아슬아슬하게 제때 이루어졌다!

당장 눈앞에 닥친 위험을 제거한 뒤, 우리는 얼음 위에 남아 있는 것을 전부 배 옆에 있는 케이블 설정 노선 앞쪽으로 끌어온다. 현명하게도 이 노선은 얼음이 더 두껍고 안정적이던 지난해에 형성된, 단단한 얼음 능선을 따라 설치됐다.

복구 작업을 완료하는 데 몇 시간이 걸린다. 작전이 성공해 만족한 우리는 배로 복귀한다. 배로 돌아오자마자 나는 선장 및 팀장들과 상황을 논의한다. 밤은 조금도 쉬지 않고 아침으로 넘어간다.

2019년 10월 17일, 스물여덟 번째 날

얼음 활동이 다시 가라앉자, 어제 우리는 피해당한 곳을 복구하며 하루를 보냈다. 또한, 헬리콥터를 타고 페도로프호에 가서 갑판에 있던 마지막 상자를 인양했다. 오늘은 원정대 사람들 사이에 변화가 있는 날이다. 지금은 일부 동료와 작별 인사를 하고, 동시에 페도로프호에 있다가 새로 합류한 동료들을 환영할 시간이다. 이제 페도로프호는 귀향 여행을 시작하기 때문이다.

오전 8시 30분부터, 귀환 예정자들이 작업 갑판에 무리 별로 모인다. Mi-8 헬리콥터는 선원용 배낭과 여행 가방을 포함해 약 20명의 승객만 수용할 수 있기 때문이다. 2시간마다 우리가 난센 썰매로 승무원 무리를 요새 안에 있는 헬기 이착륙장으로 데려가면, 그곳에

얼음산은 어떻게 해빙에서 형성될까?

북극해를 덮고 있는 빙상은 단단하지 않고, 수많은 힘의 영향을 받는다. 바람이 갈라진 틈이 많은 얼음 표면을 문지르고, 얼음에 추진력을 전달하고, 물살을 가르며 나간다. 조수와 조류는 얼음을 움직이게 한다. 조수 차가 얼음 표면을 들어 올렸다 내린다. 그리고 외해 파도는 큰 폭풍이 몰아친 뒤에도 얼음 가장자리 뒤편에서 100킬로미터 넘게 떨어진 곳에서도 측정된다. 이러한 과정을 통해 빙상에 엄청난 압력이 쌓일 수 있고, 압력은 배출구를 찾게 된다. 그 결과 얼음이 깨지고, 유빙 파편은 서로 겹쳐 단층을 이루거나 거대한 얼음덩어리가 되어 서로 위아래로 밀어내거나 수직으로 솟아오른다. 이렇게 하여 산등성이와 삐죽삐죽한 봉우리를 포함한 몇 미터 높이의 산이 여럿 형성된다. 이 압축 얼음 능선은 얼음을 가로질러 수 킬로미터 길이로 뻗을 수 있다. 우리가 모자익 원정대 활동 중 관찰한 가장 거대한 능선은 두께가 25미터가 넘는다. *

INFO

압축 얼음 능선이 ROV 시티 송전선을 집어삼켰다. 얼음을 파헤쳐 송전선을 다시 꺼내야 한다.

서 러시아 헬리콥터가 그들을 태우고 페도로프호로 날아간다.

오후에는 얼음 위 헬기 이착륙장에서 페도로프호에서 온 친구들과 다시 상봉한다. 두 명의 선장인 슈테판 슈바르체와 세르게이 시도로프Sergej Sidorov, 러시아 극지연구소의 블라디미르 소코로프, 페도로프호 운항 책임자 토마스 크룸펜, 다른 몇 사람과 나다. 우리는 폴라르슈테른호에서 스노모빌을 타고 서로 합의한 지점까지 갔다. 러시아제 Mi-8 헬리콥터보다 먼저 도착했다. 기이한 상황이 펼쳐져 있다. 캄캄한 밤, 지평선 한쪽 면에 폴라르슈테른호가 작고 밝은 점으로 있고, 다른 한쪽에는 페도로프호가 있다. 그 사이에 있는 우리는 북극의 밤, 아무도 없는 북극 중심부 한가운데에서 러시아 헬리콥터가 만나기로 합의한 지점에 착륙하기를 기다리고 있다.

헬기가 도착하자, 우리는 마지막으로 인사를 나눈다. 원정 첫 단계를 성공적으로 마친 뒤라 축제 분위기다. 우리는 위스키를 두꺼운 유리잔에 따라 마신다. 유빙 조각을 깨 잔에 띄울 얼음을 직접 마련한다. 건배를 몇 차례하고, 다시 수많은 웃음을 함께 터뜨린다. 오로지 러시아 친구들과 협력한 덕분에 원정 첫 단계를 성공적으로 진행할 수 있었다. 우리는 이러한 감사의 말을 다시 한번 분명하게 전한다. 즐거운 분위기에서 작별 인사를 한다. 러시아 대표단이 헬리콥터에 탑승한다. 마지막 인사를 하다가, 대형 헬기가 이륙하면서 내는 강한 하강 기류인 세류洗流, downwash 때문에 거의 쓰러질 뻔했다. 이는 지상에 있던 우리가 진심으로 폭소를 터뜨린 또 다른 원인이 됐다. 기분이 굉장히 좋아진 상태에서 밤새워 폴라르슈테른호로 귀환한다.

모자익 유빙의 전경

2019년 10월 18일, 스물아홉 번째 날

오늘 아침 페도로프호가 출발한다. 시계視界가 무척 좋다. 마치 북극이 우리 친구들을 다시 한번 볼 수 있도록 허락해 주기라도 한 것처럼. 아울러 이번을 마지막으로, 앞으로 몇 달간 이 거칠고 낯선 세상에서 다른 생명의 흔적을 보는 일은 전혀 없게 된다. 족히 2시간은 페도로프호가 짙푸른 황혼 속에서 점점 작아지고 배의 불빛도 점점 약해지는 광경을 바라볼 수 있다. 그러다가 지평선이 페도로프호를 완전히 집어삼켰다. 이제 우리는 혼자다.

2부
겨울

아카데믹 페도로프호가
출발한 뒤, 이제 원정팀은
광활한 북극과 북극 밤의
어두움 속에 홀로 남는다.
여기서 가장 가까운 인간
거주지는 1,500킬로미터
나 떨어져 있다.

4장
세상의 끝에 홀로

2019년 10월 24일, 서른다섯 번째 날

아침에 안개가 자욱했다가, 이후 갠다. 영하 14도쯤이니 아직은 따뜻한 편이다.

페도로프호가 떠난 지 채 일주일도 되지 않는다. 이후 우리는 문명 세계로부터 수천 킬로미터 떨어진 곳에 홀로 있다. 그리고 얼음으로 가득한 이곳 환경으로 인해 우리는 날마다 새로운 도전 과제를 받는다.

폴라르슈테른호 앞부분은 보라인(돛을 뱃머리 쪽에 매는 밧줄-옮긴이)을 통해 유빙에 매달려 있다. 이 두꺼운 보라인은 굉장히 팽팽한 상태다. 보라인은 언제든지 뜯어질 수 있고, 아니면 밧줄 끝에 있는 무거운 얼음 닻의 얼음이 깨질 수도 있다. 닻은 철골보를 용접해 만들었다. 이 철골보를 보어홀(시추작업을 통해 지면에 뚫린 구멍-옮긴이)에 박은 다음 얼어붙으면 엄청난 힘도 견뎌낼 수 있다. 하지만 바로 지금 배에 새롭게 가해지는 얼음 압력은 너무나 강해, 인간의 고정

기술로는 더 이상 버틸 수 없을 정도로 위협이 되고 있다. 우리는 어떤 수단을 써도 자연의 힘에 대항하지 못한다.

뜯어질 지경에 이를 때까지 팽팽하게 당긴 밧줄도 치명적인 위험이 도사리고 있다. 얼음 닻이 얼음에서 떨어져 나가면, 닻은 고무밴드에서 쏜 새총 알처럼 보라인에서 발사되어 배 방향으로 빠르게 날아간다. 그런 위험이 있을 때마다 우리는 강철 닻 뒤에 또 다른 닻을 추가로 얼음에 설치하고, 이 추가 닻을 이용해 느슨한 밧줄로 주축 닻을 고정한다. 이렇게 하면 유사시 닻이 발사되더라도 공중에서 막을 수 있다. 그러나 닻이 잘 버티더라도 닻을 연결한 줄이 제어하지 못할 지경으로 뒤로 튕겨 나가면, 결국 보라인이 뜯어져 모든 주변 환경을 파괴할 수 있다. 그래서 우리는 전체 구역을 봉쇄한다. 나는 날마다 모든 원정대원에게 이 보라인이 초래할 수 있는 치명적인 위험을 상기시킨다. 실제로 이런 일이 일어나면 누구도 이곳에 머무르지 못하게 되니까.

그리고 배 선미 부분에 연결된 밧줄도 그리 좋은 상태가 아니다. 이 밧줄은 작은 유빙 조각에 고정되어 그리 오래 유지되지 못한다. 그래서 실제로 선미는 더 이상 빙원에 단단히 고정되어 있지 않다. 따라서 지금은 온도가 무조건 더 낮아야 할 필요가 있다. 추위가 우리의 친구 노릇을 한다. 추위는 얼음을 꽁꽁 얼리고, 이야말로 우리가 더 큰 안정성을 얻기 위해 절실히 필요로 하는 것이기 때문이다.

페도로프호가 떠난 직후 얼음은 다시 덜커덕, 삐걱거리며 움직이기 시작한다. ROV 시티가 수중 로봇과 함께 좌현 쪽으로 총 600미터 이동했다. 우리 배 선수 앞 거대한 전단대(剪斷帶, 전단 작용이 대규모로 일어난 지대-옮긴이)로 들어선 것이다. 그런데 ROV는 가장 소중한

연구 장비 중 하나이므로, 절대 잃으면 안 된다! 다행히 구조팀과 헬리콥터를 통해 수중 로봇과 제어용 컴퓨터가 있는 오두막을 구해낼 수 있었다. 우리는 이미 새로운 ROV 시티 자리를 확정했다. 배에서 더 가까운 바로 앞쪽으로 다시 정했다. 오늘 팀이 바깥으로 나가 천막, 케이블, 오래된 기지에 남아 있던 부분을 철거하고 새로운 위치에 재건하기 위해 배로 가져올 것이다.

북극곰들도 여러 번 우리를 방문했는데, 그중 거대한 수컷 곰 한 마리는 우리 캠프를 자세히 살펴보기도 했다. 이 곰은 벌룬 타운도 좀 더 자세히 둘러보고 싶었던 것 같다. 이곳에는 천막 격납고가 포장된 상태로 설치 대기 중이었는데, 곰은 벌룬 타운을 돌아다니며 350킬로그램이나 되는 무거운 포장 꾸러미를 핸드백 다루듯 이리

10월 19일, 폴라르슈테른호 소속 헬리콥터 두 대 중 하나가 광활한 얼음 전단대로 이동한 ROV 시티에서 구조 활동을 벌이고 있다.

저리 집어던졌다. 나중에 이 꾸러미를 보면, 곰이 할퀴어 대는 바람에 천막에 들쭉날쭉 틈이 생기고 구멍도 크게 났으리라. 그래서 원정이 끝날 때까지 이 흔적을 보면 곰의 방문이 계속 떠오를 것이다. 또 다른 곰은 긴 깃대 중 하나를 붙잡고 우뚝 서 있기도 했다. 우리가 방향을 파악하기 위해 여러 장소에 세워둔 깃대다. 곰은 4미터 높이 깃대 끝에 달린 채 매혹적으로 바람에 나부끼던 주황색 깃발을 만지고 싶은 게 분명했다. 우리 원정대 소속 사진작가 에스터 호르파트Esther Horvath는 이 장면을 찍어, 훗날 보도 사진 분야에서 최고 권위를 자랑하는 월드프레스포토상World Press Photo Award을 수상했다.

지난 며칠 내내 우리는 얼음의 역학과 함께 지냈다. 균열이나 새로운 압축 얼음 능선을 대하는 게 일상사가 됐다.

때로는 무언가가 그냥 부서지기도 한다. 예를 들면 마스트 위 감시대에 있는, 360도 회전이 가능한 복합 열화상 카메라인 퍼스트 네이비가 그랬다. 이 카메라는 북극의 밤 동안 북극곰을 발견하는 역할을 하므로 엄청나게 중요하다. 그래서 퍼스트 네이비가 부서지자, 우리는 가지고 온 대체 카메라를 재빠르게 설치했다. 안타깝게도 이 대체 카메라 또한 북극의 혹독한 환경 조건을 오래는 감당하지 못할 것으로 보인다. 카메라 파손 때문에 우리의 삶은 힘겨워질 것이다. 왜냐면 그러는 동안에 완전한 어둠이 시작됐기 때문이다…

아무리 계획을 많이 세우고 잘 대비하더라도, 이러한 환경에서 전형적인 상황은 존재하지 않는다. 누구도 예측하지 못한 일이 계속 발생한다. 그리고 우리는 거듭 그러한 상황에 새롭게 적응한다. 이전에 수많은 원정을 통해 온갖 경험을 축적했는데도, 얼음은 여전히 미리 계산하기 어려운 곳이다. 하지만 바로 그 점이 아주 매혹적으로 다가오기도 한다. 차가운 얼음 황무지에 둘러싸여 있어도, 이곳에서는 지루할 틈이 없다. 항상 배나 연구 캠프에서 할 일이 있기 때문만은 아니다. 북극 자체는 끊임없이 변하고 있으며, 항상 우리에게 새로운 도전 과제를 제시하기 때문이다. 우리 발밑의 땅은 단단해 보일지 모르지만, 사실 그렇지 않다. 발아래에는 수심 4,000미터가 넘는 바다가 있다. 바람, 눈, 조수 차 및 조류를 통한 물의 움직임은 얼음의 얼굴 표정을 끊임없이 바꾼다. 고드름과 눈 결정체가 뒤덮인 두꺼운 얼음덩어리가 있던 곳이, 다음 날에는 눈더미나 개수면 수로로 바뀌어 있을 수도 있다.

오늘은 배 안에서 몇 가지 일과를 추가했다. 시간이 나는 사람은 배 아래 칸 화물 실에 설치된 탁구대에 모여 탁구를 친다. 여기서 경기를 더 흥미진진하게 진행하기 위한 체계를 마련했다. 끝까지 결승전에 올라가 마지막 남은 상대방을 물리친 우승자는 "오늘의 중국인"이라는 영예로운 타이틀을 얻게 될 것이다. 이런 호칭을 붙이는 까닭은 중국이 위대한 탁구 국가라는 사실을 감안했기 때문이다. 심지어 고위급 선원인 루츠 파이네Lutz Peine는 골판지로 메달을 만들어, 우승자가 하루 종일 목에 걸고 자랑스러워하도록 했다. 해트트릭, 그러니까 세 번 연속 우승하는 사람은 이후 왼손으로만 탁구를 하도록 조치했다(왼손잡이인 경우는 오른손으로만 경기를 한다). 이러한 영예를 최초로 얻은 이는 다름 아닌 루츠다. 종종 점심 식사 후에 한 판 경기를 치르는데, 오늘은 내가 모처럼 2위까지 진출했다. 참으로 보기 드문 성공이다!

일요일에는 폴라르슈테른호의 굳건한 전통인 '몸무게 재기 클럽'이 열린다. 이 클럽 활동은 언제나 엄청 재미있다. 우리 모두 정오가

되기 전에 기계 공장에 모인다. 이곳 천장에는 무거운 평형추가 달린 아주 오래된 천칭이 걸려 있다. 우리는 차례대로 나무판자에 선 다음, 천칭에 매달린다. 주위 모든 이의 웃음소리와 농담이 클럽을 휘감는다. 그러고는 예측한다. 다음 일요일에 우리 몸무게는 지금보다 더 가벼워질까 아니면 무거워질까? 대개는 근사치에 가깝게 몸무게를 맞히기는 하지만, 그리 정확하지는 않다. 참가자가 이번 주는 분명히 체중이 늘었다거나 줄었다고 장담하는데도, 이상하게도 천칭은 종종 예측과 정반대를 표시하곤 한다. 이에 대해서는 천칭 관리자가 결과가 예측과 다르게 나오도록 미리 건드린다는 소문이 있다. 하지만 소문이 사실이더라도 별 상관이 없다. 몸무게 예측이 틀린 사람은 내기에 진 대가로 소액을 내고, 원정 탐험이 끝날 때마다 이 돈을 모아 어린이병원에 기부하기 때문이다. 그러니 누가 자신의 체중 예측이 정확하다고 끝까지 고집할 수 있을까?

배에 탄 우리에게, 이러한 의식儀式과 여가활동은 식사 시간과 작업으로 구성된 규칙적인 일과 만큼이나 중요하다. 결국, 우리는 문명 세계를 떠났고, 북극 이외의 어느 세상과도 더 이상 연결되지 않는다. 더 이상 하루의 정상적인 리듬에 따라 살 수 없다. 영원히 이어질 듯한 북극의 밤이 자연의 리듬을 모조리 집어삼키기 때문이다. 또한, 재미를 잊지 않는 것도 중요하다. 난센이 활동하던 시대의 탐험가들도 이미 이러한 사실을 잘 알았다. 규칙적인 업무와 사회 생활을 적절히 조화시키는 게 중요하다는 것을. 이는 오랜 기간 극한의 조건에서 정신적으로나 신체적으로 건강을 유지하는 데 도움이 된다.

2019년 10월 27일, 서른여덟 번째 날

모자익 유빙의 요새 가장
자리에 있는 메트 시티.

고요한 아침이다. 오전 10시 30분에 몸무게 재기 클럽이 열린다. 나는 이번에는 예외적으로 몸무게가 늘었다. 지난주 일요일에 쟀던 수치보다 600그램 증가했다. 목수가 내 방의 수도꼭지를 교체했다. 앗싸, 드디어 샤워기 온도를 더 잘 조절할 수 있게 됐네. 빨래도 했다. 잠을 너무 적게 잤다.

오늘 하늘은 맑고 아름답다. 한낮에 구름 한 점 없는 상태에서는, 지평선 아래 낮은 곳에 있는 태양의 반사를 남쪽에서 아주 희미하게나마 볼 수 있다. 지난 며칠 동안 온도계 기온이 떨어졌다. 섭씨 영하 26도에 바람이 불지 않으면, 가장 낮은 공기층에서 각각의 얼음 결정체가 눈앞에서 어른어른 흔들리는 현상이 일어난다. 우리

세상의 끝에 홀로

모두 이를 보고 느낄 수 있다. 바깥의 대기가 모조리 빛을 발산한다. 겨울이 가까이 왔다는 징조다.

난센은 1894년 11월 14일에 쓴 보고서에서, 자신이 북위 82도, 동경 114도에 있다고 쓴다.

은색 달빛을 가득 머금은 얼음 벌판이 사방으로 펼쳐져 있다. 어둡고 차가운 얼음 언덕의 그림자가 여기저기 드리워져 있다. 얼음 언덕 측면에는 황혼이 희미하게 반사되고 있다. 엄청나게 먼 곳에 검은 선이 보인다. 이 선은 얼음이 서로 밀어 형성된 지평선을 의미한다. 지평선 위에는 희미하게 은처럼 빛나는 증기가 켜켜이 쌓여 있고, 그 위에는 끝없이 짙푸른 별이 촘촘히 박힌 하늘이 있다. 보름달이 창공을 가로질러 항해하고 있다.
하지만 남쪽 낮은 곳에 있는 일광은 어둡고 붉게 달아오른 색채를 띠는 희미한 어스름과 같다. 그리고 좀 더 높은 곳에서는, 선명한 노란색과 창백한 녹색이 어우러진 아치 모양의 곡선이 있다. 곡선은 윗부분에 있는 파란색 하늘로 사라지는 듯하다. 이 모든 게 하나의 순수한 조화로 녹아든다. 독특하며 이루 말로 표현할 수 없다.

여기에 무엇을 더 추가할 수 있을까? 난센이 묘사한 내용이 오늘날에도 여전히 유효하고 현실적이며, 또 북극의 분위기를 얼마나 글로 절묘하게 표현했는지, 정말 놀랍다! 난센은 이곳에서 지금 우리가 보는 것과 똑같은 하늘을 보았다. 또한, 우리와 똑같이, 끝이 없어 보이는 지평선까지 펼쳐진 얼음을 보았다. 북극의 밤이 겨울

빙관(氷冠, 돔 모양의 영구 빙설-옮긴이)을 넘어 완전한 어둠 속으로 가라앉기 전, 마지막 한 조각 남은 북극 황혼의 매혹적인 빛을 보았다. 우리와 똑같이. 여기 말고 인간이 절대 바꾸지 못한 풍경이 또 어디에 있을까? 125년이 훨씬 넘는 난센이 활동하던 시절이나 오늘날이나 전혀 변한 게 없는, 빛도, 하늘에 비행기도, 인간이 만든 구조물도 전혀 볼 수 없는 풍경이 또 어디에 있을까?

하지만 이 얼어붙은 풍경이 영원히 변하지 않으리라는 인상이 든다면, 스스로를 기만하는 것이나 다름없다. 우리 발밑에 있는 얼음의 두께는 난센 시대 얼음의 절반밖에 되지 않다. 그리고 우리 세대는 1년 내내 얼음으로 뒤덮인 북극을 온전히 체험하는 마지막 세대가 될지도 모른다.

2019년 10월 29일, 마흔 번째 날

그럼에도 우리는 홀로 있는 게 아니다. 주변에는 밤과 얼음뿐이지만, 그 아래에는 고등 생명체가 존재하니까! 우리는 며칠 전부터 알고 있었다. 얼음 밑에 물고기가 바글거린다는 것을! 물고기는 민감한 수중 음파 탐지기sonar에 포착되며, 이를 통해 얼음 땅 아래 세상에서 무슨 일이 일어나는지 정확하게 관찰할 수 있다. 낮과 밤의 변화가 아직 뚜렷한 시기에, 물고기는 낮에는 수심 300미터까지 내려갔다가 밤에는 수심 150미터로 올라온다. 이런 행동을 함으로써 낮에는 천적의 눈에 띄지 않고, 먹이가 되는 상황도 피한다. 하지만 지금은 어차피 낮이나 밤이나 어두운 시기라, 물고기는 수심 150미터 지점에 계속 머무른다. 그리고 이는 바다에서 수직 방향으로 이동하는 행위는 빛에 동기화된 내부 생체 시계가 아니라, 빛 감지기

light sensor에 의해 제어된다는 사실을 알려준다! 그렇지 않으면 물고기는 지금도 바다 위아래를 계속 왔다 갔다 할 것이고, 다만 움직임만 좀 더 불규칙할 것이기 때문이다.

어제 우리는 긴 낚싯줄을 물속에 넣었다. 이렇게 하면 수중 음파 탐지기로 물고기를 볼뿐만 아니라, 운이 좋으면 표본 몇 종류를 좀 더 정확하게 확인할 수도 있다.

오늘은 낚시꾼들에게 엄청 중요한 날이다. 어제 내린 긴 낚싯줄을 다시 끌어 올린다. 알프레트 베게너 연구소에서 온 니콜레 힐데브란트Nicole Hildebrandt가 양손을 번갈아 가며 줄을 끌어 올린다. 그녀는 이미 저 아래에서 물고기를 느낄 수 있다고 생각한다. 모두가 웃지만, 그녀의 말을 믿는 이는 아무도 없다. 하지만 커다란 눈이 달린 머리가 얼음 구멍에 나타난다. 게다가 한 마리 더 있다! 모두가 이 화려한 물고기 두 마리를 주방에 가져가 요리하자고 설득하지만, 우리 낚시꾼은 응하지 않는다. 이 두 물고기는 연구용으로만 활용되기 때문이다.

그렇지 않아도 과학 분야의 발전 속도는 빠르다. 기기를 설정하고 시험 작동을 거치고 정상 작동을 시작하면, 이제 표준 작동이 시작된다. 이를 위해 우리는 이미 몇 년에 걸친 원정 준비기간 동안 주간 계획을 세웠다. 이 계획을 통해 언제 어떤 팀이 활동하는지 정확하게 정했다. 예를 들면 어떤 설원을 측정할지, 기지 네트워크 부근에 있는 커다란 유빙에 얼마나 자주 헬리콥터를 타고 날아갈지, CTD 측심연이나 다른 대형 해양 기구를 언제 물속으로 내릴지 등이다. 계획을 세우는 데 오래 걸렸다. 이곳에서의 일과 시간은 매우 길다. 우리는 이 독특한 원정에서 가능한 한 데이터를 많이 얻고 싶기 때문이다. 예를 들어 어제 한 팀이 첫 번째 코어링coring 작업을 시작했는데 매우 성공적이었다. 유빙에서 시추작업을 해 50개의 빙하핵을 갖고 귀환했다. 얼음 위, 점점 더 힘들고 추워지는 상황에서 하루 동안 고된 중노동을 감행해 훌륭한 성과를 거두었다!

얼음의 순환, 얼음은 어떻게 변화하는가

지금 가을과 초겨울은 얼음이 얼어붙는 시기다. 얼고 녹는 게 진행되는 과정은 얼음과 기후시스템 전체에 큰 영향을 끼친다. 하지만 인간은 이 과정을 아직 완전히 이해하지 못하고 있다. 특히 이러한 과정이 얼음 아래, 내부, 위의 복사輻射 작용에 미치는 영향은 아직 관찰된 바가 거의 없다. 또한, 북극 에너지의 대차대조표(북극 시스템에 에너지를 공급하는 과정과 북극 시스템에서 에너지를 제거하는 과정 간의 전체적인 균형)에 끼치는 영향에 대해서도 마찬가지다. 하지만 바로 이 과정을 통해 북극 얼음이 해양 및 대기와 상호작용하는 방식, 그리고 생태계에 영향을 끼치는 방식을 결정한다. 또한 이러한 과정은 기후변화로 인해 매우 급격하게 변하고 있다.

북극해는 매년 순환 주기를 거친다. 태양이 깊이 가라앉자마자 얼음이 새로 형성되고 기존 얼음은 합쳐지고 굳어지기 시작한다. 이때가 바로 우리가 북극에 도착한 시기다. 새로운 얼음 표면이 형성되는 때다. 여름 동안 형성된 녹은 웅덩이는 이미 다시 얼음으로 덮여, 육안으로는 더 이상 거의 알아볼 수 없다. 그러나 태양이 완전히 사라지고서야(그러니까 바로 지금부터다) 얼음이 정말 두꺼워진다. 그러면 해양 상층부가 너무나 차가워져, 바다 아래에서 얼음이 자란다. 해빙은 염분 함량에 따라 대략 섭씨 영하 1.5~1.9도가 되어야 얼기 시작한다. 얼음 두께가 증가하고 얼음에 쌓이는 눈의 양도 늘면, 이 결빙 과정은 점점 속도가 느려진다. 왜냐면 온도가 영하 40도 이하로 떨어져도, 얼음과 눈이 대기의 혹한이 바닷물에 침투하지 않도록 점차 차단하기 때문이다. 얼음 두께가 약 2미터를 넘으면 이른바 열역학적 결빙은 매우 느리게 이루어지며, 결국 거의 정지 상태에 이른다. 얼음은 얼음덩어리가 서로 밀치고 중첩되어 두꺼운 능선을 형성할 때만 훨씬 더 두꺼워질 수 있다. 이는 추위와 압력을 바탕으로 얼어붙어 단단한 단일체가 되는 것을 뜻한다. 이것이 바로 역학 차원에서 이루어지는 얼음 두께 증가다.

일년一年 얼음은 서로 밀쳐댈 시간이 거의 없어서 훨씬 평평해 보인다. 그래서 평평한 지역에서는 얼음 두께가 2미터 이상 되는 경우가 매우 드물다. 다년多年 얼음은 이와는 완전히 다르다. 이 다년 얼음은 이미 위치 이동과 정체의 주기를 여러 번 거쳤다. 이 얼음의 표면은 높고 둥근 구릉(노화되고 침식된 압축 얼음 능선이다)이 특징이다. 따라서 얼음 두께가 수 미터나 증가할 수 있다. 우리가 머무는 유빙의 단단한 핵은 2년 된 얼음 조각으로 이루어져 있다. 과거 북극은 광범위한 지역이 두꺼운 다년 해빙으로 덮여 있었지만, 오늘날 이런 현상은 아주 예외적으로나 있을 뿐이다. 이곳 유빙의 얼음 대부분은 지구 환경에서의 거의 모든 얼음과 똑같이, 비교적 평평하고 얇은 일년 얼음이나 막 새롭게 형성을 시작한 얼음으로 구성되어 있다. 이 모든 종류의 얼음에 대한 기후 과정을 우리의 관점에서 조사할 기회를 마련했다. 이번 원정에서 얻은 대단히 귀중한 이득이다.

여름에 태양이 지평선 위로 높이 떠올라 하루 24시간 얼음 표면 위에서 타오르면, 지역에 따라 5월 말~6월 중순까지 새로운 과정, 즉 얼음이 녹는 과정이 시작된다. 밝은 표면에 있는 얼음은 알베도albedo, 즉 태양 광선 반사 비율이 높고, 심지어 신선한 눈이 쌓여 있는 경우 때때로 태양에너지의 80퍼센트 이상을 우주 방향으로 반사한다. 하지만 남은 태양에너지로도 얼음을 데워 완전히 또는 부분적으로 녹이기에 충분하다. 그래서 얼음이 녹은 웅덩이가 형성되며, 얼음 가장자리는 퇴각한다. 북극 중심부에서, 작년에 형성된 새로운 얼음 중 일부는 여름에도 살아남을 수 있다.

살아남은 유빙과 얼음 능선은 이듬해 겨울에 다시 자라 쌓이고 또 쌓일 수 있다. 시간이 흘러 강한 다년 얼음이 형성될 때까지. 이는 대부분의 남극 해빙과는 다르다. 남극 해빙은 매년 여름 광범위한 지역에서 완전히 녹았다가 겨울에 다시 새롭게 형성된다.

그러나 우리가 보아왔던 것처럼, 두꺼운 다년 얼음은 북극에서 점점 더 드물어지고 있다. 대신 얇은 일년 얼음이 지배적이다. 이 얼음은 다음 해 여름에 그냥 다시 녹는 경우가 잦다. 지구온난화 탓에 일어나는 현상이다.

2019년 11월 2일, 마흔네 번째 날

며칠째 일광의 흔적이라곤 전혀 찾아볼 수 없다. 현재 영하 22도이며 바람 한 점도 없다. 우리는 벌룬 타운에 대규모 격납고를 짓고 있다. 이곳은 미스 피기Miss Piggy의 거처이기도 하다. 미스 피기는 빨간색 계류기구로, 대기 측정을 수행한다. 주황색 천막 격납고는 8×10미터 크기이고, 얼음 위에서 거의 4미터 높이로 솟아 있다. 따라서 이 격납고는 연구 캠프에서 가장 큰 기반시설로 자리매김한다. 하

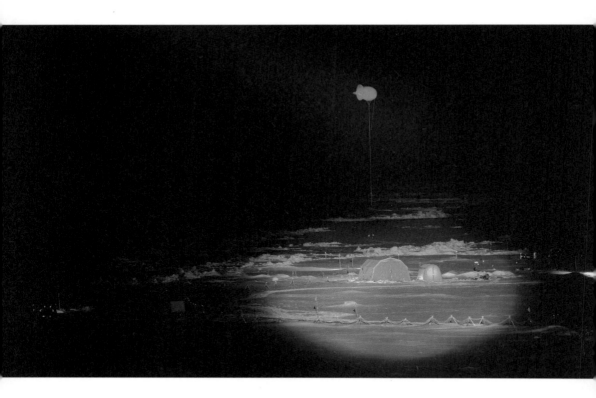

벌룬 타운이 예정지에 설치 대기 중이다. 우리 모두에게 사랑받는 계류기구인 미스 피기도 함께 있다. 미스 피기는 대기권 최대 2킬로미터까지 올라가 얼음을 측정할 수 있다.

지만 그러려면 우선 설치가 완료되어야 한다.

우리는 작업을 좀 더 쉽게 하려고 바람이 불지 않는 날을 택해 격납고를 설치했다. 거대한 격납고는 튜브로 골격과 압력을 유지한다. 두 대의 압축기가 튜브를 부풀린다. 격납고 구조는 전혀 단단하지 않기 때문에, 폭풍우가 심하게 불어도 버텨낼 정도로 견고하다. 어떠한 것도 격납고를 부수지 못한다. 지난 며칠 동안 우리는 이미 평평한 얼음 면을 잘라내 튼튼한 나무판자로 바닥을 깐다. 그런 다음 나사못으로 얼음과 판자를 함께 고정한다. 그리고 이제 350킬로그램짜리 무거운 천막 포장 꾸러미가 바닥 한가운데 놓인다. 며칠 전 북극곰 한 마리가 굉장한 관심을 보였던 바로 그 꾸러미다. 이 꾸러미가 대형 격납고로 변신할 거라고 상상하기는 아직 어렵다. 하지만 꾸러미를 재빠르게 만 다음 압축기에 연결한다. 시간을 낭비하고 싶지 않다. 여기 북극에서는 1시간, 2시간 후의 날씨도 어떻게 될지 전혀 알 수 없기 때문이다. 이 무거운 물건을 신속하게 설치하는 작업을 하노라면, 아무리 온도가 낮아도 어느새 땀이 난다. 그리고 머지않아 모든 이의 몸에서 뭉게구름 같은 김이 피어오른다. 바람 한 점 없는 날씨 탓에, 김은 날아가지도 않는다. 나는 격납고 바닥을 바닥에 깐 판자에 장착하면서, 나사못을 입술에 잠시 문다. 이는 별로 좋은 생각이 아니다. 못은 단단히 얼어붙어서 좀처럼 떨어지지 않으니까.

압축기를 작동시킨다. 아무 움직임도 없다. 전선이 가늘어 장력張力이 형편없어졌기 때문이다. 압축기의 지속 출력을 바탕으로 벌룬 타운의 전력 수요를 계산했지만, 모터에 시동을 거는데 필요한 전력량이 높은 바람에 우리의 계획은 좌절된다. 재빠르게 가솔린

얼음 위에서 중노동을 하다 보면, 섭씨 영하 30도에서도 금세 땀이 난다. 극지방용 방한복 옷깃을 통해 김이 빠져나가는데, 바람 한 점 불지 않는 상황이라 모든 이는 순식간에 뭉게구름에 휩싸인다. 이 증기 구름은 헤드램프 빛을 굴절시켜 눈이 부시게 만든다.

발전기를 가져와 돌리지만, 압축기는 작동되지 않는다. 그래서 우리는 우선 이곳에서 약 100미터 떨어진, 오션 시티 근처에 있는 배전함에 좀 더 굵은 전선을 설치한다. 이제 전력이 충분해 압축기가 작동하기 시작한다. 대형 격납고가 순식간에 마법처럼 저절로 펼쳐진다.

하루를 마무리하고, 헤드램프 빛이 가리키는 대로 벌룬 타운을 거닌다. 그곳 요새에는 이름 없는 조각가가 만든 듯한 얼음 조각품이 놓여 있다. 분명 어느 미술관에서든 환영받을 만한 조각품이다. 하지만 미술관 대신 북극의 광활한 공간에, 맨눈으로는 제대로 보이지도 않는 칠흑처럼 어두운 곳에 홀로 서 있다. 이제 반짝이는 대형 얼음 결정체로 이루어진, 거친 갑옷 같은 서리가 사방을 뒤덮는다. 이러한 배경 속에서, 저 멀리 폴라르슈테른호가 조그맣게 빛을 발하고 있다. 몹시 매혹적이지만 목숨을 위협하기도 하는 북극 환

경에서, 배는 따뜻하고 안전한 집 노릇을 한다.

배로 돌아와 보니, 한 팀이 대형 CTD 로제트와 생물학자들이 쓰
는 그물을 투입할 때 필요한 얼음 구멍을 뚫고 있다. 이미 오션 시티
에 소형 CTD 로제트가 있지만, 이 기구로는 우리에게 필요한 수량水
量과 수심까지 파악하지 못한다. 그래서 배 바로 앞에 최소 4×4미터
크기의 얼음 구멍을 뚫을 필요가 있다. 얼음 구멍은 기기가 투입되
는 동안 매달아 놓는 갑판 크레인이 미치는 범위 안에 있어야 한다.
팀은 엄청나게 공을 들여 지정된 장소에 있는 얼음을, 크기는 작지
만 무게가 몇 톤에 달하는 덩어리로 분해했다. 전기톱 앨리는 물 만
난 고기처럼 지칠 줄 모르고 긴 날이 달린 전기톱을 휘두른다. 다른
팀원은 빙핵 천공기로 얼음 블록 윤곽 주위에 구멍을 연달아 뚫은

다음, 나머지 얼음에서 조각을 하나씩 분리한다. 그러고 나서 중간 쯤에 있는 얼음 블록 중심부에 구멍을 뚫고, 이 구멍을 통해 밧줄에 매단 각목을 얼음 아래로 밀어 넣는다. 각목은 얼음 아래를 가로지르며 받침대 역할을 한다. 이제 크기가 2세제곱미터, 무게가 2톤쯤 되는 거대한 얼음 블록을 크레인으로 들어올려야 한다. 과연 크레인이 잘 작동할까? 이런 조건에서 이런 구멍을 뚫은 사람은 여태껏 아무도 없었으니까. 크레인이 장력을 증가시키더니 홱 당긴다. 주변 사람의 환호를 받으며, 얼음 블록이 공중에 둥실둥실 뜬다. 너무나 홀가분하고 마음이 놓인다! 크레인이 정말 제대로 작동한다. 마침내 연구를 위한 기본 기반시설이 완성될 때까지, 같은 방법으로

INFO

세상 끝에서의 시간

우리는 경도를 활용해 시간을 나눈다. 그 결과 전 세계에 걸쳐 표준시간대가 24개에 이른다. 그런데 북극은 경도가 한 지점으로 일치한다. 이론적으로, 북극에서는 몇 걸음만 걸으면 모든 시간대를 두루 거닐 수 있다. 하지만 북쪽에는 시간대가 너무 높은 곳에 있어서 전부 무의미하게 된다. 게다가 낮과 밤의 리듬이 무효화 된다. 태양은 1년에 한 번만 뜨고 지기 때문이다. 폴라르슈테른호는 여행 중에는 시계를 총 12번 조정했다. 배의 지리적 위치를 시간대 네트워크와 일치시키기 위해서다. 그러나 현재 폴라르슈테른호는 유빙에 정박했기 때문에, 북극 여행자는 이른바 시간을 선택할 수 있다. 이제 시계는 그리니치자오선에 맞춰 런던 표준시간에 통용되는 협정시계시UTC에 따라 작동한다. 이렇게 하면 전 세계와 좀 더 쉽게 통신할 수 있고, 수집된 데이터에 부여된 타임 스탬프(전자 기록물의 진본성 및 유효성을 입증하기 위해 기록물 존재 시점의 확인 정보를 추가로 부여한 전자정보–옮긴이)도 나중에 더 간단하게 환산할 수 있다. *

나머지 얼음 블록을 서서히 구멍에서 끌어낸다. 이제 대형 해양 장비가 우리 발밑에 있는 물기둥에 접근할 수 있게 된다!

갓 파낸 구멍에서 얼음 진창을 퍼내야 한다. 이 얼음 진창은 천공기가 구멍을 뚫다가 생겼다. 그런 다음 또 당장 얼지 않도록, 특대형 전기 거품기를 물속에 넣는다.

크레인은 마지막으로 배 옆에 있는 유빙에서 얼음 블록 두 개를 나란히 들어 올린다. 우리는 시추공을 통해 다채로운 색깔의 조명을 물속으로 침투시킨다. 이제 유빙 바로 위에 빛으로 반짝이는 아이스바를 보유하게 됐다! 아이스바는 남은 겨울 동안 우리에게 좋은 서비스를 제공할 것이다.

날마다 중노동을 하는 팀원들에게, 가끔 함께 모여 놀고 축하하는 것은 중요하다. 서로의 마음을 하나로 이어주기 때문이다. 며칠 전에는 핼러윈 파티를 열었다. 창의성과 즉흥성이 두드러진 축제의 한마당이었다. 어느 동료는 영화 〈스타워즈Star Wars〉에 등장하는 행동이 어색한 로봇인 시스리피오C-3PO를 완벽하게 재현했다. 구명 담요 등 배에서 구할 수 있는 잡동사니로 정교하게 꾸몄다. 같은 영화에서 동료로 나오는 알투디투R2-D2도 파티에 함께 등장했다. 심지어 움직임도 정확하게 재현했다. 다른 동료는 끔찍한 사고를 당한 코스프레를 했다. 깃발이 비스듬히 머리를 뚫고 들어가 피와 뇌에 들어 있던 물질이 얼굴에 흘러내린 모습을 완벽하게 구현했다. 믿을 수 없을 정도로 진짜 같아서, 당장 폴라르슈테른호 선내 병원으로 이송해 응급수술을 하도록 조치하고 싶을 정도였다.

그리고 오늘도 축하할 일이 있다. 원정 첫 단계 일정의 절반을 넘겼다! 지금 이 원정의 첫 번째 부분에서, 지나온 날만큼의 앞날이 남아 있다. 어쨌든 앞으로 절반쯤 남았다. 이 시기가 끝난 뒤 얼마나 걸릴지 알 수 없는, 기나긴 귀로 일정을 고려하지 않는다면 말이다. 우리는 바깥 작업 갑판에서 바비큐를 즐기고, 인접한 작업 공간인 습식 실험실과 마찰실에서 축제를 벌인다. 일반적으로 마찰실에는 윈치 케이블이 있어 폴라르슈테른호의 불룩한 부분 깊숙한 곳에서 바깥으로 이어지지만, 이곳에는 탁자와 긴 의자가 구비돼 있고 어느 때나 펼칠 수가 있어서, 우리는 일과 후 자유시간에 함께 앉을 수 있다.

폴라르슈테른호에서 열리는 파티는 고유한 매력이 있다. 예전에

INFO

해상 병원

아무리 안전대책을 마련해도, 응급 상황과 중병이 원정 중에 발생할 수 있다. 그래서 폴라르슈테른호에는 소규모 선내 병원을 완비하고 있다. 이 병원에는 수술실, 진료실, 병실, 전염병 감염 환자용 격리실을 구비하고, 의약품도 대량으로 비축하고 있다. 이 병원의 의사와 간호사는 심지어 고정기를 사용하여 개방골절을 치료하거나 맹장·탈장 등의 간단한 수술도 할 수 있다. 그 밖에도 의사는 초음파기기와 디지털 엑스레이 기기를 보유하고 있으며, 혈액 검사도 수행할 수 있다. 원정 후반기는 코로나19가 전 세계적으로 유행한 상황이었는데, 이때 심지어 보급 쇄빙선 중 한 척이 코로나바이러스 진단 장비를 싣고 오기도 했다. 모자익 원정대 활동 기간 동안, 선내에서 포괄적으로 진단과 치료를 받을 수 있는 것이 중요하다. 왜냐면 원정의 특정 단계에서 환자를 육지 병원으로 대피시키는 것은 거의 불가능하고, 대피하더라도 여러 주가 걸릴 수 있기 때문이다. 그러나 대개 선내에서는 베거나 긁힌 상처, 독감 같은 경미한 질환만 치료하면 된다. 이 경우, 독감 환자는 자체 환기 시스템을 갖춘 격리실에 수용된다. 이런 조치를 취하지 않으면 바이러스가 배 전체에 빠르게 퍼진다. *

감행한 원정에서, 지금 여기서처럼 밤늦게까지 춤만 춘 날이 얼마나 자주 있었던가? 어두운 파티룸에서는 누구든 자신이 어디 있는지 거의 잊을 뻔한다. 하지만 신선한 공기를 마시러 바깥에 잠깐 나갔다가 가령 한밤중의 반짝이는 햇빛을 받아 장밋빛으로 물들인 남극 빙산이 지나가거나, 근처 평평한 빙산 측면에 배의 그림자가 드리우면, 그 강렬한 인상에 깜짝 놀라게 된다.

그러나 첫 단계 일정의 절반을 넘긴 것을 축하하는 파티에서는 영원한 어둠만 있고, 밤과 낮은 서로 구별되지 않는다. 지금쯤 되면 어느 동료 탑승자와 서로 잘 지내는지 쉽게 알아차릴 수 있다. 심지어 누가 누구와 매우 잘 지내는지도. 강렬한 체험을 공유하고, 날마다 매혹적인 인상을 함께 나누다 보면 사람들은 서로 긴밀한 관계가 된다. 이를 누가 모를까? 경험을 공유하면 친밀해진다. 그리고 극지방 탐험만큼 강렬하고 밀도 있는 공통 체험은 거의 없다.

나는 원정 활동을 하면서 이런 식으로 평생 친구를 사귀었다. 또한, 이런 원정에서 눈이 맞아 이후 가정을 꾸리고 극지 탐험가의 새싹을 키우는 부부도 꽤 많이 알고 있다.

축하 파티의 밤이 무르익어 가면서, 여느 좋은 파티가 그러하듯 자기만의 추진력과 활력이 펼쳐진다. 그러는 동안 우리는 시계를 다시 조정해서 1시간을 더 번다. 우리는 새벽 3시까지 춤춘다. 두 번 춘다.

2019년 11월 3일, 마흔다섯 번째 날

파티가 끝난 뒤에 맞는 고요한 아침이다. 오늘은 바람이 더 세게 분다. 초속 10미터이고, 남동쪽에서 계속 불어온다.

오후 2시경, 조명탄이 발사된다. 캠프에 설치된 경보용 철사 줄에 달린 신호 로켓 중 하나다. 어둠 속에서 다가오는 북극곰에게 경고하기 위해 설치한 철사 줄이다. 팀이 철조망을 점검했지만 북극곰의 흔적은 찾지 못한다. 그냥 철조망이 얼어붙고 바람도 불어 로켓이 작동했나 보다.

2019년 11월 4일, 마흔여섯 번째 날

동료 한 명이 동상에 걸렸다. 두꺼운 벙어리 장갑을 끼고 스타일러스 펜을 사용하는 대신, 얇은 장갑만 끼고 손가락으로 유빙 관련 항법 장치를 작동시킨 탓이다. 이제 선내 의사가 동상에 걸린 손가락을 치료해야 한다. 손가락을 보존할 수 있을지 확인하려면 시간이 좀 걸린다. 하지만 결국 그는 구원을 받았다. 그럼에도 좋지 않은 일이다. 이런 실수가 발생하는 것을 허용해서는 안 된다. 날마다 여는 회의에서 나는 그룹 내 팀원들이 서로를 지속적으로 관찰하는 게 얼마나 중요한지 다시 한번 강조한다. 특히 누군가가 실수로 보호장치를 착용하지 않은 채 피부를 바람에 노출할 경우 반드시 경고해야 한다. 그리고 상황이 어떤지, 모든 게 잘 돌아가는지 상대방에게 계속 물어보는 것도 무척 중요하다. 이런 환경에서는 반드시 자신과 다른 이에게 주의를 기울이고 서로를 지원하고 돌보아야 한다. 의심스러운 경우, 시간이 걸리더라도 작업을 중단하거나 아예 그만두어야 한다. 몇 달 전 원정을 떠날 때 대원들의 손가락 수와 북극 원정을 마치고 귀환할 때의 손가락 수가 똑같았으면 좋겠다.

2019년 11월 9일, 쉰한 번째 날

북극곰 경보가 발동한다! 오늘은 위기 상황에 놓였다. 모든 대원이 계속 염두에 두고 자주 대비·훈련해 온 바로 그 상황이다. 하지만 일단 상황이 닥치면, 모두가 순식간에 올바른 결정을 내릴 수 있기를 바랄 뿐이다.

북극곰 한 마리가 경보용 철사 줄을 쳐놓은 지대의 남서쪽 끝 부근, 즉 연구 캠프 한가운데에 몰래 숨어들었다. 이 곰은 아무런 예고 없이 메트 시티의 어둠 속에서 모습을 드러낸다. 그곳에 있던 북극곰 감시원이 발견했을 때, 곰은 겨우 50미터 정도밖에 떨어져 있지 않았고, 위험한 행동을 보인다. 코를 치켜들고 머리를 이리저리 흔들고 공기를 빨아들이면서 계속 가까이 다가온다. 이는 호기심 많은 곰이 보이는 행동이다. 즉 눈앞에 있는 게 무엇인지, 먹이가 될 만한 대상을 신속하게 공격하는 게 가치가 있는지 알아보려는 행동이다. 이는 훈련이 아니라 위험한 현실이다. 바로 앞에 있는 곰도 훈련 때처럼 골판지로 만들어진 게 아니라, 몇백 킬로그램이나 나가는 무겁고 번개처럼 빠른 맹수다. 이 거리에서 곰이 공격하면, 약 3초 만에 인간을 덮칠 것이다. 북극곰은 짧은 거리에서 껑충껑충 뛰는 속도가 엄청나다. 최대 시속 60킬로미터까지 빠르게 달릴 수 있다.

방금 투입된, 우리 중에서 경험이 가장 풍부한 북극곰 감시원이 즉시 반응한다. 이 정도로 가까운 거리에서의 신호탄 사용은 두 가지 나쁜 옵션 중 하나를 선택하는 행위다. 첫 번째는 자신과 곰 사이에 있는 눈밭 쪽으로 발사하는 것이다. 그렇게 하면 섬광탄 탄환이 눈에 파묻힌 상태에서 폭발하는데, "펑" 하고 둔탁한 소리만 난다. 두 번째는 쏘는 사람이 아주 높은 곳, 거의 자기 머리 바로 위를 향해 발사하는 것이다. 그러면 탄환이 공중 아주 높은 지점에서 터진다. 어떠한 경우도 이 거리에서 곰이 있는 쪽을 향해 발사하면 안 된다! 그렇게 하면 탄환이 곰을 지나쳐 뒤쪽에서 폭발하고, 곰은 깜짝 놀라 곧장 쏜 사람을 향해 달려오기 때문이다. 이는 전형적으로 양쪽 모두 지는 상황이다. 곰이 바짝 다가오면, 제대로 대응할 수가 없기 때문이다.

감시원은 고공 사격을 하기로 결정했다. 탄약은 곰 머리 위쪽 멀리서 터지고, 곰은 어디서 폭발 소리가 난 것인지 전혀 알아차리지 못한다. 곰은 허공을 쳐다보기는 하지만 전혀 물러나지 않는다. 오히려 당장 자기 앞에 있는 사람으로 관심을 돌린다. 아마도 곰은 감시원이 폭음을 낸 장본인이라는 사실을 전혀 깨닫지 못한 듯하다. 북극곰 감시원은 재장전하고 두 번째 사격을 한다. 다시 공중을 향해 쏜다. 효과는 아까와 똑같다. 곰은 퇴각하지 않고 위험한 행동을 계속한다.

이제 극도로 위급한 상황이 됐다. 그사이 곰은 거리를 더 좁혀 왔다. 이제 거리는 50미터도 채 안 된다. 하지만 곰은 섬광탄에 전혀 주눅 들지 않고 계속 다가온다. 이는 생명의 위험을 의미한다. 감시원은 이런 경우에 대비하는 의례 절차를 따른다. 소총을 장전하고 조준한다. 곰을 내몰려는 또 다른 시도를 하는 것이다. 감시원은 곰의 머리 위로 소총을 발사한다. 날카로운 총소리가 난다.

곰은 커다란 폭발음을 듣고, 인간이 자기를 향해 총을 쏘았다는 사실을 파악한다. 곰은 이 사실이 너무나 무서워서 어둠 속으로 내달린다. 곰은 경보용 철사 줄을 날렵하게 뛰어넘는다. 경보장치는 북극곰 같은 방문객으로부터 우리를 보호하려고 설치했는데, 이렇

게 뛰어넘으니 작동되지 않는다. 사령교에서 탐조등을 조종해 곰의 행방을 계속 쫓는다.

곰은 멀리 도망가지 않지만, 그 지역에서 철수하고 얼음 위에 있는 모든 인원을 대피시킬 시간은 충분하다. 모두 탑승했다는 통보가 전해지자, 사령교에 있던 나는 안도의 한숨을 쉬며 의자에 푹 파묻혔다.

하지만 이제 이 북극곰이 우리 곁에 자리 잡지 않고 계속 이동하도록 조치를 취해야 한다. 두 번째로 무장한 원정대원이 북극곰 감시원을 지원하기 위해 유빙으로 파견된다. 감시원과 무장 원정대원은 스노모빌을 타고 곰을 쫓아가, 안전한 거리에서 섬광탄을 몇 발 연속으로 발사한다. 이렇게 거리를 두고 섬광탄을 쏘니, 원하는 효

한스 호놀트Hans Honold가 압축 얼음 능선 높은 지점에 올라 북극곰을 관찰하고 있다. 북극곰 감시원은 얼음 위에 있는 모든 팀을 지속적으로 보호하며, 그때마다 원정대원이 2~3시간씩 교대로 북극곰 감시 업무를 맡는다.

과가 나타난다. 즉 섬광탄은 사람과 곰 사이 공중에 잘 배치되어 폭발하고, 곰은 계속 도망친다. 이런 방법으로 곰은 증기가 자욱한 깃발 옆쪽으로 쫓겨나고, 다시는 우리가 풍기는 향기에 이끌려 곧장 배로 오지 않는다. 하지만 이런 작전을 진행하는 중에도 곰은 별로 주눅이 들지 않고, 계속 멈추었다가 두 사람을 향해 돌아보는 행동을 반복한다. 다시 코를 치켜들고 공기를 빨아들이며, 거기서 먹을 만한 것을 찾을 수 있는지 계속 관심을 기울인다. 그러나 매번 섬광탄이 터질 때마다, 곰은 이곳에 공격을 감행하는 것은 절대 안전하지 않다고 거듭 확신한다. 결국, 북극곰은 계속 이동하고, 감시원과 무장 원정대원은 배로 복귀한다. 연결 통로가 올라가고, 비로소 상황은 다시 안정된다.

우리는 사령교에서 쌍안경, 탐조등, 아직 배에 보관 중인 낡은 열화상 카메라를 동원해 약 30분 동안 곰을 계속 관찰한다.

열화상 모니터 화면에 등장한 곰은 밝게 빛난다. 우리가 취한 행동 때문에 곰은 흥분하고 긴장에 휩싸였다. 이제 체온이 너무 오르지 않도록 열기를 없애야 한다. 곰은 계속 눈밭을 뒹굴다가 눈 속에 머리를 쑤셔 넣는다. 머리는 털이 많은 몸체보다 절연성이 덜하다. 기온이 섭씨 영하 25도이고 강풍까지 부는 와중에, 북극곰이 몸이 너무 뜨거워 눈 속에서 열기를 식히는 모습을 관찰하니 참으로 기묘하다.

그렇게 곰은 계속 이동하다가, 압축 얼음 능선 탓에 한눈에 조망하기 힘든 지역에서 길을 잃는다. 열화상 모니터 영상을 통해 곰의 행동을 본다. 곰은 잠깐 압축 얼음 능선 뒤에 숨어 있다가, 열이 난 머리를 슬쩍 내밀고 자기를 몹시 놀라게 한 이상한 게 도대체 무엇인지 살핀다. 하지만 양쪽 모두 깜짝 놀랐다고 말할 수 있다. 결국, 우리는 북극곰의 모습을 식별할 수 없었고, 곰의 흔적은 어둠 속에서 사라진다.

이 곰이 지금 어디에 있는지 모르는 데다 우리를 방문하는 동안 분명 상당한 관심을 보였기 때문에, 나는 우선 아무도 얼음 위에 있지 못하도록 조치하고 연결 통로도 계속 올려두었다. 곰은 확실히 영양 상태가 썩 좋아 보이지 않았다. 곰의 행동으로 보아, 이 녀석은 필사적으로 영양 공급원을 찾고 있음을 짐작할 수 있다. 이 곰이 걱정된다.

예측이 맞았다. 1시간도 지나지 않아 북극곰이 정፲좌현 쪽에서 열화상 카메라에 포착된다. 이 카메라는 고장 난 퍼스트 네이비 카메라처럼 360도로 주변 환경 전체를 모니터링하지는 못하지만, 좌현 구역 선미와 배 뒤쪽을 철저히 감시한다. 이후 30분 동안 곰은 배에서 수백 미터 떨어진 거리를 굳건히 유지하면서 배 주변을 어슬렁거린다. 그러다가 계속 압축 얼음 능선 뒤에서 숨을 곳을 찾는다. 전형적인 사냥 행동이다. 하지만 곰은 분명 마음이 편치 않아 보인다. 거리를 계속 유지하고 있으니까. 이를 보면 섬광탄으로 곰을 추방하는 작전이 성공한 듯하다.

곰은 배의 선미 주위를 돌다가 우현에 위치한 경보용 철사 줄 끝부분에 거의 다다른다. 하지만 그 앞에는 GPS 기지가 있다. 이 기지는 깃발로 표시되어 있으며, 얼음 위 작업에 필요한 좌표를 제공하기 위해 그 위치에 있다. 이 부표는 이미 북극곰의 방문을 몇 차례 견뎌야 했고, 이번에도 무사히 빠져나가지 못했다. 곰은 자세히 살펴본 후 깃발을 붙잡고 똑바로 선다.

곰은 우리가 지어놓은 구조물을 전혀 두려워하지 않는다. 오히려 점점 편안함을 느낀다. 우리 취향에 동화된 듯하다. 내가 또다시 스노모빌을 투입해야 하나 고민하는 바로 그 순간, 곰은 GPS 기지를 포기하고 경보용 철사 줄로 달려간다. 곰은 분명 얇은 철사 줄을 어둠 속에서도 엄청나게 잘 본다. 조심스럽게 냄새를 맡더니, 철사 줄을 따라 몇 미터를 걸어간다. 이런 행동이 오래 잘 진행될 수 있을까?

팡! 경보용 철사 줄의 충전 기능이 작동된다. 곰으로부터 불과 5미터 떨어진 곳에서 신호 로켓이 가파르게 하늘로 치솟는다. 낙하산 달린 로켓은 하늘에 오랫동안 떠 있다. 그러는 동안 이 구역 전체를 환하게 비춘다. 곰은 힘차게 뛰어올라 철사 줄을 넘은 뒤 부랴부랴 도망친다. 이번에는 원정대원이 투입되어 사람에 대한 두려움을 심어줄 필요는 없었다. 곰은 달아났고, 그 이후로 더 이상 보이지 않는다. 하지만 이 거대한 동물이 어둠 속 어디에 도사리고 있을까라는 으스스한 질문이, 며칠 동안 우리를 따라다닌다.

2019년 11월 10일, 쉰두 번째 날

오늘은 일요일. 아침 식사에 달걀이 나왔으니 알 수 있다. 식량을 인수하는 과정에서 무언가가 잘 풀리지 않은 바람에, 목요일과 일요일 아침 식사에만 달걀을 배급해야 했다. 마찬가지로 채소도 이미 부족한 상태다. 그래서 현재 수많은 날을 꽃양배추나 브로콜리 없이 점심을 먹는다. 그래서 모두 채소가 나오는 날을 반기며, 그렇지 않으면 12월 중순에 카피탄 드라니친Kapitan Dranitsyn호가 새로 공급할 신선한 식료품을 기대하고 있다.

오늘 아침 배 안은 평소보다 훨씬 조용하다. 오전에는 얼음 위에서 작업할 계획이 없고, 많은 원정대원이 자기만의 시간을 가진다. 그들은 몇 시간 동안 휴식을 취하면서, 폴라르슈테른호에서 정말 강렬하게 보낸 지난 몇 달을 되새긴다.

나는 아늑한 선실에서 좋아하는 음악을 튼다. 일요일 오전에 잘

INFO

극지방 탐험가는 무얼 먹을까?

달걀 1만 4,000개, 우유 1,400리터, 감자 1톤, 견과류 누가 크림Nuss-Nougat Creme 150병. 폴라르슈테른호는 원정을 시작하고 첫 3개월 동안에만 이렇게 많은 음식물을 공급했다. 또한, 급식 목록에는 1,500개나 되는 개별 식료품이 등재됐다. 게다가 비상시에만 사용할 수 있는 컨테이너가 두 개 있다. 여기에는 부패하지 않는 식료품이 보관되어 있어, 승무원을 두 달쯤 더 먹여 살릴 수 있다. 극지방 탐험에서 좋은 음식은 엄청나게 중요하다. 식사는 하루를 체계적으로 구성하고, 맛있는 음식은 선내 분위기를 좋게 만드는 데 기여한다. 두 명의 요리사와 두 명의 보조 요리사가 새벽 5시부터 저녁 6시 30분까지 약 100명의 선내 인원을 배불리 먹이기 위해 일한다. 그들은 한 끼 식사를 위해 족히 50킬로그램은 되는 감자를 깎는다. 제빵사는 새벽 2시에 일을 시작해 날마다 폴라르슈테른호에 신선한 롤빵을, 심지어 오후에는 케이크를 공급한다. 전통적으로 폴라르슈테른호에는 독일 가정식 요리가 제공된다. 굴라시, 카레 소시지, 슈니첼이다. 매번 원정을 떠날 때마다 그렇듯이, 신선한 채소는 서서히 사라져 간다. 처음에는 양상추가, 그다음에는 토마토와 오이가 그렇다. 얼마나 많은 원정대원이 밤에 브로콜리와 체리 꿈을 꾸는가. 12월 첫 번째 단계가 끝날 때까지 극지방 탐험가는 12.7톤의 식량을 먹어치울 것이다. 이는 다른 원정대보다 훨씬 많은 양이다. 엄청나게 추운 날씨에 날마다 얼음 위에서 중노동을 하려면, 고칼로리 음식을 많이 섭취할 필요가 있다. *

어울리는 노래다. 주말 아침 집에서 즐겨 듣는 곡과 똑같다. 바로 보나 파이드Bona Fide의 〈소울 라운지Soul Lounge〉다. 노래를 들으며, 어제 곰이 나타난 사건을 곰곰이 생각한다.

분명 좋지 않은 사건이다. 곰이 이미 50미터 이내까지 접근한 뒤에야 발견됐다는 사실은, 상황이 나쁘게 돌아갈 위험이 항상 존재한다는 것을 의미한다. 몇 초 후에 곰은 메트 시티에 있는 사람들 한가운데로 들어왔을 수도 있고, 그랬다면 끔찍한 결말을 맞이했을 수도 있다. 최근에 스피츠베르겐섬에서 일어난 북극곰 사고가 떠오른다. 거기서 곰 한 마리가 아무도 모르게 캠프에 침입해, 여러 사람을 죽이고 중상을 입혔다. 인명 피해가 난 다음에야 곰은 사살됐다. 생각만 해도 소름끼친다.

한눈에 조망하기 힘든 요새 지형(사방에 있는 수 미터 높이의 얼음 블록과 얼음 능선, 그 사이에 깊게 팬 절단면)에 어둠까지 만연한 곳에서, 헤드램프와 탐조등만으로 곰을 조기에 발견할 수 있다고 장담하기란 거의 불가능하다. 퍼스트 네이비 열화상 카메라가 있었다면 이미 사령교에서 북극곰의 접근을 훨씬 더 일찍 알아차릴 수 있을 것이다. 예전에 곰이 방문할 때마다 모조리 이런 식으로 대비했다. 하지만 지금은 퍼스트 네이비가 고장 난 상태다.

이제는 원정대원이 그때그때 북극곰 감시원으로 배정되어, 현장에 홀로 나가 광범위 한 영역을 살펴보는 수밖에 없다. 이는 무모하고 위험한 도전행위다. 2시간~2시간 30분 동안 교대근무를 할 때마다, 헤드라이트에서 나오는 원뿔 모양의 빛만 의지해 온 정신을 집중하면서 어둠을 응시한다. 몇 주 동안 아무것도 보이지 않아도 매 순간 주의력을 100퍼센트 유지해야 한다. 그렇게 해야 북극곰의 접근을 즉시 확실하게 알아차리고, 몇분의 1초 안에 제대로 대처할 수 있다. 이 일은 교대로 진행된다. 그래서 원정대원 모두가 한 번쯤은 해야 한다.

그런데 내가 보기에 이러한 절차가 전반적으로 더 이상 그리 안전하지 않아 보인다. 연구 도시 전체를 둘러싼 경보용 철사 줄을 연장해야 한다. 그래야 적어도 캠프에서 작업할 때 북극곰이 기습해 깜짝 놀라는 경우가 확실히 줄어들 것이다. 지금 이 문제를 긴급하게 해결해야 한다.

오후에는 스키를 타고 경보용 철사 줄을 따라 한 바퀴 돈다. 상황을 다시 한번 자세히 살펴보기 위해서다. 발자국으로 보면서 파악한 바로는, 곰은 도망치면서 철사 줄을 간단히 뛰어넘었다. 경보 장치도 전혀 작동하지 않았다. 바람에 날려 온 눈이 이 지점에 쌓여 더미를 이룬 바람에, 이제 그곳 철사 줄은 평소보다 훨씬 낮게 땅 위에 드리워져 있다. 따라서 경보용 철사 줄을 정기적으로 검사하고, 눈이 날아와 쌓인 곳은 철사 줄을 더 높게 들어 올려주어야 한다.

이후 나는 스키 투어를 연장해 북쪽 멀리 진출한다. 기온은 섭씨 영하 30도에 가깝고 바람은 거의 불지 않는다. 뒤쪽에서 아주 가벼운 흔들림만 느낄 수 있다. 스키가 차가운 눈 위를 미끄러지는 소리만 들린다. 따듯한 눈 위에서 나는 소음과는 완전히 다르다. 더 딱딱하고, 더 껄끄러운 소리가 난다. 결빙되어 울퉁불퉁한 표면을 나아가는 소리다. 소음만으로도 온도를 대략 추측할 수 있다.

주황색 보름달이 지평선 가까이에 떠 있다. 거대하고 비현실적이다. 그 위에 펼쳐진 검은 우주 깊숙한 곳에는 별들이 반짝인다. 나는 얼음 위를 미끄러져 어둠을 통과한다. 수 미터 높이의 압축 얼음 능선을 지나, 장대한 얼음 조각품 곁을 지난다. 그 사이 매우 낮은 곳에 펼쳐진 평탄한 평지 위에는, 지난여름 녹은 얼음이 고인 웅덩이가 있다. 이제 웅덩이의 얼음은 엄청나게 꽁꽁 얼었다. 멈추어 서면, 숨소리 말고는 아무런 소음도 들리지 않는다. 그 소리마저 사라지면, 침묵이 모든 것을 아우른다. 달은 모든 것을 흐릿한 빛으로 물들인다. 헤드램프가 없어도 얼음 풍경의 윤곽은 사방에서 잘 보인다. 그 풍경은 마치 외계에 와 있는 듯한 착각을 일으킨다. 낮은 곳에 있는 평지에는 새까만 그림자가 드리워져 있어, 거의 비현실적인 절대 암흑의 세계를 이룬다. 이따금 저 멀리서 소다(SODAR, 음파 기상 탐지기) 지지직거리는 소리가 아주 낮게 들려온다. 소다는 연속으로 큰 음파를 하늘 위로 반사해 대기의 바람과 난류를 측정하는 기기다. 영원한 어둠 속에서 꽁꽁 얼어붙은 외계 천체를 탐색하는 듯한 기분이 든다. 예를 들어 토성의 달이라든지, 책이나 영화에 등장하는 기이한 판타지 행성을 거니는 듯하다. 이 천체에는 이웃 행성이 딸려 있다. 이 주황색 원반 모양의 행성은 낮은 데 위치하고, 지평선을 궤도 삼아 천천히 이동한다. 이곳에 있으면 우리가 알고 있는 지구와는 더 이상 별 관련이 없는 듯하다.

바람이 뒤쪽에서 아주 느리게 불기 때문에, 내 몸에 형성된 증기 구름은 스키 타는 속도에 맞춰 나를 따라 움직인다. 그리고 머지않아 나는 스스로 자아낸 빙무氷霧 구름에 휩싸인 채 질주한다. 헤드램프 빛이 빙무 구름에 굴절되어 눈이 부시다. 때때로 가던 길을 멈추고 얼음 안개가 걷힐 때까지 기다렸다가, 높은 지점에 올라 헤드램프 빛을 비추어가며 북극곰이 없나 주변을 샅샅이 살펴야 한다. 이곳은 모든 것이 죽은 외계 별처럼 보이기는 하지만, 굶주린 생명체가 어둠 속을 배회하다가 나 같은 사람을 공격하고 잡아먹는다.

2019년 11월 11일, 쉰세 번째 날

풍력 5계급 강풍. 섭씨 영하 26도. 강설降雪. 폭설로 눈 더미가 빽빽하게 쌓였다. 코어링 팀에게도 추운 날이다. 오늘 코어링 팀은 수십 개의 빙하 핵을 채취해 일부는 현장에서 분석한 다음, 배에 있는 냉장실에 보관한다. 이 빙하 핵은 나중에 본국 연구소에서 추가 조사를 진행할 예정이다. 팀원들은 7시간 동안 얼음 위에서 작업한 뒤에 배로 복귀한다. 온몸이 얼음투성이라, 누가 누구인지 못 알아볼 지경이다. 무거운 얼음이 속눈썹에 얼어붙어 축 늘어지고, 이제 완전히 꽁꽁 언 마스크가 나머지 얼굴 부분을 덮었다.

2019년 11월 13일, 쉰다섯 번째 날

지난 며칠 동안 경보용 철사 줄에서 신호 로켓이 두 번이나 발사됐다. 그러나 북극곰의 흔적은 발견하지 못했다. 오전에 나는 물류 팀 토마스 슈테르벤츠Thomas Sterbenz와 함께 피스텐불리pistenbully 제설기를 타고 곰의 이동 가능한 경로를 탐색한다. 그는 남극 노이마이어 기지에서 막 겨울을 보낸 뒤 이곳에 왔다. 나는 그 기지에서 토마스와 알게 됐고, 그의 다재다능한 능력을 높이 여겨 원정대에 합류시켰다. 이제 그는 남극 반대편 북극에서 우리가 소유한 차량 전체를 정비하고 피스텐불리를 운전한다. 토마스를 필두로 역시 노이마이어 기지 근무 경험이 있는 동료이자 이후 단계에서 선박 엔진을 담당할 힌네르크 호이크Hinnerk Heuck, 그리고 정비사 동료들은 엄청난 경험치와 즉흥적으로 문제를 해결하는 굉장한 재능을 지니고 있어, 아무리 최악의 조건이라도 너끈히 헤쳐나갈 수 있다. 그들이 없다면 제대로 돌아가는 건 아무것도 없을 정도다. 꼭 필요한 부품이 선내에 없는 경우, 그들은 어떻게든 즉석에서 만들어 낸다. 연료가 품질이 좋지 않아 파이프에서 얼어도, 그들은 해결책을 찾아낸다. 원정 끝 무렵이 되자 피스텐불리와 다른 차량은 임시방편으로 마련한 해결책과 기발한 임시 조치로 넘쳐났다. 하지만 이것들은 잘 달린다!

밀링머신과 크레인을 갖춘 거대한 무한궤도 차량인 피스텐불리는 무게가 대략 16~17톤이나 되어서, 잘 작동하려면 얼음 두께가 1미터가 넘어야 한다. 얼음 두께가 이보다 얇으면 안전하게 운행할 수 없다. 그래서 아직은 배 안에 머무르고 있다. 하지만 유빙에서 중노동을 하기 위해, 특히 활주로를 건설하기 위해 이 육중한 기계가 필요하다. 피스텐불리가 없으면 내년 봄 얼음이 너무 두꺼워 쇄빙선이 더 이상 북쪽으로 나갈 수 없는 상황을 대비해 마련한, 항공기를 통한 인력 및 물자교환 계획은 실행되지 못할 것이다.

배 옆에는 피스텐불리의 주요 경로가 될 가능성이 높은 설정 노선이 있다. 이 노선은 두께가 2미터에 달하는 얼음을 따라 이어져 있다. 하지만 피스텐불리는 이전에 얼음이 녹았던 웅덩이는 아직 건널 수 없다. 웅덩이에 깔린 얼음의 두께가 아직은 70~80센티미터밖에 되지 않기 때문이다(처음에는 30~40센티미터였다). 그래서 피스텐불리를 당분간 갑판에 두고 상황을 지켜보기로 한다. 하지만 피스텐불리에 부착된 밀링머신은 한번 시험해 본다. 이 기계는 압축 얼음 능선을 절삭해 얼음 위에 평평하게 펼치기 위해 우리가 특별히 개발했다. 그리고 밀링머신의 작동 능력은 매우 탁월하다. 바

라던 대로 밀링머신은 혹처럼 튀어나온 얼음 부분을 모조리 먹어치
웠다가, 다시 거대한 얼음 먼지 더미를 뱉어낸다. 정말 재미난 광경
이다.

　낚시꾼들도 성공을 거두고 있다. 동료 한 명이 문 풀Moon Pool에 낚
싯대를 드리웠다가 수심 400미터 지점에서 길이 76센티미터의 대
구를 낚아 올렸다. 문 풀은 폴라르슈테른호에 설치된 우물 모양의
수직 갱도다. 이 수직 갱도는 배 한가운데에 설치되어 있으며 깊이
는 11미터이고 배의 측면을 관통해 아래로 뻗어 있다. 원정대원은
낚시할 때 이 수직 갱도를 즐겨 활용한다. 바깥 바다는 얼음으로 덮
여 있는 데다 낚시를 하려고 구멍을 뚫어도 즉각 얼어붙기 마련이
라, 엄청난 노력을 기울이지 않으면 낚싯대를 드리울 수 있는 상태

아무것도 관통할 수 없
는 밤의 어둠 속에서, 헤
드램프가 또렷하게 드
리운 칠흑 같은 그림자
속에서, 얼음의 무채색
흑백 대비 속에서, 얼음
캠프는 꽁꽁 얼어붙은,
영원한 어둠에 포박된
외계 천체에 세운 연구
기지 같은 느낌을 풍기
기도 한다.

세상의 끝에 홀로　　**165**

극야의 폴라르슈테른호.

를 유지하지 못한다.

저녁에는 배에 있는 인원 모두가 얼음 위에서 축구를 한다. 승무원과 과학자가 한데 어울려 경기를 한다. 우리는 순식간에 '랍테프해 경기장'을 지었다. 깃발로 골대를 만들고, 대형 LED 조명으로 스포트라이트를 구축해 야간 조명이 가능하게 한다. 그리고 당연히 경기장 밖에는 북극곰 감시원이 두 명 배치됐다. 결국, 이것은 지구 최북단, 북극 얼음 황무지 한가운데에서 펼쳐지는 축구 경기이므로 무장 경호원이 필요하다. 하지만 이 축구 시합은 다른 어느 곳에서 열리는 경기만큼이나 열정적으로 진행된다. 우리 모두 축구 경기가 어디서 개최되는지, 어떤 조건에서 열리는지 깡그리 잊은 듯하다.

2019년 11월 15일, 쉰일곱 번째 날

스키를 타고 ROV 시티를 지난다. 처음에는 계속 도로로 달리다가, 나중에는 시티를 벗어나 어둠 속으로 진입한다. 내 뒤쪽의 지평선에는 보름달이 있다. 보름달은 눈과 얼음으로 이루어진 하얀 풍경을 창백하고 비현실적인 빛으로 물들이고 있다. 높이 솟은 압축 얼음이 평지 사이에서 밝은 띠처럼 돌출되어 보인다. 그 사이로 짙은 어둠이 그림자처럼 드리워져 있다. 기이한 얼음 형성물이 창백한 빛을 받으며 뻣뻣하게 서 있다. 내 뒤에 있는 폴라르슈테른호의 불빛이 점점 작아지고 있다.

바람도 불지 않고 섭씨 영하 15도로 비교적 따뜻하다. 스키도 오늘은 따뜻한 눈 위에서 잘 미끄러져서, 평소 기온이 낮을 때보다 훨

스키를 타고 장거리 얼음 여행을 하는 도중에 본 달무리. 달무리는 무채색 어둠의 세계에 파묻혀 있다.

씬 부드러운 소리를 낸다. 기온이 낮으면 눈이 무뎌져서 스키가 잘 나가려 들지 않는다. 머리 위로 맑은 하늘이 펼쳐져 있다. 달빛이 만연한데도, 반짝이는 별이 무수히 하늘을 덮고 있다.

종종 그렇듯이 공기는 어리어리한 얼음 결정체로 가득하다. 이러한 공기 속에서 달빛은 굴절된다. 바로 앞에는 달무리가 하늘 높이 떠 있다. 달무리는 창백하고 무채색이며, 무지개만큼 크다. 달은 바로 맞은 편에 떠 있다. 달빛을 받은 내 머리의 그림자가 눈 위에 드리워져 있다. 그런데 이 그림자는 바로 달무리 중심부에도 자리 잡고 있다. 어떻게 이런 특이한 현상이 일어나는 걸까? 달무리가 형성되려면 공기 중에 떠다니는 물방울이 필요하다. 그러니까 여기에도 분명 얼음 결정체 사이에 물방울이 있다는 건가? 대기 온도 영하 15도에서 유동성 물방울을 발견하는 건 그리 드문 일은 아니다. 작은 물방울은 쉽게 얼지 않고, 훨씬 낮은 온도에서도 액체 상태를 유지하는 경우가 많기 때문이다. 이번 연구에서 물방울이 응결되는 과정을 파악하는 것은 대단히 중요한 주제로 꼽힌다.

하지만 나는 그런 조건에서 예상되는 응결된 물방울이 실제로 있는지 아직 파악하지 못했다. 영하의 낮은 온도에서 공기 중에 떠다니는 물방울은 표면에 닿자마자 즉시 얼어붙어, 얇은 얼음층으로 모든 걸 빠르게 덮어버리기 때문이다. 이런 현상은 안경이나 극지방용 방한복에서 빠르게 감지할 수 있다. 헬리콥터가 이런 조건의 기습 공격을 받아 결빙되어 비행 능력을 잃으면, 우리에게는 악몽이 아닐 수 없다. 하지만 여기에는 결빙의 흔적은 없다. 아마도 내 앞의 얼음 위에 매우 얇은 혼합 위상 구름이 있을 것이다. 이 구름은 일부는 물방울, 일부는 얼음 결정체로 이루어져 있지만 내게 닿지

아크릴에 보존된 눈 결정체. 눈 결정체는 겨울철 매우 낮은 온도에서 공기를 떠다니는 경우가 많다. 대기를 가득 채운 눈 결정체에 헤드램프를 비추면 반짝이는 작은 별처럼 빛난다. 결정체 지름은 약 1센티미터다.

않는 지점에 있을 수 있다.

내 주변에는 거대하고 아름다운 눈 결정체가 하늘에서 하나씩 내려와, 아주 천천히 떠다닌다. 최대 1센티미터 크기이며, 평평한 작은 별 모양이며, 가지가 아주 미세하면서도 복잡하게 갈라져 나와 있다. 헤드램프 불빛을 받자 눈 결정체는 잠깐 반짝 빛난다. 마치 작은 거울처럼 빛이 바로 내 눈에 반사되어, 마법처럼 공기 중에서 반짝인다. 배로 복귀하며, 아주 조심스럽게 얼음 별 몇 개를 모은다. 얼음 별은 날아가 버리기 쉽고 연약해 부서지기 쉽다. 아주 살짝만 닿아도 바스러진다. 그럼에도 몇 개를 온전하게 슬라이드에 붙이고, 특수 용액을 사용해 유리 커버 아래에 보존하는 데 성공한다. 용액은 얼음 결정체 주위에서 며칠 동안 추위를 겪다가 굳어지며, 시간이 지나면서 결정체에 함유된 소량의 물은 확산된다. 결정체 각인刻印은 마지막 디테일까지 보존되고, 이후 단단하게 굳어진 하얀색 투명 아크릴 형태로 나타난다. 나는 이 기술을 정비사 토마스에게서 배웠다. 그는 오랫동안 노이마이어 기지에 근무하면서 이 기술을 완벽하게 익혔다. 이렇게 해서 나는 평소에는 사라지기 쉽고 부서지기도 쉬운 북극의 예술 작품 몇 점을 집으로 가져갈 수 있게 됐다. 사랑하는 가족들에게는 분명 멋진 선물이 될 것이다.

주말에는 풍력 7~8계급의 강풍은 물론 9 또는 10계급의 돌풍도 동반한 폭풍우가 예보되어 있다. 풍속이 시속 100킬로미터에 육박하면, 격렬한 폭풍이 될 것이다. 나는 조심하자는 차원에서 마르셀의 주도로 일요일에 떠나기로 계획했던 양배추 투어를 취소한다. 양배추 투어는 북부 독일의 전통으로, 추위를 뚫고 멀리 도보 여행을 떠나면서 김이 모락모락 나는 초록 양배추를 먹는 행사다.

5장
극야의 폭풍우

2019년 11월 16일, 쉰여덟 번째 날

토요일 오전 7시. 슈테판 슈바르체와 나는 사령교에 선 채 그날 일정을 논의하고, 폭풍우가 몰아치는 광경을 지켜본다. 사령교 배후에는 커피머신이 부글거리고, 하루를 여는 첫 잔의 향기를 발산한다. 오늘도 아침 일과로 회의가 있는데. 여느 아침과는 달리 다음과 같은 사람들이 참석한다. 선장 대리인으로 1등 항해사 우베 그룬트만Uwe Grundmann, 내 대리인으로 마르셀 니콜라우스, 엔진을 담당하고 승무원을 총지휘하는 수석 책임자 옌스 키저Jens Kieser, 무선 통신사 게르트 프랑크Gerd Frank, 선의(船醫, 배 안에서 승무원들의 건강을 살피는 의사-옮긴이) 불프 미어쉬Wulf Miersch다. 여담이지만 우리 모두 그를 그냥 닥Doc이라고 부른다. 평소처럼 오전 7시 20분경에 작업 갑판에서 근무 중인 갑판장이 회의에 참석하기 위해 전화를 건다. 갑판장은 갑판 선원의 수장으로, 그날 갑판에서 진행하는 모든 작업을 지휘한다.

언제나 그렇듯이, 명확하게 확인해야 할 사항이 몇 가지 있다. 밤새 특이한 일이 있었는가? 오늘 승무원은 어떤 작업을 꼭 해야 하는가? 어떤 크레인 작업이 예정되어 있으며, 폭풍우가 다가오면 이 중에서 어떤 작업을 수행할 수 있는가? 기타 등등. 하루에 한 번, 배에서 일어나는 모든 사안을 철저하게 합의한다. 이는 우리 모두가 한마음으로 참여하는 의식이다. 오늘은 모든 것이 정상적으로 진행되고 특별한 사건도 없다. 분위기는 다소 느긋하다. 오늘은 괜찮은 날이 될 것이다.

그런데 갑자기 쿵 하고 큰 소리가 터져 나온다. 충격이 배 전체를 관통한다. 배가 앞뒤로 흔들리다가, 발밑에서 진동이 느껴진다. 이와 동시에 선수 구역에서 삐걱거리는 소리가 나기 시작한다. 우리 바로 앞에 있는 얼음에는 엄청난 압력이 가해져 더 이상 견뎌낼 수 없는 지경에 이르렀다. 그 결과 얼음은 우리 배 선수 앞에 있는 능선을 따라 갈라졌다. 우리 배 우현 쪽에 있는 얼음이 전방에 있는 얼음을 밀치고 아래로 밀려 들어간다. 유빙이 단층선에서 수 미터 높이로 솟았다가 자기 무게를 이기지 못하고 바다로 가라앉고, 이후 뒤따라 솟아오르는 다른 유빙 밑으로 밀려 들어간다. 그리하여 완전히 새로운 빙산이 생성된다. 이는 수백만 년 동안 지구 대륙판의 표류를 통해 새로운 산맥이 형성되는 과정과 똑같다고 보아야 한다. 지금 우리는 판구조론을 엄청나게 빨리 돌린 영상으로 감상하고 있는 거나 다름없다. 판구조론에서 중요한 역할을 하는 힘은 지금 이곳에서 작용하는 힘과 동일하다. 그리고 이 힘이 빙산을 펼쳐내고 있다.

새로운 산등성이의 무게로 얼음은 광범위하게 아래쪽으로 눌린

다. 물이 틈새로 스며들고, 새로운 압축 얼음 능선을 따라 지역이 침수된다. 그 결과 능선 양쪽에, 헤드램프로 비추면 초록색으로 아름답게 빛나는 연못이 형성된다. 산봉우리, 깊은 협곡, 커다란 호수가 있는 얼음 풍경이 한꺼번에 형성됐다. 그것도 불과 몇 분 안에.

마법에 홀린 기분으로 그 광경을 지켜본다. 불프 미어쉬는 휴대폰으로 촬영한다. 머지않아 얼음 압력이 약해지고, 얼음 내부에서 밀기와 누르기 간의 역학 관계도 감소한다. 20분이 지나자, 바깥에 있는 모든 것이 다시 완전히 잠잠해진다. 하지만 주변 환경이 바뀌었다. 다시 한번 말이다. 그리고 우리는 신속하게 대응해야 한다.

지금 우리 앞에는 훨씬 높은 새로운 얼음 능선이 있다. 이 능선은 주 전선에 가까이 다가간 상태라, 자칫 집어삼킬 위험이 있다. 게다가 더 나쁜 것은, 이와 동시에 새로운 얼음 능선 곳곳에 수직 방향으

최근 새로운 압축 얼음 능선이 뒤엎어 버려 완전히 바뀐 환경에서, 얼음 위 작업을 진행하고 있다.

로 일련의 틈이 벌어졌다는 사실이다. 틈은 특별히 넓게 벌어지지는 않았다. 일부는 30센티미터가 채 안 되는 것도 있고, 아무리 넓게 벌어져도 1미터 정도다. 하지만 균열은 곧장 우리 요새 쪽으로 향해 있고, 그중 적어도 한 개는 요새 안으로 직진하는 것으로 보인다. 우리가 의지하는 안정적인 기반에 균열이 생겼다!

이 균열 무리는 계속 뻗어 나가 (또다시!) ROV 시티의 전선과 도로를 횡단한 다음, 원격 감지 사이트로 계속 나아간다. 그러고는 오션 시티에 이르러 캠프의 중추인 주요 도로와 주 전선을 가로지르고, 이후 벌룬 타운의 요새 안으로 사라진다. 균열은 특히 원격 감지 사이트 구역에서 여러 갈래로 갈라져 얼음 위 장비와 가까운 지점까지 이어진다. 이 중 일부는 원정에 가지고 온 것 중 가장 비싼 장비다. 구역 전체가 안정성을 잃은 게 확실하다.

팀이 신속하게 출동해 이쪽으로 가까이 뻗어 온 얼음 능선으로부터 주 전선을 보호하고, 위험에서 멀리 떨어진 선미 쪽으로 옮긴다. 또 다른 팀은 원격 감지 사이트로 출발해, 장비를 면밀하게 살펴보고 위험에 빠질 가능성이 있는 장비를 복구한다. 다행히 얼음 활동이 일단 잠잠해진 터라, 작업은 서두르지 않고 진행할 수 있었다.

다른 대원은 폭풍우를 대비해 배를 준비한다. 빙판에 있던 불필요한 장비는 배로 다시 옮긴다. 스노모빌 네 대는 크레인을 통해 배로 인양했다. 그렇게 해야 폭풍우를 확실하게 견뎌낼 것이다. 나머지 스노모빌 네 대는 얼음 위에 남겨둔다. 이렇게 하면, 필요한 경우 폭풍우가 한창 몰아쳐도 신속하게 행동을 취할 수 있다. 우리는 주 송전선과 데이터 케이블을 새로운 압축 얼음 능선에서 조금 멀리 떨어진 곳으로 옮기고, 그곳이 안전하기를 바란다.

오후에는 스키를 타고 캠프로 가서 점검을 다시 실시한다. 현재 풍력은 8계급이지만, 동시에 믿을 수 없을 정도로 따뜻하다. 폭풍우가 다가오면서, 기온은 섭씨 영하 8도까지 올라갔다. 극지방용 방한복을 입은 나는 땀을 흘린다. 강풍이 얼굴을 물어뜯지 않아, 방한복으로 얼굴을 완전히 가릴 필요도 없다. 오늘은 동상에 걸릴 위험이 별로 없어 보인다. 폭풍이 몰려오면서 쌓였던 눈이 휘몰아치지만, 눈보라는 아직 잘해보아야 1미터 높이 정도밖에 되지 않는다. 하지만 눈보라가 흩날려, 헤드램프로 전방을 비추어도 더 이상 바닥까지 보이지는 않는다. 스키를 타고 눈발이 휘날려 굽이치는 바다를 지나, 어둠 속으로 진입한다.

지금 막 눈이 내리기 시작했기 때문에, 유빙 위로는 아직 잘 보인

폭풍우가 폴라르슈테른 호로 다가오고 있다.

다. 혹시 북극곰이 있는지, 곰이 나타나도 인식 가능한지 확인한다. 이제 1시간 내로 야외를 돌아다니는 것이 더 이상 안전하지 않을 수 있다. 강설이 심해지면 시야가 매우 좁아지기 때문이다. 이는 남극과 차이가 나는 광경이다. 남극에서는 훨씬 더 심한 폭풍우가 몰아닥쳐도 계속 돌아다녔다. 팽팽하게 설치된 가이드라인 밧줄에 매달려, 밧줄이 가리키는 방향을 따라 전진했다. 물론 두 발은 보이지도 않고, 바로 눈앞의 두 손도 거의 알아볼 수 없었지만 말이다. 하지만 남극에서는 기껏해야 눈보라에 숨어 있는 펭귄들에게 발이 걸려 넘어질 뿐이다. 게다가 펭귄은 사람을 잡아먹으려 들지도 않는다(북극은 북극곰 때문에 훨씬 위험하다는 의미다-옮긴이)!

캠프에서는 모든 것이 최대한으로 안전하다. 폭풍우에 휘말려 날아가 버리거나, 이미 형성된 눈더미에 파묻혀 형체도 없이 사라질 만한 것은 주변에 전혀 없다. 모두 배로 귀환하고, 연결 통로가 올라간다. 자칫 폭풍이 배 안으로 들이닥칠 수도 있다!

여러 겹으로 끼어 입은 옷을 벗은 뒤, 선실에서 커피를 끓인다. 멋진 음악 〈부에나 비스타 소셜 클럽Buena Vista Social Club〉을 틀고 일지를 쓴다. 모든 게 준비가 잘되어 있고, 어차피 나는 이제 더 이상 감행할 수 있는 일이 없다. 긴장이 풀리기 시작한다. 여기서는 좀처럼 느끼기 쉽지 않은 감정이다.

이 말은 좀 이상하게 들릴지도 모르겠다. 바깥에는 폭풍우가 미친 듯이 몰아친다. 더욱이 점점 더 강해진다. 폭풍은 배 주위를 둘러싸고 울부짖으며 뒤흔들고 있다. 우리는 아무도 찾지 않는 북극 얼음 한가운데에 완전히 고립되어 있다. 안전한 듯 보이는 유빙은 언제든지 부서질 수 있다. 그럼에도 나는 편안히 저녁 시간을 보내고 있다. 물론 정기적으로 사령교에 들르지만, 이런 행위는 점점 더 무의미해진다. 강력한 폭설이 주변의 모든 시야를 막아버리니까. 밖에는 돌풍을 타고 휘날리는 눈보라만 보일 뿐이다. 그렇다 해도, 미리 준비를 잘해두면 더 이상 아무것도 하지 않아도 된다. 이 점이 매우 안심된다. 결국, 일찍 잠자리에 든다. 수면으로 체력을 보충하는 것이, 앞으로 닥칠 일을 대비하는 최선의 방법이다.

2019년 11월 17일, 쉰아홉 번째 날

사령교에서 온 날카로운 전화벨 소리가 선실을 뒤흔드는 바람에, 밤잠은 갑자기 중단된다. 오전 5시다. 폭풍이 배를 계속 뒤흔들고 있지만, 강설이 줄어들면서 주변 시야가 트여 한 편의 드라마 같은 풍경이 드러나고 있다.

폭풍우가 이 모든 일을 해냈다. 어젯밤 균열이 났던 곳에는, 이제 자잘한 빙원으로 이루어진 잔해 지대가 우리 눈앞에 드넓게 펼쳐져 있다. 빙원은 폭이 30~40미터나 되는 '리드(lead, 얼지 않은 수로)'에서 헤엄친다. 이 개수면은 우리 배 선수 앞 좌우로 50미터 떨어진 곳에 펼쳐져 있어, 우리 시계視界를 벗어난다. 리드는 우현에서 ROV 시티로 가는 도로와 전선을 가른 뒤, 요새 방향으로 계속 이동해 오션 시티 바로 뒤에 있는 '척추'의 주요 도로를 절단시킨 다음, 요새 깊숙한 곳으로 사라진다. 어쨌든 잔해 지대는 요새로 들어서면서 폭이 좁아지고, 요새에서는 사실상 현재 폭이 약 10미터밖에 되지 않는 단일 균열로 제한된다. ROV 시티에 있는 700킬로그램짜리 배전기는 물론, 마찬가지로 무거운 배 옆의 주 배전기도 당연히 밤새 폭풍우에 시달리다 나가떨어졌다. 이 두 개의 장비는 옆으로 나동그라졌

바람은 어떻게 불까?

풍속에는 수많은 공통 단위가 있어 계속 변환해야 한다. 풍속은 초속 미터(m/s)로 표시하는 것이 가장 좋다. 이 표기는 표준화된 물리적 단위 체계(국제단위계)에 해당하기 때문이다. 그런데 많은 이에게는 풍속을 시속 킬로미터(km/h)로 표시하는 것이 훨씬 이해하기 쉬울 것이다. 또한, 여전히 매우 흔하게 사용되는 전통적인 단위 체계가 두 개 있다. 항해와 항공에서 풍속은 노트(kn)로 표시되는 경우가 많다. 노트는 시속 해리海里에 해당한다. 그리고 기상학에서는 보퍼트 풍력 계급(Bft)이 널리 사용된다. 보퍼트 풍력 계급은 일반적으로 발생하는 풍속을 고요(0Bft)에서 싹쓸바람(12Bft)까지 12개 범주로 나눈다. 미국 시스템은 오늘날에도 풍속을 구식 단위인 시속 마일(miles per hour, mph)로 표시된다. 여기서는 해상 마일보다 다소 짧은 육상 마일을 기준으로 사용한다.   *

보퍼트 풍력 계급

계급	풍력 표시	km/h	kn	m/s	mph
0	고요	0 – <1	0 – <1	0 – 0.2	0 – 1.1
1	실바람	0 – 5	1 – 3	0.3 – 1.5	1.2 – 4.5
2	남실바람	6 – 11	4 – 6	1.6 – 3.3	4.6 – 8.0
3	산들바람	12 – 19	7 – 10	3.4 – 5.4	8.1 – 12.6
4	건들바람	20 – 28	11 – 15	5.5 – 7.9	12.7 – 18.3
5	흔들바람	29 – 38	16 – 21	8.0 – 10.7	18.4 – 25.2
6	된바람	39 – 49	22 – 27	10.8 – 13.8	25.3 – 32.1
7	센바람	50 – 61	28 – 33	13.9 – 17.1	32.2 – 39.0
8	큰바람	62 – 74	34 – 40	17.2 – 20.7	39.1 – 47.1
9	큰센바람	75 – 88	41 – 47	20.8 – 24.4	47.2 – 55.1
10	노대바람	89 – 102	48 – 55	24.5 – 28.4	55.2 – 64.3
11	왕바람(폭풍)	103 – 117	56 – 63	28.5 – 32.6	64.4 – 73.5
12	싹쓸바람(태풍)	118부터	64부터	32.7부터	73.6부터

고, 아랫부분에 달린 활주부는 허공을 향해 있다.

하지만 전선 그 자체가 가장 긴급한 문제다. ROV 시티 송전선은 기둥에서 완전히 찢겨 나갔다. 송전선은 마치 고무처럼 구부러진 얼음 선로를 가로지르다가, 어느 얼음덩어리 모서리에 비스듬히 걸려 있다. 송전선 전압은 아직 최대 상태다.

서둘러 조치해야 한다. 케이블은 언제든지 손쓸 겨를 없이 찢어져 파손될 수 있다. 나는 물류 팀의 아우든 톨프센과 한스 호놀트를 깨운다. 한스에게 사령교 감시를 맡기고 아우든과 함께 서둘러 얼음 위로 달려간다. 우선 ROV 시티 송전선의 전압을 차단하기 위해서다. 그러나 부분 장전된 무기를 꺼내, 북극곰 등 위험이 닥치면 바로 사격할 수 있도록 대비한 다음에야 전압 차단이 가능하다.

폭풍우는 여전히 몰아치고 있다. 돌풍은 풍력 9계급 또는 그 이상이다. 현재 기온은 섭씨 영하 20도다. 온도가 순식간에 12도나 떨어졌다. 이렇게 기온이 급강하한 것은, 지금 폭풍을 일으키는 저기압 한랭전선이 우리 위를 지나간다는 의미다. 속눈썹이 빠르게 얼어붙는 기상 조건이다.

배전기에 도착하기도 전에, 두꺼운 함에 배전기 케이블을 넣어 보호하는 고정장치의 플러그 연결부가 찢어졌다. 이제 전류가 나갔던 송전선에 다시 전류가 튄다. 일이 다시 잘 풀린다.

심지어 언뜻 보기에는 배전함에 연결된 플러그도 실제로 손상되지 않은 상태인 듯하다. 그러나 배전함에서 ROV 시티 방향으로 뻗어 있는 송전선은, '리드' 구역 주변 유빙으로 뒤덮인 혼돈 속으로 사라졌다. 그래서 단기간에 송전선을 끄집어내지는 못한다. 우리는 느슨해진 케이블을 잔해와 배전함 사이에 있는 평탄한 얼음 위에 놓아서, 얼음이 다시 움직여도 더 이상 걸려들지 않도록 한다. 지금 전원이 끊어졌으니, 리드 반대편 ROV 시티에서 발하던 따뜻한 빛은 당연히 꺼졌다.

우리는 캠프의 중추인 '척추'를 따라 설치된 기반 시설을 자세히 살펴본다. 예상대로 리드 너머에는 모든 램프가 꺼졌다. 메트 시티와 원격 감지 사이트는 완전히 죽었다. 하지만 벌룬 타운의 주황색 대형 천막은 여전히 빛나고, 폭풍우와 어둠 속에서도 위안이 되는 은은한 불빛을 발하고 있다. 이는 오션 시티의 배전기가 여전히 전력을 분배한다는 의미다.

동행한 동료와 나는 높이 쌓인 눈에서 스노모빌을 파낸다. 스노모빌을 열고 온통 눈으로 뒤덮인 구동 장치에서 눈을 제거한다. 몇 분간의 작업 끝에 구동 장치는 실제로 출발 준비 상태로 복구된다. 우리는 스노모빌을 타고 오션 시티로 향한다. 배전기 뒤에는 엄청난 혼란이 펼쳐졌다. 다리가 세 개 달린 기둥이 사방에, 얼음 위에 이리저리 놓여 있다. 이 기둥에 장착된 전선과 데이터 케이블은 이곳에서 메트 시티, 원격 감지 사이트, 벌룬 타운까지 연결되므로, 보통 상황이 아니다. 또한, 두꺼운 주황색 케이블 두 개 중 하나는 이곳에서 사라지고, 나머지는 얼음 압력으로 균열 지대 가장자리가 들어 올려진 얼음덩어리 아래로 사라졌다.

배전기에서 원격 감지 사이트 케이블 전류를 끊은 다음 케이블을 우리 쪽으로 끌어당긴다. 케이블은 저쪽 원격 감지 사이트에 있는 배전기에서 완전히 찢겨 나갔다. 마침내 케이블의 행방을 완전히 따라잡아 물에서 끌어내어 회수해 보니, 케이블 끝부분이 풀어헤쳐져 있었다. 벌룬 타운까지 가는 케이블의 장력은 계속 살려두

얼음 위를 어떻게 이동할까?

유빙에는 정해진 길과 도로가 있다. 모든 발자국, 모든 스노모빌 흔적은 쌓인 눈과 그 아래에 있는 얼음의 특성을 변화시켜, 측정이 변조될 수 있다. 그렇기 때문에 누구도 이 정해진 길에서 벗어나지 못한다. 원정대원은 A에서 B로 도달하기 위해 몇 가지 가능성 중에서 선택할 수 있다.

- **도보**: 짧은 거리를 이동하는 경우, 깃발로 표시된 정해진 경로로 걸어간다. 도구나 장비를 운반할 때는 풀카pulka를 사용한다. 풀카는 작은 썰매로 얼음 위를 쉽게 끌 수 있다.
- **스노모빌**: 스노모빌은 뒷부분에 체인 장치가 있고 앞부분에 활주부가 있다.
- **난센 썰매**: 스노모빌에 연결되어 있으며 사람과 설비를 운반하는 데 사용된다. 짧은 거리를 가는 경우 손으로 끌고 갈 수도 있다. 그리고 거꾸로 뒤집으면 얼음의 갈라진 틈을 가로질러 올라갈 수 있는 훌륭한 임시 다리가 된다.
- **스키**: 장거리를 이동하는 데 매우 유용하다.
- **카약**: 겨울에는 균열 지대와 리드를 가로지르고, 여름에는 개수면과 얼음이 녹은 대형 웅덩이를 건너는 데 이용된다. 더 큰 기기를 운반해야 할 경우, 카약 두 척을 함께 묶은 쌍동선이나, 속이 빈 플라스틱 블록을 이어 연결한 폰툰pontoon을 사용하면 매우 유용한 것으로 입증됐다.
- **아르고Argo**: 소형 무한궤도 차량으로, 유빙 위에서 적재물을 옮기는 데 사용된다.
- **피스텐불리**: 대형 무한궤도 차량이다. 무거운 짐을 싣고 이동하는 데 쓰인다. 아울러 유빙에 활주로 같은 광활한 설정 노선을 만들기 위해 얼음 표면을 갈고 닦을 수 있다. 피스텐불리의 무게를 버티기 위해, 얼음 두께는 최소 1미터는 되어야 할 필요가 있다.
- **개 썰매**: 역사적으로 널리 원정에 쓰인 사례가 많고, 오늘날에도 스피츠베르겐섬 연구 기지에서 활용된다. 하지만 이번 모자익 원정에는 활용되지 않는다. 연구자들은 가능한 한 유빙이 외부 영향을 받지 않는 상태를 유지하려고 한다. 예를 들어 동물 털은 측정 결과를 변조할 수 있다. *

지만, 균열 지대 쪽으로 들어간 케이블은 약간 제거해 안전을 확보한다. 그러나 메트 시티는 빠르게 구호 조치를 할 수 없다. 리드 구역의 반대쪽에 위치하기 때문이다. ROV 시티의 경우와 마찬가지로 메트 시티의 케이블도 잔해 지대의 얼음덩어리와 유빙 아래로 덧없이 사라졌다. 메트 시티 관련 작업은 더 큰 규모의 팀이 차분히 해야 할 것이다.

그래서 우리는 우선 배로 복귀해 케이블 구조 작업 일정 계획을 짠다. 아우든은 이미 이런 경우에 대비해 카약 두 척을 목재와 끈으로 연결, 유연성 있는 쌍동선雙胴船을 만들었다. 이제 쌍동선의 도움을 받아야 한다. 아침 식사 후, 8명으로 구성된 팀이 카약 쌍동선의 뒤를 잡아끌고 오션 시티의 균열 지대로 출발한다.

오션 시티에 이르자 쌍동선을 물에 띄우고 두 사람이 올라탄다. 그런 다음 메트 시티로 가는 전선을 연결부에서 바로 끊는다. 스노모빌이 강력하게 잡아당기니, 이제 매끈하고 느슨한 케이블 끝부분이 얼음덩어리가 뒤엉킨 혼돈에서 끌려 나와 안전을 확보한다. ROV 시티 케이블에 대해서도 똑같은 절차를 반복한다. 그런 다음 팀 전체가 무사히 배로 복귀한다.

저녁 무렵, 균열 지대에 있는 모든 얼음이 융기해, 폭이 100미터가 넘는 수역이 형성된다. 그 사이로 유빙이 부서진 작은 얼음 조각이 떠다닌다. 뱃머리와 유빙을 연결한 줄 세 개 중 두 개에는 작은 얼음덩어리만 박혀 있다. 이 얼음덩어리는 개수면에서 활발하게 철썩거리며 노닐고 있다. 좌현에는 얼음이 서로 벌어져 있는데, 그 틈새의 폭은 거의 100미터에 이른다. 마지막 뱃머리 줄만이 8계급 풍력에 맞서가며 우리를 유빙에 붙잡아 두고 있다. 이 줄은 엄청난 장력을 받고 있어, 언제라도 찢어지거나 강철 얼음 닻을 뽑아버릴 수 있다. 그렇게 되면 여기서 우리를 붙잡아 두는 것은 더 이상 아무것도 없게 되고, 배는 완전히 통제력을 잃고 얼음 가장자리에서 이탈해 떠내려갈 것이다.

이런 위급 상황에서는 엔진 시동을 거는 시간이 너무 오래 걸린다. 선장은 우리와 잠시 상의한 후 기관실에 전화를 건다. 그러고는 안전을 위해 네 개의 주 엔진 중 두 개의 시동을 걸어, 폴라르슈테른호가 다시 활성화되고 배를 제어할 준비를 확실하게 마친다. 강제로 스크루 프로펠러에 추진력을 가하거나 측면 제트 추진을 한다면, 엄청난 해류가 유빙에 최후의 일격을 가할 것이다. 그렇다면 우리는 무엇을 해야 할까? 이 마지막 줄이 끊어지면, 배는 물속에서 자유롭게 표류하게 되고, 그렇게 되면 우리는 기동성을 확보해야 한다. 지난 몇 주 동안 추진력 없이 지내던 폴라르슈테른호는, 이제 엔진 피스톤이 쿵쾅거리는 소리에 맞춰 다시 진동한다. 이대로 우리의 연구 도시는 끝인가?

2019년 11월 18일, 예순 번째 날

아침이 되자 깜짝 놀랄 상황이 기다리고 있다. 밤새 얼음 압력이 다시 증가해, 모든 게 다시 한데 밀려 모였다. 마치 기적이 일어난 듯, 수십 개의 작은 유빙 파편이 모두 예전에 있던 장소에 완전히 정확하게 복귀했다. 퍼즐을 맞추듯 유빙이 다시 조립된 것이다. 마치 이번 원정에 '모자익'이라는 명칭이 얼마나 잘 어울리는지(모자익MOSAiC·Multidisci-plinary drifting Observatory for the Study of Arctic Climate은 '북극 기상 연구를 위한 다학제 부동浮動 관측소'를 말하면서 '조각무

크 그림'을 뜻하는 미술 용어 모자이크mosaic와도 철자가 같기 때문이다-옮긴이)
우리에게 증명이라도 하려는 듯 말이다. 그래서 폴라르슈테른호의
주 엔진을 다시 휴면 상태로 돌려놓는다. 배가 다시 안전하게 얼음
안에 위치하니, 여기서 엔진은 더 이상 필요 없다.

캠프 상태를 점검하고 안전하게 도달할 수 있는 구역은 어디인
지 평가하기 위해 바깥으로 나간다. 평균 풍속 40노트, 그러니까 초
속 약 20미터에 달하는 폭풍이 몰아치고 있다. 사방에서 유빙 파편
이 서로 밀치고 누르고 있다. 그 사이에 너비가 3미터나 되는 틈이
벌어졌다. 틈 속에는 부스러지고 갓 언 얼음 진창으로 가득 차 있다.
이러한 틈 중 상당수가 바람에 날리는 눈이 가로막아 잘 보이지 않
는다. 얼음을 가로질러 가려는 이에게는 위험한 함정이다. 이 틈을
간과하고 무심코 발을 들여놓았다가는, 가볍게 흩날리는 눈과 그
아래 얼음 진창을 삽시간에 뚫고 얼음물 속으로 착륙하게 될 것이
기 때문이다. 의심스러운 지역에서는 안전하게 건너기 위해 항상
막대기로 수심을 재야 한다.

이 미로 같은 유빙을 건너기 위해, 우리는 계속 임시 다리를 건설
해야 한다. 이를 위해 난센 썰매를 균열 지대 위로 민 다음 뒤집으
면, 멋진 이동식 다리를 만들 수 있다. 그러는 동안 유빙은 영구히
우리 발밑에서 움직이고 위치를 옮긴다.

하지만 이 모든 혼란 속에서 우리는 운이 좋았다. 지금까지는 모
든 설비 장치가 순조롭게 돌아가는 듯하니까. 바다에 가라앉거나
긴급한 위험 상태에 빠진 듯한 것은 아무것도 없다. 30미터 높이의
기상관측기용 마스트가 폭풍우에 시달려, 지금은 구부러진 모양이
되어 검은 하늘 아래에서 구불구불 움직인다. 그러나 지지줄에 의

해 똑바른 상태를 유지하고 있어, 수리가 가능해 보인다.

벌룬 타운의 대규모 격납고가 약간 비뚤어져 있어서, 격납고 아래 묶여 있는 계류기구인 미스 피기가 깔릴 위험이 있다. 고압 상태의 공기를 주입하는 호스가 이 격납고를 지탱하고 있다. 세찬 돌풍이 천막 측면을 강타할 때마다, 호스의 압력 조절 밸브가 반응해 공기가 쉭쉭 소리를 내며 빠져나간다. 그런데 원래 호스를 통해 공기를 보충해야 하는 압축기의 자동 압력 제어 시스템이 정전 때문에 꺼졌고, 다시 작동되지 않았다. 우리는 압력 조절 밸브를 잠그고, 압축기를 다시 작동시킨다. 격납고가 다시 빠르게 똑바로 펴진다. 앞으로 폭풍우가 몰아닥쳐도 잘 견뎌낼 것이다.

이로써 긴급 작업을 마쳤다. 우리는 배로 귀환한다. 정오가 지나

뒤집힌 난센 썰매와 목재 팔레트로 임시 다리를 만들고 있다. 원정대원은 이 이동식 다리를 이용해 계속 균열 지대를 가로질러 나가야만, 얼음을 건너 연구 도시에 다다르는 경우가 많다.

극야의 폭풍우

폭풍이 지나간 후 벌룬 타운의 격납고가 다시 똑바로 서고 안정을 되찾았다.

자 폭풍은 서서히 잦아들고, 이제 우리는 보류했던 일을 분배한다. 폭풍으로 쓰러진 전력망용 스탠드를 다시 똑바로 세우고, 고장 난 스탠드를 교체해야 한다. 전체 전력망을 다시 구축하고, 삽과 곡괭이로 눈에 파묻힌 도로망을 복구해야 한다. 부서진 유빙 영역에 위험 지점 표시를 해야 하는 등등이다. 각 팀은 얼음 위에서 흩어져 바쁜 오후를 보낸다. 저녁이 되자 우리는 업무를 재개한다. 다시 원정 활동을 할 수 있게 됐다!

2019년 11월 19일, 예순한 번째 날

자정 무렵, 깊은 잠에 막 빠졌는데 사령교에서 전화가 왔다. 메트 시티의 30미터짜리 마스트가 사라졌다!

사령교로 가 이 광경을 직접 본다. 균열 지대 남서쪽의 빙원 전체가 50~100미터 정도 좌측으로 이동했다. 이 빙원에는 메트 시티와 ROV 시티가 포함됐다.

하지만 균열 지대 자체는 대부분 계속 폐쇄된 상태다. 하지만 이 지대를 가로지르는, 눈에 잘 띄지 않는 가느다란 균열이 형성됐다. 이 균열은 정확히 바로 기상관측기용 마스트의 바닥과 이를 고정하는 닻 사이에 나 있다. 한편 마스트 바닥과 닻을 당기는 두 개의 지지줄은 땅에 박혀 있다. 이는 마스트 바닥을 옆으로 옮기기에 충분한 위력을 발휘했다. 말하자면 마스트의 발을 떼게 한 것이나 다름없다. 그래서 탑(마스트-옮긴이)은 스스로 무너졌고, 지금은 구부러진 폐허가 되어 균열 위에 쓰러져 있다. 지금으로서는 할 수 있는 게 아무것도 없다.

날이 밝은 뒤(또는 극야가 계속되는 와중에 '날이 밝았다'라고 쳐야 할 시간이 온 뒤) 우리는 균열과 얼음 능선의 혼돈을 뚫고 메트 시티로 돌진하는 길을 찾는다. 탑의 폐허는 수거됐고 마스트 꼭대기에 장착된 기기도 구조됐다. 상태는 좋아 보이지 않는다. 공기 중의 난류를 측정하는 초음파 풍속계가 구부러졌고, 아마도 수리 불가능할 듯하다. 하지만 다행히 이와 유사한 기기를 몇 대 보유하고 있다. 이 기기들은 10미터짜리 이동식 탑에 장착되어 동일한 기능을 수행한다. 또한, 현재 사용하지 않는 대체 기기 한 대도 있다. 이 기기는 대형 마스트가 재건되면 아마도 파괴된 기기를 대체할 수 있을 것이다.

얼음 균열 지대는 하루 동안 추진력을 여러 번 겪으며, 좌현 쪽으로 조금 더 밀려난다. 밀려날 때마다 처음에는 어둠 속에서 삐걱거리고 끼익 하는 소음이 들린다. 유빙이 서로 부딪치고 눌러대면서 나는 소리다. 마찰이 일어나는 지대에서는, 작은 얼음 파편이 좁은

오션 시티 근처에서 돌연 5미터 높이의 압축 얼음 능선이 생겨난다. 여기는 불과 2시간 전만 하더라도 평평한 얼음만 있던 곳이다. 이 압축 얼음 능선은 기지를 집어삼킬 듯 위협적이라, 기지를 이전해야 한다.

능선을 새롭게 형성한다. 약 15분 후, 갑자기 움직임이 멈춘다. 처음 시작될 때 그러했듯이.

2019년 11월 20일, 예순두 번째 날

이번에는 밤 11시 30분경에 사령교에서 전화가 왔다. 야간 전화를 받느라 침대에서 일어날 수밖에 없었다. 균열 지대의 남쪽 영역이 움직이기 시작해, 동쪽으로 매우 빠르게 미끄러져 가고 있다. 우리는 사령교 위에서 탐조등 불빛을 비추며 전체적인 상황을 관찰한다. ROV 시티, 원격 감지 사이트, 메트 시티가 마치 보이지 않는 손에 이끌린 듯 차례차례 우리 배 선수 옆을 천천히 지나간다. '시티'들이 좌현 어둠 속으로 사라지는 동안, 당직 항해사는 자기만의 블랙

유머를 발휘해 〈이제는 작별할 시간Time to Say Goodbye〉이라는 노래를 튼다. 노래는 사령교 확성기를 통해 울려 퍼진다. 바깥세상은 움직이기 시작하고, 우리는 무기력한 구경꾼이 되어 이곳에 서 있다.

유빙이 서로 부딪치고 갈아대면서, 훨씬 더 높은 압축 얼음 능선이 균열 지대 영역에 형성된다. 우리 쪽 균열 지대, 즉 오션 시티 근처에는 5미터 높이의 산맥이 생겨난다. 예전에는 평평한 얼음이 펼쳐졌던 곳이다. 산맥은 연구기지를 집어삼킬 듯 위협한다. 다른 쪽에서는 능선 하나가 원격 감지 기기에 점점 가까이 다가가고 있어, 손상을 입힐 위험이 있다.

새벽 1시 무렵이 되자 움직임은 서서히 진정된다. 우리의 도시 계획은 완전히 바뀔 수밖에 없다. 이제 전단대 너머에 있는 연구 캠프 일부는 동쪽으로 600미터 더 떨어진 곳에 있으며, ROV 시티는 다시 한번 가장 멀리 떨어져 있다. 나는 다시 몸을 누인다. 지금 여기서 할 수 있는 건 아무것도 없으니까.

하지만 잠은 그리 오래 지속되지 않는다. 1시간이 채 지나기도 전에 사령교에서 온 전화벨이 날카롭게 울린다. 북극곰 세 마리가 북쪽 연구 캠프에 접근해, 경보용 철사 줄에서 신호 로켓이 두 번 발사됐단다. 얼음 위 설치물에 있던 곰들은 깜짝 놀라 아래 얼음 바닥으로 뛰어내렸다. 하지만 지금은 침착하게 약 500미터의 간격을 거의 일정하게 두고 배 뒤편 주변을 서성이면서, 호기심 어린 눈빛으로 우리를 바라본다. 한 마리는 어미 곰이고 나머지는 반쯤 자란 새끼들이다. 새끼 곰 한 마리는 끊임없이 정찰 활동을 한다. 얼음 위에 있는 모든 깃대와 장비로 달려가 탐색한다. 그러느라 계속 다른 두 마리보다 뒤에 처진다. 눈에 띌 정도로 짜증이 난 어미 곰은 계속 뒤

돌아 새끼에게 따라오라고 야단치고, 그러면 정찰 활동을 하던 새끼 곰은 다른 두 마리를 따라 재빠르게 내달린다. 다른 어린 곰은 항상 어미 곰 곁에서 얌전하게 지낸다. 이 두 새끼 곰은 자기만의 조그마한 개성을 발전시킨 게 분명하다.

북극곰 세 마리는 배 좌현 주위를 계속 돌다가, 균열 하나를 맞닥뜨리고는 멈춘다. 곰들은 한동안 건너갈 길을 찾는다. 어미 곰은 얼음덩어리 이곳저곳을 기어올라 더 나은 시야를 확보하려 한다. 곰들은 분명 발이 젖지 않는 상태로 건너고 싶어 한다! 마침내 어미 곰은 좋은 길을 찾아, 새끼들을 끌고 안전하게 균열 지대를 건넌다. 물론 발도 젖지 않았다. 곰들은 계속 배 주변을 돈다. 호기심 많은 새끼 곰은 길가에 있는 장비를 모조리 살펴본다. 그러다 곰 세 마리는 결국, 우현 전방 어둠 속으로 사라진다. 그 이후로 이 곰들을 본 적이 없다.

다음 날 아침, 오션 시티의 상황은 점점 더 위협적으로 되어간다. 측심연을 투입하기 위해 얼음 구멍을 뚫어놓은 연구 오두막 바로 아래에 새로운 균열이 생기자, 오션 시티를 비우기로 결정한다. 얼어붙은 눈을 파내 귀중한 실험 장비가 있는 천막 오두막을 얼음에서 떼어내는 작업이 저녁 늦게까지 계속된다. 속이 빈 플라스틱 블록이 서로 끼워져 있는 부력浮力 플랫폼이 오두막의 토대를 이루고 있다. 마침내 오두막 구조물을 토대와 함께 얼음에서 떼어내는 데 성공한다. 그리고 무한궤도 차량인 아르고를 이용해 배 옆에 있는 안전한 물류 구역으로 끌고 간다. 이로써 오션 시티는 역사 속으로 사라진다.

기분이 우울하다. 몇 주에 걸쳐 엄청난 노동력을 동원해 지은 연구 캠프가 심각한 손상을 입었고, 미래가 불확실해졌다.

얼음에서의 안전

이번 원정 같은 시도를 감행하는 경우, 예상치 못한 일이 날마다 발생한다. 그래서 이에 대해 적절히 대응해야 하며, 계획을 조정할 필요도 있다. 또는 우리가 지금 바로 겪는 것처럼 모든 계획을 완전히 뒤엎는 경우도 때때로 있다. 매일 매시간 신속한 결정을 내려야 한다. 그리고 이때 항상 안전도 함께 고려해야 한다. 안전은 최우선 사항이기 때문이다.

신중하게 고려할 필요가 있는 경우가 많다. 우리는 가능한 한 연구를 포괄적으로 잘하기 위해 북극에 왔다. 그러나 이는 어둠, 추위, 북극곰, 끊임없이 움직이고 균열하고 압축 얼음 능선을 형성하는 불안정한 얼음 같은 걸림돌이 모조리 발생해도 원정대원이 항상 안전을 확보할 수 있을 때만 가능하다. 동시에 모든 것이 제대로 잘 준비되어 있어, 오랜 기간 계획한 극도로 방대한 과학 프로그램을 수행할 수 있어야 한다.

얼음 위에 나가는 팀별로, 원정대원이 가져갈 장비가 정해져 있다. 얼음 위에서 작업할 때는 극지방용 특수 방한복을 입는다. 이 방한복은 따뜻할 뿐 아니라, 얼음이 깨져 물에 빠져도 뜰 수 있는 부력도 제공한다. 이 특수 방한복을 입은 원정대원은 코르크 마개처럼 수면 위에 둥둥 뜨므로, 얼음 아래로 들어갈 위험이 엄청나게 감소한다. 또한, 물에 뜨는 투척용 줄인 구명 밧줄도 자루에 넣어 가져간다. 모든 대원은 이 자루를 벨트에 부착한 카라비너(등산할 때 사용하는 강철 고리-옮긴이)에 매달아 놓아 언제든지 즉시 사용할 수 있다. 얼음이 붕괴해 매몰될 위기에 놓일 때, 신속하게 도움을 받을 수 있는 귀중한 도구다. 그 밖에 모든 원정대원은 작은 금속제 아이스픽ice pick을 가슴 부분에 달린 포켓에 넣어둔다. 물에 빠졌을 때 이 아이스픽을 이용해 얼음 위로 다시 올라올 수 있다. 모든 대원이 원정을 떠나기 전에 이 연습을 마쳤다. 위급 상황이 일어나면, 불과 몇 분 만에 차가운 북극 물에 팔이 뻣뻣해져 못 움직이는 상태가 되기 때문이다.

캠프의 중앙 관측소를 떠나는 모든 그룹은 장비를 꼭 챙긴다. 그들이 갑작스러운 재난 상황에 빠질 경우, 우리가 구조 임무를 할 수 있도록 도움을 주는 장비다. 이 장비는 의무적으로 가져가야 하는 무선 전신 장치로 다음과 같다. 여분의 배터리가 있는 위성 전화. GPS 위치를 파악해 사령교에 전송하고 메시지도 발송할 수 있는 인리치in-reach 장치. 일단 활성화하면 날카로운 경보음과 함께 사령교 레이더에 나타나 정확한 위치를 파악할 수 있는 일종의 디지털 신호등.

팀이 배에서 멀어질수록 장비의 규모는 더 커진다. 최대 3해리, 그러니까 약 5.5킬로미터 떨어진 거리까지 사용할 수 있는 비상용 배낭에는 구급상자 외에도 여별의 옷, 야영 백이 들어 있다.

이보다 훨씬 더 먼 곳으로 여행을 떠나는 경우, 대형 응급 가방을 가져간다. 예를 들어 헬리콥터를 타고 분산망 기지를 방문해 점검 및 유지 보수를 하는 경우가 있다. 이때 안전한 폴라르슈테른호부터 50킬로미터 떨어진 곳까지 가야 하므로, 무선 통신 장치가 도달할 수 있는 범위를 훨씬 벗어난다. 작업을 하는 동안에는 헬리콥터가 배로 돌아가기 때문에, 팀원들은 홀로 남게 된다. 이 팀 또한, 위성 전화를 통해 사령교와 연락을 지속할 수 있다. 팀은 정해진 시간에 연락을 취한다. 만약 연락이 없으면 구조팀이 출발한다. 계획과는 달리 팀이 배로 복귀하지 못하는 경우도 있을 수 있다. 가령 갑작스러운 기상 변화나 헬리콥터에 결함이 생겼을 때다. 이 경우 응급 가방을 사용한다. 이 가방에는 북극에서 며칠 동안 버티는 데 필요한 모든 것이 들어 있다. 텐트, 침낭, 접이식 삽, 라이터, 식료품, 코펠, 식수용 조리기, 응급처치 용품 등이다.

북극은 부주의를 용서하지 않는다. 해빙 위에서 방향을 계속 잃지 않는 게 항상 쉽지만은 않다. 몇 분 안에 짙은 안개가 순식간에 끼고, 랜드마크는 거의 있지도 않으며, 풍경은 획일적이라 대조·대비가 되는 경우가 거의 없는 경우가 많다. 겨울에는 어둡고, 여름에는 하얀 하늘과 하얀 얼음이 서로 융합해 더 이상 윤곽을 알아볼 수 없는 기상 상태인 화이트아웃이 발생할 위험이 있다. 또한, 자신이 걸어온 발자국에 의존해 방향을 파악할 수도 없다. 눈발이 바닥에 쌓이면서 발자국을 잽싸게 덮어버리기 때문이다. 또한, 눈발은 시야를 방해해 얼음 위에서의 방향 감각을 완전히 차단한다.

북극 여행자는 안전하게 이동하기 위해 얼음 읽는 법을 배워야 한다. 잠시 후, 여행자는 표면의 미묘한 변화를 알아차리기 시작한다. 이러한 변화는 눈 아래 숨어 있는 균열이나 두껍게 쌓인 눈이 넌지시 암시한다. 또한, 자칫 두껍게 쌓인 눈 속에 빠지면 배꼽까지 빠르게 가라앉고, 다시 빠져나오기가 어렵다. 하지만 아무리 경험이 풍부해도, 미지의 얼음 위를 이동할 때는 끊임없이 금속 스틱으로 눈앞의 얼음을 탐색해야 한다.

아울러 어떠한 안전대책을 세워도, 내가 어디에 있는지 아무도 모르면 위급 상황 시 전혀 도움을 받지 못한다. 함께 얼음 여행을 하는 사람은 단순히 동료가 아니다. 생명의 은인이 될 가능성이 있는 사람이기도 하다. 동료는 얼음이 깨져 빠지면 구명 밧줄을 던져주고, 얼굴에 동상이 생겨도 스스로 알아차리지 못할 때 이 사실을 알려준다.

이는 난센이 활동하던 시대나 지금이나 똑같다. 서로를 신뢰하고 의지하는 것은 오늘날에도 안전에 여전히 가장 중요한 요소다.

2019년 11월 22일, 예순네 번째 날

힘겨운 나날이 이어진다. 오늘도, 내일도, 모레도. 하지만 원정은 마라톤과 같아서, 하루는 실패하더라도 다음 날에 더 나은 결과를 거둘 수 있다.

오전 8시 30분에 맞춰, 물류팀의 한스 호놀트가 무선 방송을 통해 우리에게 인사를 건넨다. 얼음 위에 있는 모든 무선 통신 장치에서 바에에른 지방 특유의 느긋한 억양이 흘러나온다. 요즘 들어 한스의 아침 안내 방송은 완성도 높은 라디오 프로그램으로 탈바꿈했다. 세계 최북단에 위치한 게 틀림없는 라디오 방송국인, 라디오 노르트폴Radio Nordpol이다! 한스는 그날그날 분위기에 맞춰 매번 다른 음악을 튼다. 오늘은 롤링 스톤스The Rolling Stones다. 이 짧은 라디오 방송을 들으면 기분이 좋아지고 새로운 에너지를 얻는다. 침체된 분위기가 만연한 힘든 시기에는, 이런 사소한 것이 황금과 같은 가치를 지닌다. 한스는 훌륭한 감각을 발휘해 모든 이를 다시 밀어붙인다. 지금 우리는 그 감각을 잘 이용할 수 있다.

연구 캠프가 피해를 입는 바람에 몇 주에 걸친 작업을 다 망치기

북극 바깥세상과 연락하기

오늘날 사람들은 전 세계 어느 곳이든 최고의 품질로 의사소통을 하는 데 익숙해 있다. 아마존 열대우림 격오지도, HD 해상도의 실시간 전송이 가능하다. 하지만 북극과 남극 주변의 작은 지역은 전 세계를 아우르는 통신망으로부터 단절된, 지구상의 마지막 지점이다. 이 통신망은 이른바 정지궤도 위성을 이용한다. 이 위성은 지구 표면 위에 고정되어 있으며, 궤도 역학적인 이유로 적도 위 3만 6,000킬로미터 상공에만 위치할 수 있다. 우리는 정지 궤도 위성을 통해 전 세계 거의 모든 곳과 통신할 수 있다. 하지만 북극 중심부나 남극은 제외된다. 이 위성은 북극 중심부나 남극 위치에서는 지평선 바로 위 또는 심지어 지평선 바로 뒤편에 자리 잡기 때문에, 전파가 도달하지 못한다. 그래서 이 지역에서의 통신은 초보적인 방식으로만 가능하다. 이 지역 통신은 지구 표면에서 불과 수천 킬로미터 떨어진 상공에서 궤도를 도는 위성망 수십 개를 통해 이루어진다. 이 위성 중 일부는 정기적으로 지구 극지방 상공도 지난다. 현재 위성이 어디에 위치하느냐에 따라, 무선 통신을 할 수 있는지 없는지가 결정된다. 그리고 위성 간에 서로 무선 신호를 전달하는 방식으로, 세계의 분주한 지역 어딘가에 있는 지상 수신국으로 보낸다.

이 극지방 궤도를 도는 위성망을 통해 전화 통화가 가능하지만, 품질이 보통 수준이고 통화도 오래 지연되는 경우가 많다. 또한, 초보적인 수준이기는 하지만, 소량의 데이터 패킷도 느리게나마 전송할 수 있다. 위성이 궤도를 변경하면 통화가 끊기는 경우가 많고 데이터 속도도 매우 낮아 동영상을 전송하기 어렵다. 그래서 스카이프 Skype 같은 서비스는 작동 불가다. 그러나 짧은 문자 메시지는 왓츠앱WhatsApp을 통해 전송할 수 있는데, 몇 시간이나 지연되다가 메시지가 전송되는 경우가 많다. 상당수 원정대원이 왓츠앱으로 집에 있는 사랑하는 사람들과 연락을 주고받는다. 하지만 이것으로 사진을 보내기란 일반적으로 불가능하다.

모자익 원정대 활동 기간 동안, 우리는 저궤도로 지구를 도는 위성인 케플러Kepler 두 대를 활용한다. 두 위성 모두 정기적으로 극지방을 지나기 때문이다. 짧은 접촉 시간 동안, 특수 안테나 시스템을 사용해 더 큰 용량의 데이터 패킷을 케플러 위성에 전송할 수 있다. 이 특수 안테나 시스템은 포물면경(抛物面鏡, 반사면이 회전 포물면으로 되어 있는 오목 거울—옮긴이)을 이용해 하늘을 도는 위성의 궤도를 따라간다. 전송된 데이터 패킷은 일단 위성에 저장되었다가, 나중에 위성이 지상국地上局 위를 지나가는 기회가 생기면 그곳으로 전송된다. *

는 했다. 하지만 이러한 사실에 마냥 집착하는 건 무의미할 것이다.

이미 어제부터 캠프를 재건하기 시작했고, 모두가 자신의 에너지를 쏟아부어 혼신의 힘을 기울인다. 지난 하루 동안에도 메트 시티는 비상 측량 작업을 시작했다. 담당 팀이 운송해 온 발전기를 통해 전류를 공급한다. 원격 감지 사이트는 새로운 장소를 확보하여, 대피용 오두막을 얼음에서 분리한 후 이전했다. 고가高價 장비 중 일부는 좀 더 안전한 얼음 지역으로 옮겼다. 이를 위해 철저한 탐색이 이루어졌다. 돌이킬 수 없을 정도로 유실되거나 엄청나게 무거운 얼음덩어리들이 서로 겹쳐진 곳에 파묻힌 장비는 거의 없다.

어제는 원격 감지 사이트와 메트 시티 사이 ‘척추’ 부분에 균열이 생겼다. 여태껏 온전했지만, 이제는 균열을 피할 수 없었다. 하루가 지나면서 균열은 점점 더 벌어진다. 그래서 파견된 팀이 척추를 따라 설치된 전선을 해체해 메트 시티 쪽으로 옮겼다.

우리는 내일까지 얼음의 움직임을 기다려 본 다음에, 향후 연구 캠프 설치 계획을 세우기로 결정한다. 그런데 이미 오늘부터 예전 부지 근처 안전한 얼음 위에 오션 시티를 다시 새로 짓고 있다. 새로운 오션 시티는 여전히 배에서 도보나 스노모빌로 쉽게 다다를 수 있다.

오후에 우리는 ‘다크 사이트dark site’를 탐색하러 출발한다. 다크 사이트는 에코Eco 팀이 운영하는 어두운 구역으로, 폴라르슈테른호의 불빛에서 아주 멀리 떨어진 곳에 있다. 이곳에서 생물학자들은 빛에 민감한 미생물을 연구한다. 우리는 이 구역을 "모르도르Mordor"라고 부른다. 모르도르는 〈반지의 제왕The Lord of the Rings〉에서 프로도Frodo가 여행하는 위험한 목적지의 명칭(어둠의 땅이라는 의미-옮긴이)이다. 다크 사이트도 모르도르처럼 어둠이 계속되는 곳이라 그런 별명이 붙었다. 그곳에 도착해 보니 안도감이 온몸을 휘감는다. 모든 것이 온전하고, 작은 균열만 길을 가로지르고 있기 때문이다. 빨간 깃발로 균열이 있는 곳을 표시해 놓는다. 이 균열은 스노모빌을 타고 건너갈 수 있다. 균열을 놓치지 않고 스노모빌 활주부를 균열 부위에 걸면 가능하다. 여기서 너무 빠른 속도로, 잘못된 각도로 운전하다가 자칫 균열에 걸리면 스노모빌이 전복되어 심각한 부상을 입을 수 있다.

어두운 구역 뒤편에는 새 얼음으로 이루어진 드넓은 평원이 나타난다. 새 얼음은 갓 형성된 리드를 덮어버렸다. 원정을 계속 진행하면서, 이곳은 엄청나게 가치 있는 얼음 평원 중 하나로 밝혀진다. 이곳에서 우리는 올해 남은 기간은 물론 심지어 내년 여름까지 새롭고 어린 얼음 평원을 면밀하게 연구할 수 있다. 그리고 여기서 우리는 다름 아닌 얼음의 탄생을 보고 있다. 과학자에게는 뜻밖의 행운이 아닐 수 없다!

얼음 평원 앞에는 아름다운 얼음 조각이 어둠 속에 자리 잡고 있다. 지난 며칠 동안 얼음의 위치 이동이라는 엄청난 변화가 일어난 후, 극야 속에서 모든 것은 다시 빳빳하게 얼어붙었다. 저 멀리에는 폴라르슈테른호가 지평선 위의 한 점으로 보인다. 무한히 탁 트인 밤의 어둠 속에서, 우리는 헤드램프에서 나오는 작은 빛의 거품에 의지한 채 걷는다. 한없이 작아지는 느낌이 든다.

2019년 11월 26일, 예순여덟 번째 날

오늘은 원격 감지 사이트가 새로운 위치로 이전한다. ROV 시티는 이미 다른 사이트와 더 가까운 곳에서 재건축됐다. 연구 캠프는 엄청난 규모의 얼음 이동으로 인해 넓게 퍼진 데다, 북극곰으로부터 안전을 보장받기도 어려워졌다. 그래서 현재 연구 캠프의 규모를 서서히 줄이고 촘촘해지도록 조치하고 있다. 이제 모든 것을 새로운 전력망에 다시 연결했고, 비상용 발전기 전력으로 가동 중인 사이트는 점차 정상 운영될 것이다. 이는 새로 설치한 전력망으로 다시 가능하다. 머지않았다!

오후에는 얼음 위에서 구조 훈련을 실시한다. 모든 원정대원은 출발 전에 이미 적절한 훈련을 수료한다. 배에서 난 화재를 진압하는 방법, 얼음에 빠진 사람을 구조하는 방법을 익힌다. 또한, 헬리콥터가 추락해 바다에 가라앉는 상황에 직면하면, 가슴 부위에 착용해 항상 쉽게 사용할 수 있는 비상 호흡 장치의 도움을 받아 수중 탈출하는 방법도 훈련한다. 이제 우리는 다음과 같은 사항도 연습한다. 얼음 위 사고에 대처하는 절차. 비상 상황 발생 시 투입되는 사령교의 조정 역할과 협력. 얼음 위에서의 응급 처치 요령. 부상자를 폴라르슈테른호 선내 병원으로 이송하는 구조팀과, 이송하는 사이 치료 준비를 하는 의사 간의 상호 작용. 모든 것은 아주 잘 진행되어, 경보음이 울린 지 35분 만에 부상자 역할을 하는 배우는 수술대에 오른다.

이날 저녁에도 얼음은 엄청난 압력을 받아 떨고 있다. 배가 앞뒤로 흔들린다. 여태껏 우리가 갈라진 전단대를 가로지르는 경로가 있던 벌룬 타운과 오션 시티에서는, 이제 능선이 높이 자란다. 부서진 지역을 가로지르는 새로운 경로를 탐색해 보기로 결정한다. 이번에는 배에서 좀 더 가까운 경로를 찾고자 한다.

2019년 11월 27일, 예순아홉 번째 날

오늘 러시아 쇄빙선 카피탄 드라니친호가 트롬쇠에서 출발한다. 카피탄 드라니친호에는 원정 두 번째 단계 참가자들이 승선했다. 그들이 얼음 속 깊은 데 있는 우리에게 도달하려면 몇 주는 걸릴 것이다. 그들은 12월 중순부터 원정 다음 단계를 위해 우리와 교대할 것이다. 일부 참가자는 두 번째 단계를 위해 선상에 남고, 다른 참가자는 나중 단계 때 배로 돌아온다. 나는 3월 중순부터 원정이 끝날 때까지 다시 승선할 계획이다. 그 시기 동안 경험이 풍부한 동료인 크리스티안 하스Christian Haas와 토르스텐 칸초브Torsten Kanzow에게 각각 몇 주 동안 이곳 현장 지휘를 맡길 예정이다. 나는 미리 두 사람에게

얼음 위에서 작업하는 동안, 세상은 밤의 어둠과 무한한 광활함 속에서 각자의 헤드램프가 만들어 내는 작은 빛의 거품이 비추는 만큼의 범위로 수축한다.

극야의 폭풍우　　　**199**

책임이 따르는 임무를 맡아달라고 요청했고, 그들은 즉시 받아들였다. 그러나 내년 3월 모자익 원정대가 어려운 상황에 놓이면, 토르스텐 칸초브의 체류 기간은 대폭 연장될 것이다.

며칠 전 나는 선장과 함께 얼음 안에 있는 드라니친호에게 접근이 가능한 경로를 탐색했다. 우리는 오랫동안 염두에 두고 있던 계획을 실행하기로 결정했다. 드라니친호는 좌현 뒤쪽에서 접근한다고 한다. 그러니까 거의 바로 북쪽에서 다가온다고 보아야 할 것이다. 이 북쪽은 예전에 우리도 유빙 안으로 진입한 지점이다. 그런 다음 드라니친호는 선수를 돌려 우리 배 좌현 선미 근처에 멈춰야 한다. 이렇게 해야 크레인으로 수 톤의 화물을 맞교환하는 데 최적의 위치를 확보할 수 있다. 인력 교체는 얼음 위 물류 구역에서 진행할

INFO

세계 기후 회의The World Climate Conference는 무슨 일을 할까?

기후변화라는 주제는 불과 몇 년 전부터 대중의 관심을 본격적으로 받기 시작했다. 하지만 과학계에서는 이미 훨씬 오래전부터 그 심각성을 인지하고 있었다. 이미 1979년에 유엔 산하 세계 기후 회의가 최초로 열렸다. 1992년부터 각 국가와 비정부기구는 인간으로 인한 기후변화에 대응하는 공동 전략을 개발하기 위해 정기적으로 회의를 개최한다. 그로부터 5년 후, 일본에서 교토 의정서가 합의를 거쳐 마련됐다. 이 의정서를 통해 온실가스 감축을 위한 구속력 있는 공동 목표가 최초로 설정됐다. 후속 협약인 파리 협정에서, 유엔 회원국은 지구온난화로 인한 기온 상승을 산업화 이전 수준과 대비해 섭씨 2도 이하로 제한하기로 약속했다. 하지만 지금까지 각 국가가 제시한 계획으로는 이 목표를 달성할 수 없다. 더욱이 2도 제한을 넘지 않더라도, 지구는 돌이킬 수 없는 결과에 직면할 수 있다. *

것이고, 드라니친호는 자체 경로를 통해 후진으로 출발할 것이다. 드라니친호의 선체 모양을 보면, 후진해도 얼음을 효율적으로 깨뜨리는 게 가능하다. 좋은 계획이다. 이 계획대로 실행한다면, 유빙과 그 위에 있는 연구 도시의 피해를 최소화할 수 있을 것이다.

그러나 드라니친호가 이곳까지 오는 경로는 당분간 지연되고 있다. 트롬쇠를 떠난 지 몇 시간 만에 바렌츠해에서 격렬한 폭풍우를 만나는 바람에 피오르에서 피난처를 찾아야 했고, 당분간 이곳을 떠나지 못하게 됐다. 드라니친호는 우리와의 협업을 위해 이물에 냉장 컨테이너를 설치했기 때문에, 공해상에서 절대 피할 수 없는 파도에 취약하다. 현재 드라니친호는 며칠 동안 피오르에 갇혀 있다.

2019년 11월 28일, 일흔 번째 날

오늘은 내 생일이다! 아침이 되자마자 선물이 많이 담긴 소포를 연다. 집에 있는 가족이 나를 위해 꾸렸다. 여기에는 크리스마스 때 우리 가족이 전통적으로 먹는 슈톨렌(독일을 대표하는 디저트로, 견과와 과일이 든 달콤한 빵. 주로 크리스마스를 기다리며 먹는다-옮긴이)도 있어서, 북극 깊숙한 곳에 있어도 다가오는 크리스마스 시즌을 놓칠 염려가 없다. 나중에는 스키 투어를 밤 늦게까지 연장하는 호사도 누린다. 2시간 30분에 걸쳐 이 어둡고 얼어붙은 세상의 풍경과 독특한 분위기에 사로잡힌다.

참으로 생일을 축하하기에 범상치 않은 장소다. 저녁에는 배 옆 얼음 위에 있는 아이스바에서 글뤼바인(설탕·꿀·향료를 넣어 데운 적포도주-옮긴이)과 그로그주(뜨거운 설탕물을 탄 럼주-옮긴이)를 곁들여 생일 축하 파티를 연다. 섭씨 영하 30도에 육박하는 환경이라 글뤼바인을 재빠르게 마셔야 한다. 그러지 않으면 와인은 잔에서 얼어버린다. 경험에 비추어 보면 첫 모금은 따뜻하고, 두 번째 모금은 차갑고, 세 번째 모금은 얼음이 됐다. 그렇다고 이게 분위기를 망치지는 않는다. 반짝이는 별로 가득한 하늘 아래 얼음 한가운데서 즐기는 파티는 너무나 아름답다.

2019년 11월 30일, 일흔두 번째 날

어제부터 거의 모든 기지가 다시 전력망에 연결되고, 캠프는 완전히 복구되어 가동한다! 때때로 얼음 속에서 덜컹거리는 소리가 들리지만, 더 이상 대규모 위치 이동은 없다. 기온은 영하 25~30도 사이이며, 모든 균열은 추위로 인해 빠르게, 단단히 얼어붙는다. 이제 좀 더 긴 안정화 단계가 시작될까?

2019년 12월 1일, 일흔세 번째 날

오늘은 대림(크리스마스 전 4주간-옮긴이) 제1주일이다! 승무원들이 배 전체를 장식했고, 사방에 무언가가 매달려 흔들거리거나 반짝거린다. 북극곰, 폭풍우, 긴급 작업으로 인해 계속 미뤄야 했던 양배추 투어를 드디어 떠날 수 있게 됐다. 음악 장비를 넣은 배낭과 얼음으로 만든 음료수 잔을 들고 투어를 떠난다. 공동 탐사대장인 마르셀 니콜라우스가 특별히 이 얼음 잔을 정교하게 만들었다. 우리는 유빙을 거닐면서 도시 몇 곳을 지난다. 도시마다 잠깐 머물렀고, 메트시티에서는 일부 대원이 즉흥적으로 춤을 추기 시작한다. 그러다가 우리는 전통적인 초록 양배추를 먹는다. 이 양배추는 우리 요리사가 재고에서 찾아낸 것으로, 여기에 사보이savoy 양배추를 눈에 잘 띄지 않게 섞어 모두가 넉넉하게 먹을 수 있다.

저녁에는 선장과 함께 위스키와 시가를 즐기며 이 멋진 하루를 마무리한다. 품질 좋은 시가가 들은 조그마한 상자가 탁자에 놓여 있는데, 항상 우리를 보살펴 주는 알프레트 베게너 연구소장 안트 예 뵈티우스가 원정 출발 전에 선물로 준 것이다. 지금 이 순간 그녀 도 이 자리에 함께 있고 싶을 거라 확신한다.

2019년 12월 2일, 일흔네 번째 날

오늘은 탐색을 다시 진행하는 날이다. 나는 차량 전문가인 토마 스 슈테르벤츠와 함께 출발한다. 우리는 중앙 관측소 경계를 훨씬 넘어 바깥 지역으로 진출한다. 비행기가 착륙할 만한 장소를 찾으 려 한다. 지금은 DHC-6 트윈 오터Twin Otter형 소형 항공기를 위한 활 주로를 건설하는 데 초점을 맞춘다. 이 작업의 목표는 비상시 우리 가 대피할 수 있는 선택권을 마련하기 위해서다. 활주로는 매우 중 요하고 가치 있는 안전 요소다. 지금까지는 활주로 건설을 생각할 틈이 없었다. 얼음이 아직 비행기 착륙이 가능할 정도로 두껍지 않 았기 때문이다. 그러나 지금은 가능해졌다.

우리는 평평한 벌판을 찾아 향후 착륙로가 될 가능성이 있는 경 로를 따라가며 천공기로 얼음 두께를 측정한다. 1킬로미터 정도 되 는 활주로에 깃발을 꽂아 표시해 둔다. 이 길은 나중에 더 확장될 수 도 있다. 약 600미터에 걸친 경로의 얼음 두께는 1미터가 넘기 때문 에 트윈 오터 항공기 착륙에 무리가 없다. 이 지역의 얼음 표면은 매 우 평평해서 비행기가 착륙하기 전에 약간만 가공하면 된다. 또한, 대피가 불가피한 경우, 신호 불을 상당히 신속하게 경로에 표시해

둘 수도 있다. 이는 안전상 엄청난 이점으로 작용한다. 왜냐면 우리는 러시아제 장거리 헬리콥터가 도달할 수 있는 사정권에서 벗어난 지 이미 오래이기 때문이다. 이에 대비해 이미 원정에 나서기 몇 달 전에 시베리아 연안에 있는 섬 최북단에 연료 저장고를 설치했다. 그래서 원정 시작 단계만 해도 헬리콥터를 통한 대피 옵션을 마련할 수 있었다. 이렇게 헬리콥터 두 대가 각각 배치되는 비상 작전 계획을 마련해 서랍 속에 넣어두었다. 헬리콥터를 두 대로 설정한 이유는 사고 발생 시 상호 구조 활동을 할 수 있기 때문이다. 하지만 이제 우리는 표류로 인해 떠밀려 나가는 바람에, 저장고에 있는 헬리콥터가 도달할 수 있는 지역을 벗어나게 됐다.

절대적인 어둠 속, 배에서 한창 떨어진 이곳 바깥 풍경은 너무나 아름답다.

2019년 12월 3일, 일흔다섯 번째 날

아침에 썩 반갑지 않은 소식을 들었다. 균열이 다시 진행되어 스노모빌로 건너기에는 너무 넓어졌다. ROV 시티, 원격 감지 사이트, 메트 시티는 다시 걸어서 가든지 아니면 임시 다리를 통해서만 접근할 수 있다. 그 아래에서 얼음은 삐걱거리는 소리, 끼익 하는 소리를 내며 끊임없이 움직인다.

아침에는 바람이 세게 일고 9시 무렵부터 눈이 내리기 시작한다. 강력한 폭풍우가 계속 몰아치고 눈발이 흩날리기 시작한다. 오전 10시 15분, 나는 주요 유빙에서 분리된 기지인 ROV 시티, 원격 감지 사이트, 메트 시티를 비우기로 결정한다. 불과 15분 후, 나는 오션 시티 및 벌룬 타운 팀, 어부 팀, 경보용 철사줄 수리팀도 복귀하라고

명령한다. 11시가 되자 모두 승선했지만, 한 사람이 실종됐다! 모든
인원에게 무전으로 연락을 취했고, 마침내 배에서 동료를 찾아냈
다. 그는 복귀할 때 항해일지에 이름을 기재하지 않았다. 이제 연결
통로를 올릴 수 있다.

오후가 되자 균열이 ROV 시티 쪽으로 격렬하게 밀고 들어오고,
새로운 빙산이 이전에 생긴 균열을 따라 펼쳐지기 시작한다. 그러
는 동안 빙상이 옆으로 이동하면서 압착된다. 얼음덩어리가 몇 미
터 높이로 빠르게 쌓인다. 이로 인해 그곳에 주차된, 균열을 건널 때
임시 다리를 만들기 위해 투입되던 난센 썰매 여러 대가 파묻혔다.

전선과 중요한 장비가 있는 상자도 얼음덩어리에 휩쓸려 들어간

얼음 위에서 작업하는 원정대
원은 도저히 형체를 못 알아볼
정도로 얼어붙는 경우가 많다.
속눈썹은 얼음 때문에 무거워
지고 함께 얼어버린다. 심지어
온도가 더 낮아지면 안면 마스
크를 얼굴 전체에 씌우고 보호
안경을 쓰지 않으면 아무것도
할 수 없다.

다. 재빠르게 연결 통로를 다시 내린다. 나는 소규모 팀과 함께 서둘러 사건 현장으로 간다. 얼음덩어리 산맥의 움직임이 잠시 소강상태에 이르자마자, 우리는 얼음덩어리 사이와 위쪽에 뛰어들어 구조할 수 있는 것을 구해낸다. 빙판이 자아내는 혼돈의 현장을 기어올라, 얼음덩어리 사이에 파묻힌 상자를 구조하는 데 성공한다. 또한, 작은 얼음 조각 더미에 절반쯤 파묻힌 난센 썰매를 얼음 능선 밖으로 끄집어내 안전하게 옮기는 데도 성공한다. 하지만 전선은 수 톤이나 나가는 얼음 아래에 희망없이 갇혀 있다. 이러한 상태는 앞으로 몇 주 동안 유지될 것이다. 우리는 양쪽을 단단히 고정하고 전선을 넉넉히 배치해, 향후 얼음 이동이 계속 일어나더라도 전선이 찢어지지 않고 충분히 당겨질 수 있도록 한다.

얼음 능선에서 작업하다 보면 눈더미 때문에 몇 미터 떨어진 곳도 잘 안 보일 때가 많다. 얼음 및 눈 결정체가 주위를 소용돌이치다가 총알처럼 우리 눈에 박힌다. 이곳에서는 스키 고글을 쓰지 않으면 아무것도 할 수 없다. 눈이 후드에 달린 털가죽 칼라로 들어가고, 얼굴을 온통 뒤덮는다. 그러는 동안 폭풍이 우리 주위에 휘몰아치는 바람에, 바로 옆에 있는 얼음덩어리도 눈송이가 일으키는 소용돌이 속에서 희미하게 알아볼 지경이다. 지하地下 전체가 움직이고 있다. 마침내 우리는 임무를 성공적으로 마치고 배로 귀환한다.

2019년 12월 4일, 일흔여섯 번째 날

폭풍이 계속되고 있다. 우리는 아주 잠깐만 얼음 위에서 작업할 수 있다. 그러노라면 눈이 마구 휘몰아쳐 시야가 너무 나빠진다. 적어도 얼음은 다시 안정을 되찾았다. 얼음 이동도 없고 수로도 없다.

12월 3일, 거대한 압축 얼음 능선이 펼쳐지면 서 중요한 장비를 집어 삼킬 위험이 커졌다. 그 래서 장비를 구조하기 위한 작전이 진행되고 있다.

메시지 하나가 배에 도착했다. 드라니친호가 오늘 아침 5시에 피 오르를 떠나, 지금 우리를 향해 오고 있다는 소식이다. 우리는 언제 집으로 돌아가 가족을 볼 수 있을까? 이번 크리스마스에는 집에 갈 수나 있을까?

6장
얼음 속에서 맞이한 크리스마스

2019년 12월 5일, 일흔일곱 번째 날

오늘 드라니친호가 스피츠베르겐섬 동쪽 얼음 가장자리에 도착했고, 8~9노트의 속도로 40~60센티미터 두께의 어린 얼음을 뚫고 들어오고 있다. 좋은 속도다!

우리 쪽은 여전히 폭풍우가 거세다. 유빙 위에서 제한된 범위에서만 작업할 수 있다. 나는 오늘 스페인 마드리드에서 열리는 COP25 세계 기후 회의에 실시간으로 참여할 예정이다. 지구 꼭대기 부분에 있는 나도 지금 전 세계가 주목하고 있는 행사에 참여할 수 있게 됐다. 이 회의에서 유엔 기후 협약 서명국은 무엇보다 지구 온난화를 억제하기 위해 온실가스 배출량을 줄이는 등 기후 목표를 달성하는 데 필요한 방안을 논의한다.

올해 세계 기후 회의의 표제어는 "행동할 시간Time for Action"이다. 표제어대로 우리는 정말 행동해야 한다. 다름 아닌 기후변화의 진원지에 있는 나도, 회의에서 발표한 성명서의 결론을 통해 지금은 행동할 시간이라는 것을 분명히 밝혔다.

우리는 혹독한 추위 속에서 거대한 얼음에 갇혀 있습니다. 어쩌면 이곳에 있는 모든 이가 기후 온난화가 명백하게 일어나고 있다고 느끼지 않을 수도 있습니다. 하지만 기후변화는 어디에서나 일어나고 있습니다. 얼음의 두께는 125년 전 프리드쇼프 난센이 우리와 비슷한 원정에 나섰을 당시 얼음 두께의 절반에 불과하며, 우리가 측정한 온도는 난센이 잰 온도보다 5~10도 더 높습니다. 우리는 이런 거대한 변화가 기후시스템에 어떤 영향을 끼치는지 이해하고 북극 기후시스템의 안정이 무엇을 의미하는지 탐구하기 위해 이곳에 있습니다.

우리의 임무는 우리 사회가 미래를 형성하기 위해 택해야 하는 중요한 결정을 뒷받침하는 강력한 과학적 근거를 제공하는 것입니다.

'여러분의' 의무는 압도적인 과학적 증거를 인정하고, 필요한 결론에 도달하고, 추가적인 기후변화를 완화하기 위한 긴급 조치에 합의하는 것입니다.

온실가스 순 배출량을 대폭 줄이지 않는다면, 금세기 중반까지 거의 0에 가깝게 줄이지 못한다면, 북극의 돌이킬 수 없는 변화는 세계 다른 지역의 기후에 큰 영향을 미칠 것입니다.

이러한 조치를 이행하는 데 성공하지 못한다면, 우리 세대는 북극해가 1년 내내 얼음으로 뒤덮이는 것을 볼 수 있는 마지막 세대가 될 것입니다.

우리가 실패한다면, 북극은 미래 세대에게 전혀 다른 세상이 될 것입니다. 오늘날 영구 얼음이 있던 세상은 공해公海로 탈바꿈한 세상이 될 것입니다. 일반 범선으로 북극점에 도달할 수 있는 세상이 될 것입니다. 북극곰이 멸종한 세상이 될 것입니다. 따뜻하고 개방적인 북극에 의해 형성되는 날씨 패턴 때문에, 북반구 전역에 극한 기후가 증가하는 세상이 될 것입니다.

우리가 몸담은 사회는 행동을 자유롭게 결정할 수 있습니다. 여러 측면에서 압력이 거셉니다. 그리고 기후변화는 우리 사회가 직면한 여러 도전 과제 중 하나일 뿐입니다. 하지만 가장 중요하고 시급한 과제 중 하나입니다.

민주주의 체제에서는 모든 이가 미래를 결정할 수 있는 환상적인 자유는 물론, 모든 이가 미래 세대의 이익을 보호해야 할 책임도 함께 주어집니다. 우리 사회는 자신이 오늘날 내린 결정이 어떤 결과를 가져올지 이해할 필요가 있으며, 이러한 결정에 책임을 져야 합니다. 우리의 임무는 이러한 결과를 완전히 이해한 상태에서 결정을 내릴 수 있도록, 과학적 사실을 제공하는 것입니다.

그리고 세계 각국의 지도자인 여러분은 오늘 올바른 결론에 도달해야 할 의무가 있습니다. 지구의 미래를 위해서요.

2019년 12월 6일, 일흔여덟 번째 날

성 니콜라스의 날이다! 회식장, 그러니까 선내 식당에서는 초콜릿으로 만든 산타클로스와 초코볼이 담긴 조그마한 자루가 배에 탑승한 모든 이를 기다리고 있다. 모두가 몹시 기뻐한다. 그렇지 않아도 초콜릿을 먹은 지가 몇 주는 지났기 때문이다.

바람은 낮 동안 잠잠하다가 저녁에는 거의 불지 않는다. 주황색으로 빛나는 철월(凸月, 반달보다 크고 보름달보다 작은 달. '현망간의 달'이라고도 한다-옮긴이)이 지평선을 따라 몇 시간 동안 움직인다. 이곳 북극 주변에서는 해와 달이 항상 수평선과 거의 평행하게 우리 주위를 움직이지만, 지금은 겨울이라 해는 지평선 아래 깊숙한 곳에 있어서 보이지 않는다. 마찬가지로 달도 하루의 경과에 따라 뜨고 지는 것이 아니라, 위상 경과에 따라 뜨고 진다. 지금처럼 철월이 되면서부터는 지평선 위를 돌기 때문에 달을 볼 수 있다. 보름달이 될 때까지 점점 더 높이 떠오르다가, 달이 지면서부터는 지평선 아래로 가라앉아 결국, 수평선 뒤로 완전히 사라진다.

오늘 지평선 위에 뜬 주황색 철월은 신기루 때문에 기괴하게 변

12월 초 극야. 폴라르슈테른호가 얼어붙어 꼼짝 못 하는 상태에서 북극으로 표류하고 있다.

형되어 보인다. 때로는 세 개의 주황색 선으로 분해되었다가, 다시 수소폭탄 폭발로 인한 빛나는 버섯구름처럼 보이기도 한다. 몇 시간 동안 아주 아름다운 광경이 펼쳐진다.

마침내 우리도 연구를 다시 촉진할 수 있는 최상의 조건을 갖추게 됐다. 얼음 위에서는 하루 24시간 작업이 진행되기 때문에, 광범위한 측정 데이터를 다시 수집할 것으로 열렬히 기대한다. 밤에는 다양한 측정 프로그램이 진행되며, 계류기구인 미스 피기도 공중에 올라 밤새 머무른다.

저녁에는 드라니친호로부터 보고를 받는다. 드라니친호는 바렌츠 해 북쪽 경계에 있는 프란츠요제프제도 동쪽에 있으며, 우리로부터는 420해리나 떨어져 있다. 이 러시아 쇄빙선은 거기서부터 동쪽으로 방향을 돌려, 자신의 위치에서 북쪽에 있는 두꺼운 얼음을 피해 간다.

위성 이미지를 통해, 세베르나야제믈랴제도 최북단 지점인 북극곶에서 북쪽으로 멀리 떨어져 있는 우리 위치 지역까지 수로가 쭉 이어져 있는 광경을 볼 수 있다. 그리고 드라니친호는 바로 이 수로를 향해 항로를 잡고 있다. 드라니친호가 수로에 빨리 도달해 따라갈 수 있다면, 예상보다 빠르게 이곳에 도착할 가능성이 있다.

나는 가족에게 크리스마스까지 집에 돌아갈 가능성이 희박하다고 문자 메시지를 보냈다. 당시 아홉 살이던 막내 필리프가 작성한, 올 크리스마스에 받고 싶은 선물 목록wish list 맨 위에는 다음같이 크고 두꺼운 글씨가 쓰여 있다. **아빠!**

2019년 12월 7일, 일흔아홉 번째 날

며칠 전부터 지금까지 얼음은 계속 안정적인 상태를 유지하고 있다. 모든 도시가 전력, 데이터 케이블, 도로와 안정적으로 연결되어 있고, 완전히 정상적으로 운영되고 있다. 메트 시티에서 부서진 30미터짜리 마스트도 재건할 준비를 하고 있다.

드라니친호는 저녁에 북극곶에 도달해, 지금은 350해리, 즉 650킬로미터 떨어진 곳에 있다. 나는 항로와 얼음 상태는 물론, 연료 벙커링과 선박 간 화물 운송에 걸리는 시간을 가정하여 계산한다. 그 결과 우리가 크리스마스까지 아슬아슬하게 도착할 수 있는가 없는가는, '최적의 조건을 충족하느냐'와 '얼음이 얇으냐'에 달려 있다는 결론이 나온다. 나는 이리저리 계산해 보고, 크리스마스 전날 저녁 트롬쇠에서 베를린으로 가는 항공편을 미리 예약한다. 나중에 예약

공기 중 빛의 굴절로 인해 기이하게 변형된 달이, 밤이라 희미하게 알아볼 수 있는 얼음 표면 위 수평선에 있다.

얼음에 갇힌 폴라르슈
테른호.

을 시도했다가 항공편이 매진되어 실패하면 안 되니까!

2019년 12월 8일, 여든 번째 날

메트 시티의 마스트가 다시 일어섰다! 하지만 지금은 30미터가
아니라 23미터밖에 되지 않는다. 마스트 구조 중 일부가 너무 구부
려져서 더 이상 재건할 수 없었다. 마스트 길이가 짧아지기는 했지
만, 측정값에는 거의 영향을 끼치지 않는다.

이와 동시에 오늘 폴라르슈테른호는 서른일곱 번째 생일을 맞이
한다! 저녁에 우리는 선장 숙소에서 이 오래된 배의 생일을 기념해
셰리주로 축배를 들었다. 아울러 원정 첫 단계를 아주 성공적으로
마친 것도 축하했다.

2019년 12월 9일, 여든한 번째 날

오늘은 대청소의 날이다. 실험실, 복도, 창고 등 모든 곳을 치우고 박박 문지른다. 다음 팀에게 모든 것을 깔끔한 상태로 인계하고 싶으니까.

그리고 드라니친호의 도착에 대비해 준비 작업도 하고 있다. 유빙으로 가는 진입로에 깃발을 꽂고 위치 부표로 표시한다. 거대한 배인 드라니친호가 유빙에 손상을 입히지 않으면서 얼음을 뚫고 우리 쪽으로 오도록 유도해야 하는데, 이를 위해 정확하게 타이밍을 맞춰야 하는 까다로운 기술이 필요하다. 하지만 이제 모든 게 준비 완료됐으므로 드라니친호는 이곳에 올 수 있다.

또한, 우리는 며칠 동안 정확히 북쪽으로 향하고 있다. 마침내! 지금까지는 표류 때문에 북쪽으로 곧장 가지 못했다.

우리는 수년간 수많은 연구를 통해 해빙의 표류를 탐색하고, 통계 시나리오를 계산해 표류에 가장 적합한 지역을 결정했다. 그런데 유빙에 정박한 후 동쪽에서 바람이 자주 부는 바람에, 우리는 지금까지 북극에 가까워지는 대신 주로 서쪽으로 이동했다.

예상대로 우리가 표류하는 위치를 기록한 데이터에는 불규칙한 급회전, 우회, 만곡彎曲이 지속적으로 나타난다. 북극 해류The Transpolar Drift는 북극해를 균일하게 움직이는 게 아니라, 오히려 이리저리 혼란스럽게 움직이는 표류다. 그럼에도 북극 해류는 장기간에 걸쳐 시베리아 북극에서 극지방을 거쳐 대서양으로 서서히 이동한다. 하지만 그러는 동안 표류는 매일 다른 방향으로, 예측 불허로 진행될 수 있다. 종종 우리는 본질적으로 바람이 정해주는 선을 따라, 규칙적으로 작은 원을 그리며 표류하기도 한다. 얼음의 압력과 구멍도 이러한 원운동의 주기를 따를 때가 많다. 난센도 이러한 주기를 관찰했고, 조수 간만 차가 얼음이 이렇게 반복적으로 움직이게 만든다고 추정한 바 있다. 오늘날 물기둥 측정을 통해 이를 정확하게 이해할 수 있다. 또한, 조수에 의한 움직임은, 이 위도의 조수와 유사한 주기를 갖는 빙해 시스템 내부 진동과도 구별할 수 있다. 그러나 물기둥의 조류를 측정해 보니 난센의 가설이 맞았음이 드러났다. 우리가 항해 길에 작은 원을 계속 그리는 이유는 달과 태양의 움직임 때문이다.

2019년 12월 10일, 여든두 번째 날

캠프에서 새로운 북극곰 발자국을 발견한다. 주변을 주의 깊게 수색했지만 더 이상 곰을 발견하지 못했다. 곰은 곧바로 계속 이동했을 것으로 보인다.

현재 드라니친호는 매우 무거운 얼음과 싸우면서 아주 천천히 앞으로 나아가고 있다. 그럼에도 내일 중에 우리에게 도착할 것이다. 하지만 그 전에 드라니친호는 우리가 있는 유빙에서 어느 정도 떨어진 얼음 위에 세운 기지 네트워크를 안전하게 통과하며 항해해야 한다. 이때 항해하면서 이 외곽 기지 중 어느 것도 파괴하지 않아야 한다. 물론 우리는 위성을 통해 통신하면서, 몇 시간마다 일부 기지의 위치 데이터를 수신한다. 하지만 그사이에 모든 것이 계속 표류하기 때문에, 몇 시간 된 데이터는 거의 쓸모가 없다. 그래서 나는 폴라르슈테른호의 표류 데이터를 활용해 매분마다 기지의 위치 데이터를 수정하는 툴tool을 프로그래밍 한다. 또한, 우리는 기지에서 폴라르슈테른호로 가는 방향을 바탕으로 하는 접근 경로도 개발하고 있다. 그래서 드라니친호는 네트워크를 안전하게 통과하며 항해할 수 있다.

저녁이 되자 나는 짐을 싸기 시작한다. 원정 첫 단계가 끝나가고 있다. 우리는 수년 동안 이 원정을 계획했다. 오래전, 이 원정을 내 인생의 의미로 삼았던 순간이 아직도 생생하게 떠오른다.

매혹적인 아이디어가 현실이 되다

커피 한 잔을 손에 들고 남반구 푸른 아열대 바다 너머에 있는 화산 비탈의 환상적인 풍경을 음미하고 있는데, 휴대폰이 울린다. 나는 지금 인도양 외딴곳에 있는 아름다운 섬 레위니옹La Reunión에 있다. 이 섬은 다채로운 산호초로 둘러싸여 있으며, 1년 내내 쾌적하고 따뜻하다. 2015년 여름, 프랑스 해외 영토 주인 레위니옹섬에서 EU 연구 환경 네트워킹과 관련된 회의가 개최됐다. 나는 항상 국제적인 맥락에서 연구를 생각하고 수행해 왔고, 대규모 다국적 팀을 여러 차례 조직해 성공적으로 이끌었다. 그래서 이 회의에 연설자로 초대받았다.

클라우스 데트로프가 전화로 묻는다. 자신이 수년 동안 끈질기게 추구해 오고 나와 계속 논의했던 아이디어를 현실화하는, 프로젝트의 리더 자리를 내가 맡을 수 있느냐고. 그의 아이디어는 다름 아닌 모자익이었다.

클라우스의 질문이 채 끝나기도 전에 내 대답은 확정되어 있었다. 이 아이디어에는 엄청난 힘이 있었다. 모든 극지 탐험가의 영혼에 날개를 다는 생각이었기 때문에, 나는 당연히 '그렇다'라고 대답하리라는 걸 알았다. 그럼에도 24시간 동안 곰곰이 생각할 기회를 달라고 요청했다. 나는 이성적인 인간이라, 육감으로 이미 결정한 사실을 머리로 받아들여야 했다. 24시간이 다 되기도 전에, 제안에 응하는 내용을 이메일로 적어 보냈다.

콜로라도 볼더Boulder 대학교의 대기물리학자 매튜 슈프와 미국의 기상학·해양학 기관인 국립해양대기청과 함께 원정 계획을 계속 추진했다. 알프레트 베게너 연구소 부소장이자 수석 물류 담당자인 우베 닉스도르프는 원정에 필요한 연료를 계산해 제시했다. 얼음의 표류를 타고 전진하기만 한다 해도, 열과 전기를 생산하고 배를 기본적으로 안전하게 운항하기 위해서는 하루에 15톤의 연료가 필요하다. 폴라르슈테른호의 벙커 용량은 3,000톤이다. 그래서 보급품 공급이 없으면 1년 동안 원정을 진행하는 게 불가능하다. 하지만 벙커 용량은 최대 반년 동안 자급자족할 수 있을 정도로 충분하다. 반년이라면 겨울과 봄 단계에 충분히 버틸 수 있을 만큼 긴 시간이다. 또한, 겨울과 봄은 북극 얼음이 너무 두꺼워, 다른 쇄빙선이 우리에게 접근할 수 없는 시기이기도 하다. 그러나 이 단계 전후 시기에 우리는 보급품 공급에 의존하게 될 것이다.

원정은 진행 가능하다. 그러나 혼자서는 할 수 없다. 쇄빙선이 더 많이 필요하고, 따라서 해외 파트너도 필요하다. 그래서 전 세계에서 이 프로젝트에 대한 지지와 열정을 끌어내야 한다. 그런 다음 선도적인 극지 연구 국가와 각국의 쇄빙선이 공동으로 선구적인 업적을 이루도록 상황을 전환해야 한다.

그리고 자금이 필요하다. 대략 계산해 보아도 수천만 유로만으로 충분하지 않다는 결론이 나온다. 9자리 수의 유로 금액이 있어야만 원정이 가능하다. 지구상 어느 국가도 홀로 이 자금을 마련할 수 없으며, 그런 생각은 참으로 비현실적이다. 이제 우리의 과제는 전 세계 위원회와 과학자를 참여하도록 하고, 많은 국가의 정부 부처와 잠재성 있는 물주를 설득하는 것이다. 이제 나는 자금을 댈 가능성이 있는 물류·과학·금융 파트너를 찾아 숨 가쁜 여정을 시작한다. 이 시기에는 가족을 자주 만나지 못했다.

하지만 그럴 만한 가치가 있다. 원정이라는 아이디어를 소개하는 곳마다 열광적인 반응이 확산한다. 내가 연설을 시작하기도 전에, 청중은 이 연구가 얼마나 긴급하고 절박한지 이미 알고 있는 경우가 많았다. 마침내 북극에서 절실하게 필요한 데이터를 얻는 현실적인 길이 열리는 듯했다. 즉 우리가 엄청난 노력을 기울여 국제적인 협력을 얻어내면 가능하다. 이런 훌륭한 국제적 협력은 모자익의 핵심 요소로 자리매김한다. 결국, 37개국이라는 다양한 국적의 사람들이 원정에 참여하게 된다.

원정에 참여할 가능성이 있는 파트너의 국가들 일부가 북극을 둘러싸고 지정학적으로 서로 이해가 상충하는 것은 사실이다. 하지만 정말 다행히도, 이러한 이해관계는 과학 분야에서는 큰 역할을 하지 않는다. 모두 북극 기후시스템을 더 잘 이해해야 할 필요가 있다는 공동 목표로 똘똘 뭉쳤다. 러시아도 찬성하고, 미국도 찬성하고, 중국도 찬성한다. 모자익은 움직임이며, 성장하고 또 성장하는 모멘텀이다. 꿈은 느리지만 확실하게, 매우 구체적인 프로젝트로 탈바꿈한다.

그리고 우리는 당시 알프레트 베게너 연구소 소장이었던 카린 로흐테Karin Lochte의 전폭적인 후원과 적극적인 협력을 받았다. 그녀는 이 프로젝트에 명시적으로 후원을 아끼지 않아, 파트너 간에 꼭 필요한 신뢰를 형성했다. 카린 로흐테의 차분하면서도 끈질긴 접근 방식은 모자익 프로젝트 추진에 핵심적인 역할을 했고, 그 결과 우리는 계획을 성공시킬 수 있었다. 이제 더 많은 파트너 국가가 자발적으로 기부하고 자금을 마련하겠다고 약속하는 단계에 이르렀다. 나는 과거에도 상당한 예산이 투입된 대규모 연구 프로젝트를 수행한 적은 있지만, 지금과 같은 경험은 처음이다.

이 정도 규모와 복잡성을 지닌 프로젝트는 수많은 개별 측면에 대해 적절한 관리구조, 통제, 운영 그룹이 필요하다. 각각의 측면은 세부적으로 계획되어야 하지만, 결국 모든 측면이 다 함께 협력하고 전체 예산 내에서 유지되어야 한다. 이 프로젝트는 20개국에서 온 80개 이상의 파트너 기관이 참여하므로 이전 사례 및 롤모델이 전혀 없다. 또한, 예측할 수 없는 자연의 손길에 달려 있기 때문에, 여러 측면에서 계획을 짜는 게 불가능하다. 우리는 지난 몇 년 동안 이 모든 것을 구축해 왔다.

2019년 9월, 예정된 출항까지 일주일밖에 남지 않은 시점에서 트롬쇠 항구에서는 이미 대규모 물류 작업이 진행되고 있다. 한 팀이 거의 일주일 동안 이곳 항구에 머물며 원정 관련 화물이 든 컨테이너 수십 개를 풀고 있다. 맨 먼저 수많은 과학 단체가 트롬쇠에 있는 우리 에이전트에게 보낸 컨테이너가 전부 이곳 항구에 도착했다. 하지만 컨테이너를 전부 배에 실을 수 없다. 모든 컨테이너가 우리 배에 맞지는 않으니까. 게다가 화물은 매우 특정한 조건을 요구한다. 즉 따뜻한 상태를 유지해야 하는 컨테이너, 차가운 상태를 유지해야 하는 컨테이너, 또는 특정 온도 유지를 위해 전력 연결이 필요한 컨테이너도 있다. 아울러 측정기기가 딸린 수많은 실험실 컨테이너의 경우, 설치 장소와 관련해 매우 특별한 요구 사항이 있다. 즉 원격 탐사 장비를 위해 하늘 시야가 방해받지 말아야 한다든지, 대기 화학 실험실을 위해 오염되지 않은 실외 공기에 곧바로 접근할 수 있어야 한다든지 등이다. 우리는 미리 오랜 시간 고민해 가며, 어디로 가고 어떻게 모든 일을 제대로 수행할 것인지 계획을 짰다. 그리고 이제 이러한 계획은 현실로 다가오고 있다.

미등록된 원정 관련 물품이 대량으로 쌓여 있지만, 이 물품 또한 어떻게든 가지고 가야 한다. 그리고 모든 게 너무나 제대로 맞아떨어진다 싶을 때, 등록되지 않은 컨테이너가 추가로 도착한다. 폴라르슈테른호의 물류 팀과 화물 책임자가 가히 전설적인 수행 능력을 발휘해, 결국 모든 물품을 배에 싣는다. 배가 이렇게 꽉 찬 적은 난생처음 본다.

하지만 원정에 없어서는 안 될 필수품이 여전히 부족하다. 북극곰으로부터 안전을 유지하기 위해 꼭 필요한 소총 탄약이 부랴부랴 도착한다. 경보용 철사 줄에 필요한 섬광탄 탄환이 세관에 묶여 있다. 이 탄환이 없으면 북극곰 경보 울타리를 설치할 수 없다. 설상가상으로 극야에 북극곰을 식별하는 데 필요한 야간 투시 장치도 마찬가지로 아직 운송 중이다. 문제는 야간 투시 장치는 군사용으로 개발됐기 때문에, 수출 허가를 반드시 받는다고 보장할 수 없다는 점이다. 게다가 폴라르슈테른호 선내 병원의 고압 증기 소독기가 고장 났다. 소독기가 없으면 수술 도구를 소독할 수 없기 때문에, 기술자가 특별히 파견되어 수리해야 했다.

트롬쇠 항구에 머문 마지막 며칠 동안 한 문제가 다음 문제로 이어졌고, 매분마다 문제가 발생한 적도 많았다. 때로는 우리가 도대체 제시간에 출발할 수 있을지 전혀 불확실할 때도 있었다. 하지만 결국, 내가 작성한 체크리스트의 모든 항목에 녹색 갈고리(완료 표시-옮긴이)가 잇달아 표기된다. 정시에 여행을 시작할 수 있다.

이제 북극지방 한가운데에서 폴라르슈테른호에 승선하니, 정신없이 바빴던 시간은 이미 저만치 멀리 떠나간다. 그리고 어느덧, 내 선실 창문 밖 얼음 위에는 연구 도시가 여러 개 생겨났다. 하지만 결국, 오로지 끈질기고 집중적인 준비 작업 덕분에, 지금 우리가 여기에 있게 됐다.

2019년 12월 11일, 여든세 번째 날

아침에, 드라니친호가 수평선에서 작은 광점光點으로 잠깐 나타난다! 하지만 우리는 알고 있다. 사실 드라니친호는 아주 멀리 떨어져 있고, 지금 보이는 것은 환영일 뿐이라는 것을. 지평선에서 배의 신기루를 보지만, 실제로는 지평선 뒤편 아주 먼 곳에 있다. 마치 누군가가 커튼을 걷어내는 바람에 드라니친호가 진짜로 지평선에 떠오를 미래를 잠깐 엿볼 기회를 얻은 듯한 기분이다.

이제 선내 인원 모두 드라니친호가 도착할 기대에 부풀어 있다. 크리스마스 아침에 선물 상자를 열기 직전 분위기 같다. 하지만 선물 상자가 열리기를 기다릴 틈이 없고, 마지막 작업을 동시에 처리하느라 눈코 뜰 새 없이 바쁘다. 다음 팀에게 넘겨줄 준비를 마치기 전에 해야 할 일이 너무 많다!

우선 나는 헬리콥터를 타고 드라니친호를 방문한다. 드라니친호 선내에 계속 남을 예정인 화물 책임자 펠릭스 라우버Felix Lauber도 헬리콥터에 함께 탑승한다. 주요 유빙 부근에 있는 기지 네트워크를 두루 안내하기 위해서다. 이미 드라니친호 동료 하나가 펠릭스를 대체하기 위해 폴라르슈테른호로 오고 있다.

거의 100킬로미터를 비행하면서, 보름달과 거의 비현실에 가까운 풍경을 실컷 감상한다. 달빛 아래 얼어붙은 풍경이 헬리콥터 아

얼음에서 구조하기

북극지방은 위험한 곳이다. 긴급상황이 발생했을 때 서둘러 서로를 돕는 행위는 명예와 관련된 사안일 뿐 아니라 최북단 지역에서는 생존 전략의 일부이기도 하다. 때때로 전 세계에서 이러한 구조 활동을 수행하는데, 어떤 결과가 나올지는 알 수 없다. 아마도 장엄하거나 비극적이거나 성공적인 결과일 것이다. 1845년 실종된 존 프랭클린John Franklin 원정대를 찾기 위한 수색 작업은 일련의 구조 여행을 촉발했고, 극지 여행의 새로운 시대의 도래를 알렸다. 이러한 여행을 통해 원정대의 운명에 대한 새로운 퍼즐 조각을 계속 맞출 수 있었다. 그러나 배의 잔해는 실종된 지 거의 170년이 지난 뒤인 2014년(에레버스Erebus호)과 2016년(테러Terror호)에야 발견됐다. 때때로 구조대원이 투입됐다가 그들 자신에게 재앙이 닥치는 경우도 있다. 남극점·북극점을 최초로 정복한 탐험가인 로알 아문센Roald Amundsen은 움베르토 노빌레Umberto Nobile를 도우려다 사고를 당했다. 2년 전 아문센과 함께 북극을 비행했던 노빌레는, 1928년 비행선 이탈리아호를 타고 다시 한번 북극점으로 가는 시도를 했다가 북극 상공에서 추락했다. 노빌레와 일부 생존 원정대원은 나중에 구조됐지만, 아문센은 영원히 사라졌다. 비행기 잔해도, 이 유명한 극지방 탐험가의 흔적도 아직까지 발견되지 않았다. 오늘날에는 기술이 발전한 덕분에 극지방 탐험가가 길을 잃는 경우는 매우 드물기는 하지만, 원정대는 여전히 외부의 도움을 받아야 얼음의 포위에서 빠져나갈 수 있는 경우가 많다. 2015년, 러시아 얼음 캠프 참가자 약 20명이 약 4개월 만에 유빙에서 구조됐다. 이 사건 이후 러시아는 1930년부터 운영하던 소규모 표류 기지 프로그램을 전면 취소했다. 얼음이 너무 얇아졌기 때문이다. *

INFO

래에서 끝없이 펼쳐진다. 지상 풍경은 한정된 곳만 볼 수 있는 반면, 여기 위쪽은 시야가 탁 트인다. 갑자기, 얼음과 바다로 이루어진 이 얼어붙은 세계의 압도적인 크기가 보는 이를 압도한다. 그러다 갑자기, 이 모든 것을 아우르는 광활함 속에서 한 점 빛이 번쩍인다. 작은 생명의 신호다. 바로 드라니친호다.

2019년 12월 12일, 여든네 번째 날

드라니친호는 하룻밤 사이에 거의 진전을 이루지 못한다. 정말 오늘 도착할 수 있을까? 우선 우리는 얼음 위에서 전개될 또 다른 과학의 날을 마련한다. 평소 하던 대로 도시에서 측정 및 표준 운영 활동을 한다. 이게 아마도 1단계 마지막 활동이 될 것이다.

2019년 12월 13일, 여든다섯 번째 날

밤에 드라니친호가 도착했다! 오전 8시경 복잡한 동작이 시작되고, 드라니친호가 뱃머리를 우리 배 선미 쪽으로 향한다. 2시간 후, 배는 우리 옆에 조용히 자리한다. 최고의 쇄빙선 두 척이 원정의 또 다른 이정표에 도달하기 위해, 극야에 아무도 모르는 곳 한복판에서 만났다. 벙커 호스를 연결해 폴라르슈테른호에게 새 연료를 공급한다. 또한, 화물 운송도 시작되어, 많은 화물이 드라니친호에서 폴라르슈테른호로 옮겨지거나 그와 반대로 이동한다. 폴라르슈테른호는 신선한 식료품만 필요한 것이 아니다. 드라니친호는 앞으로 몇 달 동안 사용할 연구 장비도 추가로 가져왔다. 그리고 더 이상 얼음 캠프에서 필요하지 않은 물자는 드라니친호와 함께 귀환한다. 폴라르슈테른호에 새로운 화물을 실을 공간을 확보하기 위해서다.

이 모든 작업은 며칠이 걸릴 것이다.

카피탄 드라니친호가
폴라르슈테른호를 떠나
얼음을 가로지르는 기
나긴 귀환 여정을 시작
하고 있다.

2019년 12월 18일, 아흔 번째 날

정오에 화물 인수 작업이 완료된다. 마지막으로, 우리는 다음 단
계를 수행할 동료들과 함께 우리 배에 있는 기중기를 사용해 대형
CTD 로제트를 물속에 내린다. 이 작업의 복잡한 절차를 상세히 설
명하기 위해서다. CTD 로제트는 항상 폴라르슈테른호에 고정되어
항해하기는 하지만, 이런 조건에서 사용된 적은 한 번도 없었다. 그
래서 우리는 민감한 기기를 물에서 들어 올려 얼음장 같은 극지방
공기 중으로 나오게 할 때, 보온을 유지할 수 있는 절차를 고안해 시
행하고 있다. 그리고 얼음 구멍을 통해 바다 아래로 투입하는 과정

은 평소와는 완전히 다른 방식으로 진행된다. 이때 CTD 로제트는 일반적으로 뱃전 측면을 가로질러 바다로 잠수하는 슬라이드 빔 대신, 선박 기중기 중 하나에 매달린다. 이러한 합동 훈련을 통해 다음 팀으로 인수인계하는 작업을 마무리한다.

작별 인사를 할 시간이 다가온다. 기분이 이상하다. 나는 이제 선상에서 원정대를 지휘하는 책임을 잠시 내려놓고, 3월 중순까지 육지에서 추가 원정 조직을 관리할 예정이다. 아직 나는 코로나19라는 팬데믹이 임박했다는 사실을 알지 못한다. 그래서 추가 원정 진행 계획이 완전히 무시당하고 심지어 원정 자체가 좌초될 위기에 몰리는 상황도 전혀 모른다.

작별은 원정 생활의 일부를 차지한다. 항상 새로운 팀에 합류하고 짧은 시간 안에 집중적으로 친밀해졌다가, 얼마 지나지 않아 다시 작별 인사를 한다. 경험이 풍부한 원정대원은 이러한 패턴에 익숙해 있다. 그러나 지금 하는 작별은 특별하다. 우리 팀은 귀환 여정도 함께할 것이기는 하지만, 우리는 북극과 아주 가까운, 끝없이 펼쳐진 컴컴한 얼음 황무지 한가운데에서 새로 도착한 동료들과 수없이 포옹하며 작별 인사를 한다. 그러나 우리는 지난 몇 달 동안 보금자리 노릇을 하던 폴라르슈테른호와 연구 캠프와도 작별을 고한다. 이곳에서 우리는 심혈을 기울여 온갖 폭풍우, 균열, 우뚝 솟은 압축 얼음 능선을 성공적으로 극복했다. 이를 위해 종종 한밤중에도 집중적으로 인력을 투입해 계속 짓고 또 지어, 생존을 위한 필사적인 노력을 감행했다. 우리는 얼음 유빙에게도 작별 인사를 고한다. 이 유빙 위에서 우리는 많은 것을 경험했다. 유빙은 우리에게 집 노릇을 톡톡히 했다. 물론 엄청 특이한 집이기는 했지만. 봄에 돌아와 처음으로 밝은 상태에서 캠프를 보면 어떤 모습일까? 백야의 태양이 영원히 하늘에 떠 있을 때 이곳은 어떤 모습일까?

여러 감정이 교차한 상태에서, 우리는 폴라르슈테른호와 가장 가깝게 닿아 있는 지점인 드라니친호 선수 쪽에 모인다. 폴라르슈테른호의 확성기에서 시끄러운 음악이 울려 퍼지고, 두 선박은 뱃고동을 울린다. 그러고서 드라니친호가 크게 흔들린다. 우리는 천천히 뒤로 물러선다. 두 배의 갑판에 있는 사람들은 하염없이 팔을 흔들며 마지막 인사를 나눈다. 이후 폴라르슈테른호의 모습은 서서히 작아지고, 그 배에서 나는 소리는 더 이상 우리에게 닿지 않는다.

선장은 우리 캠프 주변의 얼음을 피해를 최대한 덜 입도록, 드라니친호를 자체 접근 경로를 따라 능숙하게 후진시켜 항로를 바꾼다. 잠시 후 선장은 선회 기동을 시작하고, 회전에 필요한 공간을 확보하기 위해 얼음 일부를 깬다. 우리는 계속 나아간다.

2019년 12월 19일, 아흔한 번째 날

귀환 여정의 첫날은 곳곳에 흩어져 있는 두꺼운 압축 얼음 능선을 통과하는 것으로 시작한다. 수많은 단단한 얼음을 끊임없이 들이받아야 한다. 문명의 세계를 향해 돌아가고 있지만, 몇 주를 더 항해해야 도착할 수 있다. 겨울철 북극은 지구에서 가장 외진 곳으로 꼽힌다. 이곳에서 생명이 살아 숨 쉬는 세상에 이르는 시간은, 실제로 지구상 다른 지역에서 가는 시간보다 오래 걸린다. 배를 타면 두꺼운 얼음 장벽이 귀향길을 막고, 헬리콥터를 타고 가기에는 거리가 너무 멀고, 비행기는 매년 이맘때 극야만 계속 이어지기 때문에 한밤중에 해빙에 착륙할 수 없다. 그래서 육지에 발을 딛으려면 3주가 걸릴 것이다. 심지어 국제우주정거장ISS에 있는 우주비행사들도 집에 더 빨리 도착한다. 비상시에는 탈출 캡슐을 이용해 몇 시간 내에 지상에 도착하니까.

처음에는 북쪽 방향, 드리워진 안개 사이에 난 틈으로 폴라르슈테른호의 불빛을 엿볼 수 있었다. 그러다가 이윽고 어두워진다.

2019년 12월 20일, 아흔두 번째 날

우리는 홀로 어둠과 싸우며 나아간다. 오전 6시, 우리는 옴짝달싹 못 하는 상태에 빠진다. 배 앞부분은 깨지기를 거부하는 두꺼운 얼음 위에 놓였고, 전력으로 후진해도 더 이상 얼음 위에서 내려갈 수 없다. 앞에는 거대한 얼음 능선이 우리의 귀향길을 가로막고 있다. 선수에 설치된 계측기를 보니 두께가 8.5미터다. 하지만 결국, 이 장벽도 드라니친호의 강력한 압력에 굴복해, 집으로 돌아가는 길을 몇 미터 더 전진할 수 있었다. 하지만 머지않아 거대한 압축 얼음 능선이 또 나타난다.

앞으로 며칠 동안 계속 이런 식으로 진행될 것이지만, 우리는 천천히 앞으로 나아갈 뿐이다. 얼음에 여러 번 갇히고, 사방의 얼음 압력이 완화되어 다시 자유로워질 때까지 며칠간 인내해야 할 때도 있다. 두꺼운 해빙을 통과하는 여정에서 이런 일은 흔하게 겪는다.

얼음 압력이 너무 커지면 통과 자체를 할 수 없다. 이런 경우, 현명한 선장은 얼음 압력이라는 자연의 힘과 절망적으로 맞서 싸우느라 긴 항해에 꼭 필요한 귀중한 연료를 낭비하는 대신 그냥 기다리기로 결정 내린다. 나는 이런 식으로 얼음 속에서 기다리며 긴 시간을 보낸 적이 많다. 나는 얼음 여행 경험이 적은 원정대원들에게 기다리다가 천천히 앞으로 나가는 이런 일의 순환이 얼음 여행의 일부라는 사실을 깨닫게 했다. 이러한 깨달음 없이는, 배가 도움의 손길이 닿지 않는 광활한 북극에 갇혀서 오랫동안 어떠한 진전도 이루지 못해 보일 때 쉽게 초조해질 수 있다.

오늘은 랜스Lance호로부터 도움 요청 전화를 받았다. 노르웨이 연구선인 랜스호는 스피츠베르겐섬 북쪽 얼음에 갇혀 더 이상 움직일 수 없는 상태에 있다. 랜스호는 우리가 서둘러 구조하러 올 수 있는지 문의한다. 랜스호 쪽은 두 명의 모험가를 구조하려고 출항했다. 그들은 겨울에 스키를 타고 북극 얼음을 횡단하려다가 곤경에 빠졌고, 얼음 가장자리에 도달하기 전에 가져온 식량이 바닥날 위기에 놓였다. 랜스호는 얼음을 뚫고 그들이 있는 곳을 향해 나아갔고, 구조팀을 파견해 그들과 조우했다. 구조팀은 보급품이 바닥나기 직전까지 모험가들을 돌보았고, 결국 배에 태웠다. 그런데 지금 그들 모두 함께 얼음 속에 갇히게 됐다. 물론 배는 안전한 데다 따뜻하고 안정된 상태를 유지하고 있고, 보급품도 충분하기는 하지만 말이다.

극지방에서는 무조건 서로 돕는다. 이는 극지 여행자 사이에서 오랫동안 이어져 온 관행이다. 귀환이 몇 주 더 늦어지더라도 우리는 랜스호를 향해 출발할 것이다. 하지만 러시아 선장이 이리저리 계산하더니, 랜스호가 있는 위치까지 갈 연료가 충분하지 않다는 결론을 내렸다. 잘해봐야 프란츠요제프제도 서쪽에 있는 얼음 가장자리로 직행하는 경로를 선택할 때만 얼음에서 벗어나 랜스호로 갈 수 있고, 이마저도 빡빡할 것이다. 나는 랜스호에 여러 번 위성 전화를 해 현재 상황을 설명한다. 드라니친호는 다음 항구에 도착해 새로운 연료를 넣은 다음에야 구조하러 갈 수 있다고. 그리고 이는 몇 주 걸릴 거라고. 정확히 얼마나 걸릴지는, 겨울이 시작되는 현재 얼음 상태를 보면 아무도 모른다. 다른 쇄빙선도 이용할 수 없다. 랜스호는 어두운 감옥에서 인내하며 버텨야 할 것이다. 하지만 1월이 되어 바람 상태가 양호해져 해당 지역의 얼음 압력이 누그러지면, 마침내 랜스호는 외부 도움 없이도 자유를 얻을 것이다.

드라니친호의 선상 생활은 서서히 균형이 잡히고 있다. 얼음 캠프에서 계속되던 집중 작업 단계가 끝나니, 긴장감이 떨어진다. 많은 원정대원이 처음 이틀은 잠만 잔다. 그러다가 체육관과 사우나에 사람이 눈에 띄게 가득 차고, 우리는 다시 이 배가 익숙해져 집처럼 편안해진다. 점심과 저녁에 나오는 러시아 양배추 수프는 곧 하루의 필수 요소로 자리를 굳힌다. 이 수프마저 없다면, 우리는 어둠 속에서 아무 일도 하지 않는 바람에 시간 감각을 비롯한 모든 감각을 순식간에 잃을 것이다.

그리고 크리스마스가 코앞으로 다가왔다! 내 선실에는 원정대원 모두에게 줄 '비밀 산타 선물'이 쌓여 있다. 나는 원정대가 출발하기 몇 주 전인 9월에 이미 선물 준비를 계획했고, 모두에게 크리스마스에 나누어 줄 작은 선물을 가져오라고 부탁했다. 이제 우리는 선내에서 찾을 수 있는 것을 모조리 활용해, 창의적으로 선물을 포장했다. 오래된 해도海圖, 알루미늄포일, 화장지 등등. 심지어 일부는 특별히 이 이벤트를 위해 크리스마스 선물용 포장지를 집에서 가져오기도 했다.

2019년 12월 24일, 아흔여섯 번째 날
크리스마스이브다. 원정대에게 크리스마스는 힘든 시기로 다가

올 수 있다. 우울한 생각이 쉽게 퍼지고, 크리스마스가 되면 모두가 가족에 대한 그리움이 뼈에 사무칠 것이다. 이에 맞서 싸워야 한다. 원정에서 공동체 의식은 평소보다 크리스마스 때 훨씬 중요하게 작용한다. 그러니 제대로 축하해야 한다! 배에 전통적인 크리스마스 파티를 위한 도구가 별로 없더라도, 우리 모자익 원정대 팀은 가장 잘하는 것, 즉흥 파티를 개최할 수 있다!

러시아 배를 타고 항해하고 있으므로, 드라니친호 승무원에게 이 날은 별 의미가 없다. 러시아는 정교회를 믿어서, 1월 7일이 되어서야 첫 번째 성탄축일을 축하하기 때문이다. 드라니친호에서 나오는 음식도 여느 날처럼 아주 평범하다. 이를 보완하기 위해, 우리의 환상적인 육상 물류 팀이 드라니친호에서 슈톨렌과 초콜릿 산타클로스를, 비스킷을 가져왔다. 또한, 세 그루의 크리스마스트리도 생각해 냈다. 우리는 하루를 꼬박 들여 배를 장식하고 크리스마스트리를 러시아 승무원 식당, 우리가 사용하는 식당, 그리고 나중에 크리스마스 파티를 개최할 바 룸에 설치한다. 트리는 꼬마전구와 급조한 크리스마스 장식으로 사랑스럽게 치장되어 있다. 우리는 이 작업을 하며 얼마나 많이 웃었는지 모른다.

우리의 크리스마스이브는 이미 오후에, 대림절 축하 커피와 마음껏 즐길 수 있는 먹거리로 시작된다. 슈톨렌과 비스킷이 넉넉해 마음이 훈훈하다. 배경에는 우리 원정대원 중에 자원한 가수와 연주자가 저녁에 들려줄 크리스마스 노래를 연습하는 소리가 들린다.

커피를 마신 뒤, 저녁 식사를 위해 잠깐 휴식을 취한다. 그런 다음 크리스마스 파티가 시작된다. 러시아 주방 팀은 오늘이 휴일이 아님에도 불구하고, 정말 기쁘게도 우리를 위해 글뤼바인을 마련해

주었다. 모두가 먹고 마신 뒤, 나는 원정대 리더가 항상 그랬듯이 연설을 한다. 모자익 원정의 비밀 목표를 주제로 한 내 인사말은, 사실 진지함과는 거리가 엄청 멀기는 했다(원래 영어로 연설한 것을 여기 번역한다).

크리스마스가 왔습니다! (…) 여러분은 분명 우리가 얼마나 성공적으로 임무를 완수했는지, 얼마나 훌륭한 연구 캠프를 다음 팀에게 넘겨주었는지 이야기하리라고 기대할 겁니다.

하지만 그게 과연 사실일까요? 그 이야기가 전부일까요? 솔직히 말하겠습니다. 절대 그렇지 않아요! 원정은 재앙이었고, 완전 실패였습니다. 우리 임무가 지닌 비밀 목표를 진전시키는 데 완전히 실패했기 때문입니다!

여러분은 모자익이 기후연구 프로젝트라고 생각하십니까? 공개적으로야 그렇다고 주장하지요. 사실 우리는 비밀 임무를 수행하고 있습니다. 이 임무는 여러분 중에서도 상당수가 전혀 모르고 있지요. 우리의 임무는 다름 아닌 인류 최대의 수수께끼를 푸는 것입니다. 바로 '산타클로스가 정말로 존재하는가'라는 미스터리입니다.

우리가 지금까지 기울인 노력은 명백히 실패로 돌아갔고 과학적으로 확인된 산타클로스 목격 사례도 전혀 보고되지 않았기 때문에, 산타클로스는 지금 이 순간 전 세계를 돌며 선물을 나누어 줄 거라고 추측할 따름이다. 우리 가족도 선물을 받을 것이다. 따라서 산타클로스는 당연히 북극에 있는 자기 집에 한가하게 앉아 있지 않

을 것이라고 생각한다. 그렇다고 우리 프로젝트가 여기서 끝 난다
는 의미는 아니다.

> 오늘 우리는 산타클로스가 사는 이곳 북극에서 크리스마스이
> 브를 축하하고 있습니다. 그리고 여기 계신 분 중 상당수가 봄
> 이나 여름에 이곳으로 다시 돌아올 것입니다. 그때 우리는 유빙
> 에 설치한 해먹에 앉아 영원히 내리쬐는 북극 백야의 햇살을 받
> 으며 느긋하게 휴식을 취할 겁니다. 하얀 수염을 기르고 어두운
> 선글라스를 쓰고 차가운 음료를 손에 들고 말이지요. 그러면 모
> 자익은 성공할 겁니다!

연설이 끝난 뒤에는 다 함께 크리스마스 캐럴을 부르고, 음악가
원정대원들이 부르는 크리스마스 노래를 듣는다. 그들 중 일부는
악기를 가져와 연주하기도 했다.

음악이 채 끝나기도 전에 문이 열린다. 산타클로스가 크네히트
루프레히트(독일 전설에 등장하는, 악마의 모습을 한 산타클로스의 하인-옮
긴이)의 부축을 받으며 몸소 이곳에 와 있는 게 아닌가! 두 사람 모
두 진짜로 산타클로스 복장을 하고 있다. 더욱이 선내에서 한 번도
본 적이 없는 사람들이다. 도대체 어찌 된 영문인가? 처음에는 모두
말문이 막혀 침묵만 흐른다. 산타클로스가 진짜로 존재하는 걸까?
썰매를 타고 끝없는 얼음 표면을 가로질러 우리에게 온 것일까?

그러다 누군가가 처음으로 웃음을 크게 터뜨리고, 곧이어 홀 전
체가 폭소로 가득 찬다. 깔끔하게 면도한 크네히트 루프레히트 얼
굴의 주인공은 다름 아닌 핀란드 원정대원 야리 하팔라Jari Haapala다.

선내에 있는 누구도 못 알아보았다. 여태껏 그의 얼굴은 본인이 산타클로스를 자처해도 누구나 인정할 정도로 풍성한 흰 수염에 가려져 있었기 때문이다. 대신 지금까지 수염 없는 모습으로 지내던 젊은 동료 마이클 앙겔풀로스Michael Angelopoulos의 얼굴에 풍성한 흰 수염을 정성스럽게 붙였다. 덕분에 정말 인상적인 산타클로스의 모습을 자아냈다. 두 사람은 사실상 알아보기 힘들다. 이날부터 야리 하팔라는 나머지 원정 일정 내내 말끔하게 면도한 상태를 유지한다. 아무튼 크네히트 루프레히트는 홀을 돌아다니면서 처음에는 다소 격한 태도로 원정대의 행동에 대해 탐문하기 시작한다(원래 크네히트 루프레히트는 크리스마스 때 버릇없는 아이들을 꾸짖는 역할을 한다─옮긴이). 그러다 잽싸게 우리에게 만족한 기색을 보이더니, 이제 선물이 든 자루를 열어 모두에게 나누어 준다.

글뤼바인은 그 와인 특유의 아늑함과 내면의 따스함을 발산한다. 우리는 노래를 더 부르고, 크리스마스 파티는 밤늦게까지 계속된다.

성탄절 축일 동안 영화 상영, 강연, 즉흥극 등 여러 행사를 마련했다. 이 모든 시간은 바람에 흘러가듯 순식간에 사라진다. 물론 이런 날에는 나를 비롯한 모든 이가 집에 있는 사랑스러운 가족을 사무치게 그리워한다. 하지만 선내에는 그리운 마음을 방해할 만한 요소가 많이 있어서, 전반적으로 크리스마스를 매우 즐겁게 보낸다.

2019년 12월 26일, 아흔여덟 번째 날

크리스마스 다음 날, 지금까지 구름이 잔뜩 꼈던 검은 하늘이 개고, 별이 쏟아지는 하늘이 펼쳐진다. 이 압도적인 풍경은 언제 다시 보아도 새삼 감탄을 자아낸다. 그리고 정오가 되자 북극을 가장 아름답게 수놓는 광경이 시작된다. 화려하고 웅장한 오로라가 하루종일 우리 위에 있는 검은 천공을 뒤덮는다. 오로라는 우리를 한없이 작게, 하늘을 무한으로 넓게 만든다. 하늘에서 펼쳐지는 불 춤은 우리의 귀환을 증명하는 첫 번째 신호다. 우리는 오로라가 가장 강렬하고 빈번하게 발생하는 위도로 다시 왔기 때문이다. 지금까지 우리 원정대는 너무 북쪽으로만 멀리 가는 바람에, 오로라를 잘 볼 수 없었다. 또한, 북반구에서 북쪽 방향을 확실히 가리키는 별인 북극성이 더 이상 우리 바로 위 천정에 있지 않다는 사실을, 처음으로 육안으로 다시 확인할 수 있게 됐다. 집에 가까워지고 있다는 뜻이다.

그러나 여전히 고통스러울 정도로 천천히 나가고 있다. 거대한 드라니친호는 얼음덩어리를 통과하면서 앞으로 나가기 위해 끊임없이 이리저리 얼음을 들이받아야 한다. 그래서 하루에 몇 해리밖에 못 가는 경우가 많다. 배는 계속 남쪽으로 항해해, 북극곶 북쪽 지역으로 진격한다. 이곳은 얼음이 세베르나야제믈랴제도 앞으로 몰려든 데다 유독 높이 쌓여, 일종의 정체 구간을 형성하고 있다. 일단 이 북극곶을 지나면 서쪽으로 향할 것이다. 부디 그곳에서는 더 잘 나갈 수 있기를 바란다. 하지만 언제 순탄하게 항해하게 될지, 언제 집에 도착할지는 하늘의 별들만 안다. 어쨌든 새해 전야 파티는 선내에서 할 것 같다. 하지만 막내아들이 1월 5일에 열 번째 생일을 맞이할 예정이라, 누구보다도 열렬히 내가 돌아오기만을 바란다. 크리스마스 때 소원을 들어주지 못한 터라, 이번에는 아이의 소망이 이루어지게 하고 싶다. 그러나 이는 바깥 얼음 상태에 달렸다.

2019년 12월 27일, 아흔아홉 번째 날

북극곶이 바로 우리 뒤에 있다! 배는 프란츠요제프제도 남쪽에서 서쪽으로 향하고 있다. 여전히 두꺼운 얼음에 속에 있지만, 지난 며칠보다는 훨씬 나은 진전을 보인다. 어제는 몇 달 만에 처음으로 배 탐조등에 앉아 있는 새 한 마리를 보았다. 그토록 고대하던, 얼음 가장자리에서 온 전령傳令이다! 또한, 우리가 얼음 황무지의 잔혹한 적의를 서서히 뒤로하고, 좀 더 친근하고 우호적인 기후영역으로 다시 들어서고 있다는 신호가 분명하다. 저 앞 어딘가에도 분명 햇빛이 비칠 것이다. 스위치 없이도 켜졌다 꺼지는 빛. 생명과 따스함을 선사하고, 낮과 밤으로 시간을 나누는 빛. 그리고 심지어 남쪽으로 더 가면 태양도 있다. 아직은 상상조차 할 수 없기는 하지만. 하지만 우리는 태양을 상상하고 함께 태양 꿈을 꾸며 시간을 보낸다. 이는 마치 오랫동안 잊힌 것에 대해, 아직 태양이 존재하던 시절에 대해 이야기를 나누는 것과 같다.

그리고 밤 9시, 우리 주변의 얼음이 더 이상 닫히지 않는다. 이제 정말 이런 때도 왔다. 세 개의 탐조등을 비추니, 앞에는 오직 한 개의 유빙만 탁 트인 바다에서 떠다닌다. 유빙은 기나긴 파도를 타며 끊임없이 새로운 패턴을 만들어 낸다. 배도 즉시 바다의 움직임을 받아들이기 시작하고, 얼음 속에서 지내느라 잊은 익숙한 흔들림이 다시 우리와 함께한다. 나는 거의 밤새도록 선실 창가에 앉아 유빙과 파도를 지켜보며 시간을 보낸다. 때로는 얼음이 더 두꺼워지기도 하고, 때로는 드넓은 바닷물이 더 우세하기도 한다. 무엇보다 새들이 배가 만들어 내는 상승기류를 즐기며 이리저리 날아다닌다. 그리고 3개월이라는 긴 시간 끝에, 우리는 북극의 얼음에서 벗어난다.

2019년 12월 28일, 백 번째 날

미처 날씨를 헤아리지 못했다. 얼음 가장자리를 벗어나자마자 바람이 세게 일어 드라니친호가 심하게 구르기 시작한다. 배가 종축을 따라 부드럽게 흔들리는 것을 "구른다"라고 하는데, 많은 이가 배의 선수와 선미가 위아래로 쾅쾅 흔들릴 때보다 더 불쾌하다고 느낀다.

드라니친호는 마지막 나사 하나까지 쇄빙에 최적화되어 있다. 그래서 드넓은 바다에서는 전혀 쾌적하게 운항하지 않는다. 파도 높이가 3미터만 되어도 이쪽에서 저쪽으로 격하게 선체를 내던진다.

그리고 지금 바렌츠해에서는 폭풍이 발생했다. 그래서 우선 파도로부터 보호받을 수 있는 얼음 속으로 돌아가야 한다. 여기서 우리는 대기 상태를 취하면서 매일 기상학자와 상의한다. 바렌츠해를 안전하게 횡단하려면 바람의 흐름이 양호해야 한다. 환장할 노릇이다. 지금까지는 얼음이 우리 갈 길을 차단하더니, 이제는 망망대해가 배의 통과를 불허한다.

그러나 예보에 따르면 바렌츠해의 한 구역에서 풍속도 낮고 파고波高도 접근 가능한 날은 정확히 하루뿐이란다. 이 기회를 활용해야 한다. 그러면 12월 31일에 바렌츠해 통과를 감행해 새해 첫날 저녁에 트롬쇠에 도착하게 된다.

2019년 12월 31일, 백세 번째 날

이후 며칠 동안은 새해 전야 파티를 계획한다. 12월 31일, 우리는 구르고 파도에 맞춰 춤추는 배에서, 마지막으로 함께하는 파티를 연다. 1월 1일 아침, 너무나 오랜만에 첫 해돋이를 보며 새해를 맞이한다. 그리고 해가 뜨자마자 노르웨이 해안선도 보게 된다. 지난여름 이곳을 떠난 지 104일 만이다. 육지다!

3부
육지에서

알프레트 베게너 연구소
의료 서비스 팀이 원정
대원을 대상으로 코로나
19 검사를 하고 있다.

7장
매우 위태로운 상황에 놓이다

숨을 잠깐 돌리고…

며칠 전부터 포츠담에 있는 집에 와 있다. 기분이 참 이상하다. 다른 세계에서 여러 달 지내다가 집으로 돌아올 때마다, 갖가지 인상과 경험, 새로운 친구로 가득했던 원정을 마치고 귀환할 때마다, 나는 조금씩 변했다. 물론 원정 시기에 있었던 일은 아무 흔적도 남기지 않은 채 지나가 버리긴 했어도. 하지만 집이라는 세계는 예나 지금이나 완전히 똑같다. 집에서는 몇 달의 시간이 지나도 별다른 사건 없이 일상을 누린다. 귀향해 보니, 집에서는 보통 늦여름, 가을, 겨울만 있는 듯하다. 마치 이 세 계절이 인생 전체 단계를 이룬 것 같은 느낌이 든다.

처음 원정을 마치고 돌아온 이들은 집에 도착하는 게 얼마나 어려운지 깨닫고 놀라는 경우가 많다. 과연 귀향은 출발보다 훨씬 어렵다. 물론 가족과 친구들을 다시 만나면 압도적인 기쁨을 느낀다. 하지만 동시에, 마음속에는 원정에서 경험한 일로 가득 차 있는데

이를 즉각 생생하게 이야기해 줄 수 없다는 사실을 깨닫는다. 원정에서 보고 겪은 광경과 이미지는 스스로 단어로 형성되고 싶어 하지 않고, 단어로는 화자의 심정과 기분을 재현하지 못한다. 단어는 사안의 본질과 핵심을 제대로 파악하지 못한다. 마음속 생각으로는 몇 번이고 배를 타고 표류하지만, 주변 사람과 그 체험을 진정으로 공유하지는 못한다. 그리고 나와 똑같은 경험을 해 공유할 수 있던 사람들은, 이제 집으로 돌아가 자기 가족과 친구들과 함께 지낸다. 내가 그랬던 것처럼, 그들 또한 이상한 경험을 집에서 겪는다.

내 인생에서 그런 순간은 꽤 많았다. 언젠가부터 나는 이 순간을 재조정readjustment 단계라고 부르기 시작했다. 이 단계가 얼마나 지속되는지는 사람마다, 그리고 경우에 따라 다르다. 아마도 원정대 동료들만이 내 말의 뜻이 무엇인지 진정으로 이해할 수 있을 것이다. 이 단계는 그냥 이상한 시기다. 몇 달 동안은 아주 잘 아는 사람들하고만 연락을 주고받았다. 이제는 슈퍼마켓 계산대에서 한 번도 본 적이 없는 사람도, 계산하면서 몇 마디 말을 주고받으면 다시는 볼 수 없는 사람도 문제없이 만난다. 평소 아무 관계도 없는 사람과 이런 식으로 의사소통을 하면, 처음에는 매우 이상한 느낌이 든다. 원정대원은 원정 활동 몇 달 동안 자기가 찾아낸 것을 활용하는 데 그치고, 아무것도 못 발견하면 즉흥적으로 대처해야 한다. 세상은 작고 단순하며 강렬했다. 반면 집은 크고 복잡한 동시에 따분할 정도로 평범하다. 그래서 육지의 일상적인 생활로 다시 돌아가는 건 부담스러울 수 있다. 제대로 적응할 때까지 꽤 시간이 걸린다.

바벨스베르크에 있는 조그마한 우리 집은 변한 게 하나도 없다. 아무 느낌도 들지 않는데 대놓고 정상적인 척, 평범한 척 행동하자니 나 자신이 뻔뻔하다는 생각이 든다. 원정 경험을 이야기하기 어렵다는 걸 이미 알고 있어서, 그런 시도는 거의 하지 않는다. 대신 가족과 오랜 시간 산책을 하며 관계를 다시 회복하기를 즐긴다. 언젠가는 사진을 보여주고 이야기를 시작할 수 있을 것이다. 하지만 그러려면 시간이 걸린다. 부활절에 우리 가족은 거위구이 저녁 만찬을 열어, 크리스마스 때 못 해서 너무나 아쉬웠던 마음을 달랠 것이다. 멋진 저녁이 되리라!

독일에 돌아온 지 겨우 닷새밖에 되지 않았는데, 원정대 리더 임무가 다시 주어졌다. 폴라르슈테른호에서의 삶과 연구 활동은 당연히 계속되고 있기 때문이다. 그리고 다음 도전 과제가 이미 시작되어 해결되기를 기다리고 있다.

…그리고 새로운 과제는

1월에 대규모 물류 작업이 시작된다. 다음 팀이 폴라르슈테른호에 교체 투입될 것이다. 이 팀은 겨울인 현재 북극 중심부에서 특히 중요한 원정 보급 임무를 맡는다.

폴라르슈테른호는 좋은 진전을 이루었다. 배는 그동안 얼음과 함께 북극 방향으로 멀리 표류해 나가, 지구 최북단에서 300킬로미터도 채 떨어지지 않은 지점에 있다. 2020년 2월 24일, 폴라르슈테른호는 표류로 인해 88도 36분까지 이동하게 되는데, 겨울에 이렇게 멀리 북쪽까지 도달한 배는 없었다! 현재 우리 유빙의 정상적인 기온은 섭씨 영하 25도이지만, 영하 40도 이하의 기온이 측정될 때도 종종 있다. 이는 바람이 불면 체감기온이 영하 60도로 느껴질 수 있다. 이곳의 극한 조건에도 불구하고, 연구는 안정적으로 진행되고 있다.

귀국 직후, 나는 신종 바이러스가 중국에서 막 확산하고 있다는 기사를 읽었다. 뭔가 걱정스러운 일이 일어나고 있지만, 동시에 멀리서 들려오는 폭풍우 천둥소리처럼 한참 떨어진 곳에서 일어날 뿐이라는 생각이 들었다. 당연히 중국 사람들이 걱정되고, 그들이 줄줄이 병에 걸려 더 이상 치료를 충분히 받지 못한다는 사실을 안타깝게 생각한다. 하지만 신문을 읽고 난 뒤, 결국 무심히 일상 업무로 돌아간다. 우리와 상관없는 일이니까. 사스나 메르스 같은 이전의 전염병도 초기에 우려가 있었음에도 결국, 대부분 지역적인 문제로 남았다. 그럼에도 마음속에서 좋지 않은 느낌이 퍼져나갔다. 하지만 이 폭풍이 나중에 우리에게 얼마나 큰 영향을 끼칠지, 심지어 모자익 원정대 전체를 벼랑 끝으로 몰아넣을지, 그때만 해도 아직 전혀 알 수 없었다.

그리고 지금 다른 문제도 있다. 1월 28일, 카피탄 드라니친호는 계획대로 정시에 트롬쇠에서 출발해 폴라르슈테른호로 향한다. 하지만 이 러시아 쇄빙선이 출항을 시작하자마자, 인력과 물자를 폴라르슈테른호와 교환하는 차기 계획은 곤경에 빠진다. 연초부터 북반구에는 이례적인 기상 상황이 발생 중이었다. 즉 북극 주변에 유난히 강한 편서풍이 부는 상황이 일어났다. 이 시기 편서풍은 1950년 기록이 시작된 이래 지금처럼 강하게 분 적이 없었다. 이러한 기상 상황은 북극 중심부에 바람을 일으킨다. 이 바람으로 인해 얼음은 더 빠르게 빙관을 가로질러 표류하고, 대서양의 모든 폭풍 전선은 북유럽으로 직행한다. 바렌츠해에는 폭풍우가 몰아치고 있어서, 감히 배를 타고 거센 풍랑을 헤치며 나가는 것은 생각조차 할 수 없다. 카피탄 드라니친호는 북극의 두꺼운 얼음을 뚫고 항해할 목적으로 제조됐다. 그래서 바렌츠해에 격렬하게 몰아치는 폭풍우를 뚫고 나가기에는 적합하지 않다. 그래서 일단 트롬쇠 피요르드의 보호 아래 날씨가 더 좋아지기를 기다리는 것 말고는 할 수 있는 게 없다. 좋은 측면도 있기는 하다. 이런 상황 덕분에 선내에 화장지를 적어도 한 번은 더 실을 기회가 생겼으니까. 실수가 일어나 화장지가 배에 너무 적게 적재됐다. 그런데 훗날 코로나19 위기가 본격화되면서, 하필이면 화장지가 독일에서 완전히 비이성적인 걱정과 근심의 상징이 되었다(화장지 사재기를 의미한다―옮긴이). 그러나 무의미한 물품을 사재기하는 차원이 아니라, 북극에 고립된 원정팀에게 정말 필요한 비품을 공급하려는 것이다. 물론 화장지가 적다고 원정이 실패하는 것은 아니며, 해결책은 항상 찾을 수 있다. 하지만 드라니친호가 폭풍이 끝나기를 기다리는 동안 이 실수를 만회할 수 있어 좋다.

거의 일주일 동안 피요르드에서 긴장을 늦추지 않고 인내한 끝에, 드라니친호가 탁 트인 바렌츠해를 횡단해 해빙 대피소에 빠르게 도달할 수 있을 만큼 바다가 잔잔해졌다.

지금 우리가 계획한 것은 실현 가능성 면에서 한계에 이르렀다. 한겨울 북극 중심부의 얼음을 뚫고 북극 주변으로 돌진하는 계획 말이다. 2월이 되자 얼음의 두께와 강도는 세계 최고의 쇄빙선도 엄청난 도전으로 다가올 정도로 증가했다. 1년 중 이 시기에 어떠한 배도 자체 추진력으로 얼음을 뚫고 전진하는 시도를 한 적이 없다.

드넓은 바다가 끝나고 광활한 북극해 얼음 표면이 시작되는 얼음 가장자리는, 올해는 예년 2월보다 더 남쪽에 위치해 있어 배가 빠르게 도달할 것으로 보인다. 이는 최근 몇 주 동안 얼음이 빠르게 표류해, 바렌츠해로 밀려 들어온 결과다. 여기서부터 쇄빙 활동을 위한 여정은 천천히 진행된다. 드라니친호는 스피츠베르겐섬과 프란츠요제프제도 사이의 경로를 선택한 뒤, 시베리아의 군도 북쪽에서 생긴 지 2년 된 두꺼운 얼음과 마주친다. 이제 배는 앞에 있는 얼음을 한없이 들이박아야 항해를 계속할 수 있다. 얼음 압력이 너무 높아져 드라니친호가 강제로 휴식을 취해야 하는 상황이 거듭된다. 때로는 몇 시간, 때로는 하루나 이틀 동안 정지하기도 한다. 얼음이 엄청나게 압축된 상태에서는 얼음과 맞서 싸우는 것이 무의미하기 때문이다. 경험이 매우 풍부한 드라니친호 선장은 훌륭한 쇄빙선 선장이라면 누구나 하는 일을 한다. 즉 기계를 공회전 상태로 두고 얼음 압력이 느슨해질 때까지 기다린다. 이 상황은 우리 러시아 선장의 뛰어난 일 처리 수준을 보여준다. 수십 년간 얼음 항해 경험이 있어야 도달 가능한 수준이다. 선장은 앞에 있는 얼음을 파악하고, 얼음의 약한 부분을 정확히 찾아낸 다음 그 안으로 돌진한다. 이렇게 선장은 배를 계속 쉬게 하다가 끈질기게 북쪽으로 전진하는 작업을 진행한다. 하지만 얼음의 약한 부분은 드물고, 지금 겨울에는 유빙 사이에 수로가 나 있는 경우가 거의 없다. 배 안에 있는 팀원 중 일부는 불안해하고 도대체 폴라르슈테른호에 도달할 수 있을지 걱정한다.

육지에 있는 우리는 얼음 지도에 있는 작은 점 두 개를 넋을 잃은 채 바라본다. 드라니친호와 폴라르슈테른호의 위치를 각각 표시한 점이다. 진행은 느리지만 꾸준히 이루어진다. 드라니친호는 매일 평균 약 20킬로미터씩 전진하면서, 목표인 폴라르슈테른호에 접근한다. 이렇게 지속적으로 접근하지만, 때때로 얼음 압력이 너무 높아 드라니친호가 가만있어야 할 상황이 오면 전진은 하루 동안 중단된다. 그리고 우리는 안다. 이렇게 얼음 항해를 하다가 얼음 압력으로 인해 일시 정지하는 것은 지극히 정상이므로 걱정할 필요가 전혀 없다는 사실을. 이 강제 휴식과는 별개로, 이들 두 배가 거침없이 서로에게 접근해 가고 있는 것을 볼 수 있다. 우리는 이 작전이 성공을 거두리라는 것을 추호도 의심하지 않는다. 얼음 항해를 하려면 인내심과 침착함이 필요하다. 우리는 드라니친호가 2월 말에 폴라르슈테른호에 이를 것이라고 예측한다. 이는 우리가 대략적으로 계산한 것보다 2주 정도 늦어진 것이다. 이를 보아도 얼음 항해에서 일정표를 짜는 것은 불가능하고 무의미하다는 사실을 알 수 있다. 얼음 속에 있으면 무슨 일이든 오래 걸리기 마련이다. 약 1주일 동안은 바렌츠해로 폭풍이 계속 몰아쳤고, 그다음 1주일은 얼음 상태가 무척 까다로웠다. 즉 2020년 초 바렌츠해의 얼음은 지난 10년간 같은 시기 평균 두께보다 50~100퍼센트나 더 두껍다. 이는 이례적인 기상 상황과 이로 인해 얼음이 바렌츠해로 빠르게 표류한 결과다.

드라니친호가 이런 식으로 항해해 머지않아 폴라르슈테른호에 도달할 것이라는 사실이 서서히 드러나고는 있지만, 압축 얼음과 싸우느라 연료를 너무 많이 소모해 자력으로는 귀환할 수 없으리라는 것도 분명해지고 있다. 드라니친호의 벙커 용량은 그런 놀랍고도 선구적인 위업을 수행하기에는 충분치 않다. 할 수만 있다면 드라니친호는 겨울철에 얼음을 뚫고 북극까지 가장 멀리 진출한 배가 될 수도 있다. 하지만 비축된 연료가 더 이상 충분하지 않아 얼음을 다시 빠져나올 수 없게 된다면 무슨 소용이 있을까?

한편 지금 이 시점에서 폴라르슈테른호는 자체적으로 연료를 충분히 공급받았고, 앞으로 몇 달 동안은 드라니친호로부터 인계받을 게 더 이상 없는 상태다. 하지만 드라니친호의 귀환을 위해 급유해 줄 수 있을 만큼 연료 비축량이 충분하지는 않다. 드라니친호가 귀환 불능 지점point of no return, 즉 자력으로는 집으로 돌아갈 수 없는 지점으로 넘어가기 전에 해결책을 찾아야 한다. 못 찾으면 우리 보급선은 도중에 작전을 중단할 수밖에 없다.

우리 쪽 육상 물류 그룹은 이미 계획을 세우기 위해 열심히 일하고 있다. 이는 특히 극지방에서 임무를 수행할 때는 친구를 두는 것이 얼마나 중요한가를 다시 한번 보여준다. 극지방에서는 활동의 제약이 따르는 데다, 예측할 수 없는 날씨와 얼음 상황의 영향을 끊임없이 받기 때문이다. 이러한 경험을 바탕으로 극지 연구를 진행하는 국가들은 항상 하나로 뭉쳐 긴밀하게 협력하고 있다. 폴라르슈테른호도 북극이나 남극에서 지원을 필요로 하는 다른 배를 돕기 위해 부랴부랴 달려간 적이 부지기수다. 이제는 러시아 친구들이 즉각 우리에게 도움을 베푼다. 초대형 쇄빙선인 애드미럴 마카로프Admiral Makarov호가 이미 무르만스크에 대기 중이며, 우리의 임무를 지원하기 위해 즉시 얼음을 부수고 들어갈 준비가 되어 있다. 양쪽 배의 선장은 어떻게 일을 진행할지 정확하게 계산한다. 무엇보다 미지의 지점을 얼음 속에서 찾아야 한다. 즉 드라니친호가 연료 비축분으로 충분히 귀환할 수 있는 지점이면서, 동시에 마카로프호가 드라니친호를 만나 몇백 톤의 연료를 주더라도 이후 남은 연료로 충분히 왕복할 수 있는 지점이다. 계산이 나왔다. 양쪽 배의 도달 거리가 겹치는 지역이 존재한다! 이 조그맣게 겹치는 지역을 두 배가 만

나는 지점으로 삼아야 한다. 이 지점에서 정확하게 계산된 양의 연료를 드라니친호에게 넘겨준다. 그러면 양쪽 배 모두 얼음에서 빠져나와 돌아오는 나머지 여정에 필요한 연료를 충분히 확보한다.

마카로프호는 연료탱크를 완전히 채우고 며칠 안으로 출발한다. 귀환 중인 드라니친호와 약속 지점에서 만나 연료를 전달하기 위해서다. 그 지점은 아무도 모르는 북극 얼음 한복판, 극야의 완전한 어둠이 깔린 곳이다. 이제 우리는 세계에서 가장 유능한 쇄빙선 세 척과 동시에 협업하고 있다. 독일의 폴라르슈테른호, 러시아의 드라니친호와 마카로프호다. 육지에 있는 우리는 모니터 화면을 통해 이제 세 개의 점이 얼음 지도를 가로질러 정교하고 세련된 안무로 움직이는 모습을 본다. 이 안무를 통해 드라니친호는 폴라르슈테른호에 도달하여 정확한 시각, 정확한 장소에 직접 연료를 재보급할 수 있다. 이 작전은 그 자체로 역사에 극지 연구 역사에 길이 남을 것이다. 여태껏 누구도 이런 일을 해낸 적이 없으니까!

임무를 성공적으로 마친 드라니친호는 귀환 길에 오르지만, 얼음의 보호에서 벗어나기 전에 올해 바렌츠해에서 발생한 무수한 폭풍우 중 하나를 맞이해야 한다. 그래서 쇄빙선의 귀환 여정은 일주일이 더 걸리고, 3월 31일 트롬쇠에 입항한다. 이 복잡한 작전이 성공적으로 완료되어 정말 기쁘다.

새로운 바이러스, 모자익 원정은 막을 내리는가?

그리하여 드라니친호는 3월 말 트롬쇠에 도착한다. 평소 같으면 이것이 완전히 정상적인 진행이다. 하지만 드리니친호가 항해한 8주 동안 모든 것이 바뀌었고, 현재 더 이상 정상적인 것은 없다. 배와 배에 탄 사람들은 떠날 때는 상상도 하지 못했던 세상으로 귀환한다.

머나먼 곳 중국에서 울린 코로나19 폭풍우의 천둥소리는 전혀 사라지지 않는다. 오히려 모든 것을 휩쓰는 폭풍으로 불어난다. 1월

오존층 구멍이 사라진 이유

뜻밖에도 오존층 구멍은 지구에서 가장 예상치 못한 곳에서 발견됐다. 사람이 살지 않는 남극의 광활한 벌판 위쪽이다. 우리 부모 세대는 자기도 모르는 사이에 할론halon과 수소불화탄소HFCs를 소비해 오존층을 파괴했다. 할론은 소화기에 있고, 수소불화탄소는 스프레이 통에 들어 있는 분무용 프레온가스, 플라스틱 발포제, 냉장고 추진제로 오랫동안 사용됐다. 그런데 오존층 구멍이 21세기 후반에 사라질 거라는 좋은 소식이 있다. 이는 몬트리올 의정서와 그 이후 강화된 후속 규제 조치 덕분이다. 이때 사실상 전 세계 모든 국가가 더 이상 수소불화탄소와 할론을 생산하지 않겠다고 약속했다. 이 협정은 유엔이 주도해 체결됐다.

이 성공 사례를 통해, 대규모 글로벌 환경문제라도 시기적절하고 단호한 정치적 조치를 취하면 해결될 수 있는 사실을 알게 됐다. 이를 위해서는 여러 세대 간에 걸친 장기적 사고思考가 필요하다. 그 결과, 매년 전 세계적으로 피부암 발병 건수를 추가로 100만 건 이상 예방하는 효과가 발생한다. 각 세대가 자신만을 위해 계획을 세운다면, 이러한 성공은 불가능하다.

그리고 분명한 사실이 또 있다. 오로지 우리가 사는 세상과 멀리 떨어진 남극 관측 기지가 있었기 때문에 오존층에 어떤 일이 발생하고 있는지 제때 알게 되어, 지금 우리가 좋은 소식을 듣고 기뻐할 수 있다. 우리의 환경 시스템은 포괄적으로 관찰하고 경보 신호를 제때 파악하고 해석한다. 이를 위해서는 긴 안목과 호흡으로 추진해 나가야 한다. 또한, 비용이 많이 드는 글로벌 환경 조기 경보 시스템 운용을 위한 사회적 지원도 절실히 필요하다. *

23일, 중국은 대도시인 우한을 봉쇄했다. 1,100만 명이 넘는 인구가 거주하는 대도시 지역이 완전히 봉쇄됐다고? 상상조차 할 수 없는 일이다. 여태까지는 말이다. 싸구려 재난 영화에서나 등장할 이야기처럼 보인다. 하지만 몇 주 안에 지구 전체에서 이와 비슷한 사태가 일어나게 된다.

며칠 후, 그 바이러스는 독일에 도달한다. 바이에른에서 첫 번째 사례가 발생했지만, 아직은 빠르게 확인하고 격리할 수 있었다. 그래서 여기 유럽의 시스템은 모든 감염사례를 신속하게 억제할 수 있다는 그릇된 확신이 널리 퍼진다. 하지만 실제로는 이미 많은 이가 다음 같은 의문을 품는다. 누군가가 감염 직후(아직 잠복기에 있지만 이미 전염된 상태로) 유럽 전역을 여행하며 돌아다니거나 대규모 파티에 참석하면 어떻게 될까? 아무리 낙관주의를 과시해 보아도, 통제하기 어려운 무언가가 여기 우리에게 다가오고 있다는 불안감을 억누를 수는 없다.

늦어도 2월 말에 이탈리아에서 감염자와 사망자 수가 치솟으면서, 문제의 규모와 심각성을 확실히 인식하기 시작한다. 일부 지역 병원은 환자를 감당할 수 있는 수준을 훌쩍 넘었고, 집중치료실 병상과 산소호흡기는 필요로 하는 환자를 충족시키기에 턱없이 부족했다. 이탈리아 북부 도시 베르가모에서 화장장이 도저히 감당하지 못해 군용트럭에 시신을 실어 가는 장면을 담은 사진은 영원히 잊지 못할 것이다.

이후 댐이 터지는 시점에 도달했고, 여기 독일도 아무것도 통제할 수 없다는 사실을 분명히 깨닫는다. 이제부터 우리는 아무 도움 없이 오로지 맨눈에 의지해 나가야 하는 상황에 놓인다. 하인스베르크에서 열린 카니발 모임에 감염자가 참석했다는 소식이 알려진다. 한 가지 분명한 것은, 모든 카니발 참가자의 연락처를 확인하고 격리할 가능성은 거의 없다는 사실이다. 독일 보건 당국은 혼신을 다해 감염 연결 고리를 추적했다. 최대한으로 노력했다는 건 인정할 만하지만, 결국 추적은 실패했다. 누구의 잘못도 아니다. 조만간 불가피하게 일어날 수밖에 없는 일이다. 우리 모두 이런 예상을 오랫동안 집단적으로 애써 외면했을 뿐이다.

우리는 독일에 살아서 큰 장점이 있기는 하다. 바로 몇 주 정도 미리 경보를 받을 수 있다는 점이다. 그래서 이탈리아 북부의 상황을 찍은 사진을 목격하고 적절한 결정을 내릴 수 있다. 이곳 독일은 물론 유럽 전체가 똑같은 결정을 내린다.

독일에서는 3월 22일부터 타인과의 접촉을 규제한다. 그 결과 "사회적 거리두기"라는 개념이 유행어로 득세하고, 상점은 문을 닫고, 행사는 금지된다. 유럽 전역에서 국경이 폐쇄된다. 노르웨이는 특히 엄격한 규제가 적용되는 국가인데, 공교롭게도 지난번에 교대한 드라니친호 귀환자들이 이 나라에 정박하기로 되어 있다. 이제 그들에게 무슨 일이 일어날까?

우리 주변에서 위기가 폭발하고 여러 국가의 입출국 규정이 거의 매시간 바뀌는 가운데, 100명으로 이루어진 해외 원정대가 북극에서 귀향길에 올라 트롬쇠로 돌아오고 있다. 드라니친호가 마카로프호와 접선해 급유를 받기 시작하자마자, 노르웨이는 국경을 폐쇄한다. 따라서 평상시처럼 트롬쇠에 입항하는 게 더 이상 불가능하다. 다른 유럽 항구도 잇달아 문을 닫는다. 우리는 신속하게 드라니친호에 연료를 더 공급하라는 명령을 내린다. 드라니친호가 적합한 항구를 더 이상 찾지 못하는 경우, 연장된 항해 여정을 견딜 수 있도록 내린 조치다. 마카로프호의 연료 비축량은 드라니친호에게 추가 공급해도 충분하다. 이와 동시에 우리는 노르웨이 당국과 분주히 협상을 시작하고, 코로나19가 만연한 상황에서 원정팀을 육지에 내리게 해 각자의 고향으로 데려갈 수 있는 계획을 짠다.

마침내 드라니친호가 폭풍우가 몰아치는 바렌츠해를 건너 트롬쇠로 향하는 순간에도, 협상은 계속 진행 중이다. 배가 항구에 도착하기 직전이 되어서야, 모든 곳에서 해결책이 허용된다. 즉 드라니친호가 입항하면, 노르웨이인을 제외한 모든 원정대원은 외부 세상과 격리된 상태에서 즉시 버스를 타고 우리가 마련한 전세 비행기로 이동해 독일로 날아간다. 노르웨이 원정대원은 노르웨이에 머물며 14일간 격리된다. 독일에서 우리는 격리 명령을 받지 않았다. 바이러스에 감염되지 않은 게 거의 확실하기 때문이다. 우리 원정 팀은 코로나19가 발생하기 훨씬 전에 북극으로 출발했고, 이후 마카로프호가 급유할 때를 제외하고는 완전히 고립되어 있었다. 또한, 급유 때도 실제로 개인 접촉은 없었다. 그래서 독일에서 온 해외 원정대원은 얼마 남지 않은 정기노선 항공편을 타고 고국으로 돌아갈 수 있었다. 입국 때 코로나 검사를 받았는데, 실제로 감염된 사람은 아무도 없는 것으로 확인됐다.

그래서 이제 두 번째 단계에 참가한 원정팀은 무사히 귀환한다. 하지만 이미 폴라르슈테른호 원정대원의 다음 교대가 임박하고 있다. 이제 유빙에서는 빛의 단계가 시작되고 있다. 몇 달 전 내가 떠날 때와는 완전히 다른 세상이다. 2월 말에는 폴라르슈테른호에서 수평선의 빛을 볼 수 있고, 3월 1일에는 다시 일광 같은 게 등장하며, 3월 12일에는 둥근 태양 자체가 처음으로 지평선 위에 떠오른다. 날마다 변하는 빛의 분위기를 담은 매혹적인 사진이 육지에 있는 우리에게 도착한다. 사진을 보며, 북극에서 길고 긴 밤을 보낸 뒤 처음으로 해가 뜨는 광경을 직접 본 체험을 여러 번 떠올린다.

연구 또한, 항상 긍정적이지 않기는 해도 중요한 결과를 끌어낸다. 연구용 기구가 북극 한가운데 상공에서 오존층 구멍을 감지했기 때문이다. 북반구 오존층은 그 어느 때보다도 남극 오존층에 구멍이 난 상황과 부쩍 유사하다. 오존 대부분이 있고 지구 주변에 보호층을 형성하는 고도 18킬로미터 지점에서, 지난 몇 주 동안 전체 오존의 95퍼센트가 파괴됐다.

그래서 코로나바이러스의 손길이 닿지 않은 지구상 몇 안 되는 곳 중 하나인 유빙에서는 모든 일이 정상적으로 진행되고는 있다. 반면 이제 팬데믹은 복잡한 원정 관련 물류에 전면적으로 타격을 가하고 있다.

원래 나는 3월 중순에 임박한 원정대원 교체의 선발대 자격으로 연구용 비행기를 타고 북극에 있는 폴라르슈테른호로 다시 돌아갈 예정이었다. 폴라르슈테른호로 가는 연구용 비행기를 타고 광범위하게 비행할 계획을 세웠다. 즉 이 비행기는 유빙에서 측정한 수치를 보완하고, 이를 훨씬 더 넓은 환경까지 포함해 기록할 예정이었다. 비행 활동을 진행하는 동안 얼음 위에 있는 폴라르슈테른호에 착륙할 예정인데, 나는 착륙하는 김에 원정 활동에 복귀하고 싶었다. 북쪽 저 멀리에 있는 배에 도달하기 위해서는 스피츠베르겐섬에서 비행기를 출발시켜야 하고, 그린란드 북쪽에 위치한 작은 연구기지이며 활주로와 항공연료가 있는 스테이션 노르드Station Nord에 잠깐 착륙해 급유해야 한다.

3월 6일 금요일, 짐도 다 쌌고 월요일에 출발할 스피츠베르겐행 비행기도 예약했다. 전화벨이 울린다. 우베 닉스도르프다. 뭔가 잘못됐다는 것을 즉시 알아차린다. 이미 얼마 전에 원정대원 전원에게 코로나 사전 검사를 실시하기로 확정됐다. 어제 브레머하펜에서 비행 활동 참가자 상당수가 모였고, 이때 검사가 진행됐다.

지금 우베는 다음 같이 보고한다. 검사 결과, 한 사람이 양성 판정을 받았다. 비행 활동 참가자 한 명이 감염된 것이다! 그리고 이 친구는 비행 활동과 관련된 업무를 수행하며 거의 모든 참가자와 접촉했다. 즉시 모임에 나온 참가자 전원에게 2주간 자가격리 명령을 내린다. 이로써 비행 활동은 당분간 진행되지 못할 것이라는 사실이 분명해졌다. 우리는 통화 중에 약 2주간 연기하기로 결정한다. 나는 스피츠베르겐행 비행기 예약을 변경한다. 그런데 이는 모든 것을 휩쓸고 파괴하는 폭풍의 서막에 불과하다. 지금 온 힘을 다해 우리에게 들이닥치고 있는 폭풍 말이다.

며칠 후, 노르웨이 당국은 스피츠베르겐섬을 무기한으로 완전히 봉쇄한다. 이 섬은 코로나 청정지역이며 그 상태를 계속 유지해야 한다. 2,500명 정도 되는 사람들이 사는 소규모 지역사회에서 바이러스가 발생하면 제대로 대처하지 못할 것이다. 얼마 지나지 않아 노르웨이 전체가 국경을 폐쇄하고 스칸디나비아 국적이 아닌 여행객의 입국을 전면 금지했다. 이로써 당장 분명해졌다. 단순히 항공기 운항 연기 차원의 문제가 아니라, 머지않아 비행기 뜨는 것 자체가 불가능하게 될 수도 있다는 사실을.

이제 나쁜 소식이 연달아 강타한다. 3단계 팀과 4단계 팀 간의 로

테이션을 위해 마찬가지로 4월 초에 러시아 항공기 안토노프Antonov An-74편을 타고 스피츠베르겐섬을 경유할 계획이었는데, 이제는 불가능하다! 이후 원정대에 물품과 연료를 공급하고 4단계 팀과 5단계 팀을 교대하는 작업을 위해 스웨덴 연구용 쇄빙선 오덴Oden 호가 6월과 7월 두 차례 출항할 계획이었다. 그런데 스웨덴 파트너가 보낸 편지가 이 계획을 물거품으로 만든다. 팬데믹 상황으로 인해 오덴 호는 본국으로 귀항하라는 명령을 받았으며, 더 이상 모자익 원정에 투입되지 못한다는 내용이다. 중국 연구용 쇄빙선 쉐룽雪龍 2호가 마지막 보급과 급유는 물론 5단계와 6단계 팀 간 인력 교체를 맡기로 되어 있었다. 그러나 중국 쪽 파트너도 쉐룽 2호가 본국 항구로 돌아왔으며 현재 상황에서는 더 이상 이용할 수 없다고 통보한다. 많은 국가가 국경을 폐쇄했다는 새로운 뉴스가 거의 매시간 보도된다. 결국, 셍겐Schengen 지역(1985년 체결된 셍겐 조약에 의해 자유 통행이 유지되는 유럽국가들) 전체가 해외 입국을 막고, 유럽 내 국경도 대부분 폐쇄된다. 며칠 내로 원정 관련 물류 개념 전체가 산산조각이 난다. 그래서 지금 배가 북극에 얼어붙어 있는데, 그곳에 원정 후반을 진행하기 위한 물품을 어떻게 보급해야 할지 모르겠다.

항상 모자익이 실패할 수 있다는 것을 분명하게 인식하고 있다. 이런 종류의 야심만만한 극지 탐험은 언제나 실패할 수 있다. 실패 가능성을 감수하지 않고서는 위대한 업적을 성취할 수 없다. 이는 극지 연구를 뛰어넘어 삶의 다른 많은 분야에서도 마찬가지로 통용될 것이다. 나는 항상 이러한 실패 가능성이, 모자익 같은 북극 중심부에서 인류에게 절실히 필요한 과학 관측을 실행하는 프로젝트를 위한 전제 조건이라고 본다. 우리 프로젝트 입장에서는 그리 아름답지 않은 조건이지만, 그래도 큰 목표를 달성하려면 받아들여야 하는 조건이다.

그러나 배 안에서 절대 발견된 적이 없는 작은 바이러스 때문에 원정 자체가 무산될 위기에 놓일 거라고는 전혀 예상하지 못했다. 그리고 바로 이 바이러스로 인해 지금 모든 게 매우 위태로운 지경에 놓였다. 원정을 계속 진행할 수 있을 지 여부는 완전히 불분명하다. 원정이 실패로 돌아갈 수도 있다는 점을 항상 인지하고는 있었지만, 막상 실패가 지금 눈앞에 닥치니 견디기 어렵다.

우울한 단계가 시작된다. 몇 주 동안 아무것도 하지 못하고, 여전히 여행 제한 및 국경 폐쇄 소식이 잇달아 들려온다. 모자익에 참여하는 국가 중 상당수에서 공적 생활은 사실상 중단됐다. 불과 몇 주만에 이 세상은 우리가 해외 원정 프로젝트를 계획했던 시절의 세상과는 전혀 딴판으로 변했다. 절망에 빠질 수밖에 없다.

하지만 어려움에 직면했다고 포기할 수는 없다. 그러려고 원정 프로젝트를 시작한 게 아니다. 날마다 예상치 못한 문제와 도전 과제에 직면하는 극지방에서 충분히 단련한 덕분에, 팬데믹이라는 치명적인 상황에서도 절망에 빠지지 않고 실용적인 해결책을 찾는 방향으로 빠르게 전환할 수 있다.

포기는 선택 사항에 들어 있지 않다. 그래서 우리는 매번 타격을 받아도, 재빠르게 다시 일어나 해결책을 찾는다.

무엇보다 일단 어마어마한 운용 문제를 해결할 필요가 있다. 어떻게 하면 원정을 구원할 수 있을지는 아직 잘 모르겠다. 하지만 이러한 상황을 제대로 대처하기 위한 조직체가 필요하다. 나를 비롯해 물류 담당자 우베 닉스도르프, 알프레트 베게너 연구소의 양대

소장인 안트예 뵈티우스(과학 담당 소장)와 카르스텐 부르(Karsten Wurr, 행정 담당 소장)로 이루어진, 소규모이지만 강력한 위기 대응팀을 꾸린다. 앞으로 내릴 결정에 대해 광범위한 지지와 후원이 필요하다. 이제 진흙탕에 빠진 수레를 다시 끌어올리기 위해 팀의 규모를 대폭 늘려야 한다. 이 임무를 수행하기 위한 조직체를 며칠 내로 구축해 효율적으로 운영해야 한다. 그리고 실제로 그렇게 된다.

임무는 분명하다. 몇 년 동안 세심하고 신중하게 개발한 물류 개념은 더 이상 존재하지 않는다. 새로운 것이 필요하다. 그런데 이를 개발할 시간이 몇 주밖에 없다. 지금 세상은 이런 국제적 규모의 일을 수행하기에는 훨씬 더 복잡해졌다. 우선 무언가를 계획하는 것 자체가 거의 의미가 없게 됐다. 몇 주 후는 물론 몇 달 후 글로벌 상황이 어떻게 될지 아무도 모르기 때문이다. 그래도 어쨌든, 일을 시작해야 한다!

물류 부분에는 가용 인력이 전부 동원된다. 안트예 뵈티우스는 지금까지 하던 일도 충분히 힘든 판에 불가사의한 수준의 에너지를 추가로 쏟아붓는다. 그리고 모자익 프로젝트의 선조 격이자 오랜 세월 선두에서 모든 것을 추진했던 인물인 클라우스 데트로프는 예정된 은퇴를 잠시 미루고 업무에 다시 참여한다.

우선 가장 긴급한 것은 얼음 위에 있는 우리 팀이다. 어차피 6월에 오덴호 작전을 실행할 때 차기 식량과 연료를 인도하기로 계획됐기 때문에, 보급 상황이나 연료 쪽에서 당장 시급한 문제는 없다. 하지만 온 세상이 무너지는 동안 북극에 단단히 고립된 팀에게 무얼 기대할 수 있을까? 상당수 팀원은 집에 있는 가족 걱정을 하고 있으며, 이러한 상황을 버텨내기 위해 당장 사랑하는 사람들과 함께 있기를 꿈꾼다.

우리에게는 어떤 선택권이 있을까? 원정을 중단하고 우리 팀을 고국으로 데려오는 것을 생각 중이다. 하지만 이 시기의 얼음은 가장 두껍고 단단하다. 표류 속도는 빠르고 폴라르슈테른호는 이미 대서양 방향으로 멀리 나가고 있고 얼음 가장자리는 이 시점에서 예상보다는 덜 멀리 떨어져 있지만 말이다. 그럼에도 폴라르슈테른호가 비축 연료를 활용해 자력으로 얼음 가장자리에 도달할 수 있을지는 의문이다. 나중에 드러났지만 이런 일은 실제로 가능하지 않을 것이다. 그래서 우리가 해결책을 찾는 동안, 팀은 참고 견뎌야 한다. 원정 계획은 항상 매우 많은 것을 필요로 하고 그 과정에서 수많은 어려움을 극복해야 하지만, 나는 지금까지 잠은 늘 잘 잤다. 그러나 이번 주는 근심이 너무 많아 잠 못 이룬 밤이 많다.

우리는 원정을 구해내기 위한 전반적인 개념을 다시 만드는 일을 하는 동시에, 소규모 항공 작전 개발도 의욕적으로 병행한다. 이는 각양각색의 이유로 더 이상 얼음에서 버티지 못하거나, 부득이하게 집에 가야 하는 원정 참가자 몇몇을 비행기에 태워 귀국시키는 작전이다. 여러 기관 및 현장과 전화 통화한 끝에, 그린란드 북쪽에 위치한 연구기지 스테이션 노르드가 우리의 작전을 허락했다. 이로써 트윈 오터형 소형 항공기 두 대가 단 한 번 그 기지에 착륙해 연료를 가득 채울 수 있게 됐다. 하지만 이는 기지에 근무하는 이가 어느 정도 위험을 감수해야 한다는 의미다. 항공 승무원 중 감염자가 있다면, 급유 중 우발적인 접촉을 통해 바이러스를 기지에 퍼뜨릴 수도 있다. 더 많은 인원이 참여하는 대규모 작전을 진행할 때 이런 일이 일어나면 상상할 수 없는 위험 상황으로 확대될 것이며, 앞으로 어떠한 경우에도 스테이션 노르드는 착륙을 허락하지 않을 것이다. 하지만 결국, 우리는 이 의욕적인 소규모 작전을 성공적으로 수행했다. 즉 트윈 오터 두 대를 타고 캐나다 북부의 작은 활주로에서 급유하고 마지막으로 스테이션 노르드를 경유하는 복잡한 경로를 무사히 지났다. 4월 22일, 트윈 오터 두 대가 얼음 위에 있는 폴라르슈테른호에 마련된 활주로에 선회 착륙한다. 트윈 오터는 안전상의 이유로 비상시 서로 구조하기 위해 늘 두 대가 짝을 지어 함께 다닌다. 트윈 오터는 원정대원 일곱 명을 태우고 올 때와 똑같은 경로로 북미로 돌아갔다. 북미에 도착한 귀환자들은 여정을 이어나가 각자의 고국으로 돌아갈 수 있었다. 우리 쪽 물류 그룹은 끊임없이 노력을 기울여, 당국으로부터 해외여행 제한 예외 허용을 얻는 데 성공한다. 원정 프로젝트 재개를 위해 꼭 필요한 조치다. 물류 팀의 탁월한 계획 업무로 인해 운영은 전반적으로 잘 이루어진다.

또한, 물류 팀의 맹활약 덕분에 나머지 팀원을 교체하기 위한 해결책을 찾을 시간도 얻는다. 잔류 중인 참가자들은 예정보다 몇 주 더 얼음에 머물 뜻을 보였다. 극지 연구는 지칠 줄 모르고 계속 진행된다. 이제 봄이라 기온이 오르고 있고, 5월 말이나 6월 초가 되면 폴라르슈테른호는 자력으로 얼음에서 벗어나 팀원을 데리고 돌아올 수 있을 것이다.

원래 계획을 짤 때 대규모 안전 완충 장치를 구축해 둔 것이 지금 결실을 맺는다. 폴라르슈테른호는 항상 연료와 식량을 보급받아서, 전혀 보급을 받지 않는 상태에 놓여도 자력으로 귀환을 시작할 때까지 얼마든지 겨울을 버텨낼 수 있었다. 이를 위해 우리는 보급 주기를 본래 계획대로 원정을 진행할 때 필요한 주기보다 더 촘촘하게 배치했다. 하지만 지금처럼 실행할 수 있는 게 없어 한계에 부딪치면, 극지 물류 계획을 어떻게 짜야 할까? 예측할 수 없는 일이 항상 발생하기 때문에, 계획 단계부터 팀과 배의 안전을 최우선 사항으로 놓았다.

그래서 지금 아무도 곤경에 빠지지 않았다. 팀은 얼음 속에서 다음 상황을 기다리는 동안 안전하고 따뜻하게 지내며 보급도 잘 받고 있다. 배에 탑승한 인원 모두가 알고 있다. 해결책을 찾지 못하더라도, 여름이 되면 자력만으로도 안전하게 귀환할 것이라고.

이제 원정대를 구조하는 문제에 초점을 맞출 필요가 있다. 향후 보급에 대한 해결책을 찾지 못하면 늦어도 초여름에는 원정을 중단할 수밖에 없다. 상황이 이렇게 되면, 이 프로젝트가 지향하던 과학 목표에 상상할 수 없는 재앙으로 작용할 것이다. 지금까지 우리는 겨울과 봄은 잘 다루기는 했지만, 사실 기후모델은 1년 내내 실행되어야 한다. 북극 기후시스템을 좀 더 강력하게 모델링 하는 데 성공하려면 여름철 기후 진행 과정도 기후모델에 제대로 반영되어야 한다. 지금 원정이 중단된다면, 이 여름 부분은 원정대가 제공하기로 한 측정 시계열(時系列, 특정한 기간에 걸쳐 계속되는 동등한 공간적 시점에서 수량이 기록되는 자료-옮긴이)에서 누락될 것이다.

앞으로 몇 주에 걸쳐 전 세계 대규모 원정과 연구선 투입이 모조리 중단되고 취소되는 동안, 우리는 모자익 원정을 구출하기 위한 작업에 임한다.

어떻게든 머리를 쥐어짜, 북극 깊숙한 곳에서 원정 팀을 교대하고 끝까지 폴라르슈테른호에 보급할 수 있는 모든 방법을 강구하고 있다. 아무리 실현 가능성이 멀어 보이더라도 생각해 낸 방법은 전부 기록하고, 이를 심화·세분화해 나무 모양의 차트로 만든다. 또한, 독일은 물론 전 세계에 있는 모든 파트너와 친구들에게 연락을 취한다. 누가 자원, 쇄빙선, 일반 선박 또는 극지방 운항 선박을 보유했나? 누가 코로나 조건 아래에서도 투입해 우리를 도와줄 수 있나?

중국 쪽 파트너는 즉시 협력 가능성을 검토하지만, 자기네 배가 너무 먼 곳에 있어 투입하지 못한다. 러시아 동료들도 즉각 도움을 제공한다. 하지만 그들이 보유한 두 척의 배인 아카데믹 페도로프호와 아카데믹 트료쉬니코프호는 현재 남극을 항해하고 있어 마찬가지로 너무 먼 곳에 있다. 하지만 마지막 팀이 폴라르슈테른호로 출발하는 8월에는 두 선박을 사용할 수 있다! 최종 공급을 위한 해결책이 나오고 있다.

그러나 지금 향후 진행해야 할 인원 교대와 공급에 대해서는 별다른 해결책을 마련하지 못하는 상태가 지속된다. 그래서 이 부분에 대해서는 나무 모양 차트에 '멈춤' 표시만 붙이는 상황이다. 방법을 기껏 생각해 내도 막다른 길에서 끝나는 경우가 점점 더 늘어난다.

하지만 전부 그런 건 아니다! 이제 거의 모든 곳에 멈춤 표시판이 붙어 있지만, 아직 한 가지 시나리오가 남아 있다. 두 척의 독일 연구선인 마리아 S. 메리안Maria S. Merian호와 FS 존네FS Sonne호가 팬데믹 때문에 원정을 중단하고 독일로 귀환하는 중이다. 이와 관련된 핵심 당국이 신속하게 지원할 뜻을 보인다. 이들 두 배의 투입과 배치를 조정하는 독일 연구선 관리국die Leitstelle Deutscher Forschungsschiffe, 선박을 운영하는 독일 연구재단die Deutsche Forschungsgemeinschaft, 선박 소유주인 독일 연방 교육연구부das Bundesministerium für Bildung und Forschung다. 교육연구부 장관도 이 해결책에 즉시 동의한다. 장관은 예전부터 좋을 때든 나쁠 때든 줄곧 우리 프로젝트를 든든하게 지원하고 있다. 게다가 현재 얼음에 갇힌 팀은 개인적으로 큰 시련을 감수하고 있음에도 우리가 제시한 해결책에 동의한다. 물론 이 해결책은 원정 대원들이 두 달 넘게 더 얼음 속에 머물러야 하고, 까다로운 팬데믹 상황으로 인해 집에 있는 가족을 부양하지 못한다는 것을 의미하지만 말이다. 이것이 바로 우리가 갈망하던 돌파구다! 마침내 대략적인 계획이 나왔다.

우선 여전히 계획 중인 인원 교대 및 보급 횟수를 세 번에서 두 번으로 줄인다. 5월 말이나 6월 초에 한 차례 시행할 때는 존네호와 메리안호와 함께, 8월에 한 차례 시행할 때는 트료쉬니코프호와 함께 진행한다. 이와 동시에 과학팀을 조정할 필요가 있다. 이제 원정은 총 6단계가 아니라 5단계만 있을 것이고, 그 밖에 다른 상당수 세부 사항을 명확히 해야 하기 때문이다.

독일 연구선 두 척은 쇄빙선이 아니다. 마리아 S. 메리안호는 얼음 가장자리 지역에서 임무를 수행할 수는 있지만, 아직 빙원 깊숙한 곳에 갇힌 폴라르슈테른호를 향해 돌진해 나가지는 못할 게 너무나 확실하다. 그리고 존네호는 얼음 속에서 작동하도록 설계되지 않았다. 대부분 열대·아열대 기후 지역에서 활동한다. 하지만 인원 교대는 초여름이 되어서야 진행하는 것으로 계획했기 때문에, 그때가 되면 폴라르슈테른호는 점점 더 남쪽으로 표류하는 위치에 있어 얼음 가장자리에 도달할 수 있을 것이다. 그렇게 되면 폴라르슈테른호는 두 배를 만날 수 있을 것이다. 우리는 독일에서 가장 규모가 큰 연구선 세 척이 얼음 가장자리에서 만나도록 계획을 짠다. 이렇게 만나서 인력을 교체하고 보급도 할 계획이다. 이 세 척의 배가 공동 목표를 위해 함께 협력하는 건 이번이 처음이다. 바로 팬데믹 기간에도 전 세계 해양에서 계속 진행 중인, 유일무이한 대규모 연구 프로젝트인 모자익을 구원하자는 공동 목표를 위해서다. 이는 급박한 상황이 닥쳤을 때 연구 단체와 모든 관련 당국이 서로 협력해 난관을 극복할 수 있다는 것을 보여주는 훌륭한 증거다. 그리고 모든 관련 파트너에 대해 말하자면, 흥미롭게도 관료주의적인 절차가 얼마나 능률적이고 효과적인지 보여주는 증거이기도 하다. 일반적으로 대형 연구선 투입을 계획하는 데는 최소 2년의 진행 기간이 필요하다. 그런데 모든 게 한 치 앞도 알 수 없는 지금은, 전반적인 개념을 세우는데 한 달도 채 걸리지 않았다. 우리 독일의 연구 환경이 정말로 자랑스럽다.

이로써 모자익 임무를 구해냈다! 마음속에서 돌이 떨어져 나가는 느낌이다. 그동안 쌓인 돌이 한두 개가 아니다. 근심으로 가득 찬 몇 주를 보낸 후, 해결책이 눈앞까지 오고 원정 프로젝트를 계속 진행할 수 있다는 사실도 알게 되면서 엄청난 안도감을 느꼈다. 그런데 분명하게 강조해야 할 중요 사항이 하나 있다. 차기에 인원 교대가 이루어진 뒤 폴라르슈테른호나 보급선에서 코로나가 발생하는 상황은 어떠한 경우라도 피해야 한다. 그렇게 되면 재앙으로 확대될 것이고, 배에 탄 모든 이를 큰 위험에 빠뜨려 원정은 실패로 이어질 것이다. 그래서 우리는 보건 당국과 긴밀히 협력해 계획을 세운다. 보건 당국은 존네호와 메리안호를 타고 폴라르슈테른호를 향해 출발하는 모든 참가자는 최소 2주간 엄격하게 통제된 격리 조치를 받으며, 이 기간에 바이러스 검사를 여러 번 받도록 규정하고 있다. 따라서 과학자와 승무원은 브레머하펜에 있는 호텔 두 곳에 격리되어 외부 세상과 어떠한 물리적 접촉 없이 족히 2주는 머물게 된다. 첫 주는 다른 사람과 일체 접촉 없이 각자 밀폐된 개인 격리실에서 지낸다. 두 번째 주는 격리자 그룹 내에서만 접촉 가능 하나, 이때 거리두기 규정을 준수해야 한다. 그런 다음에야 메리안호와 존네호가 있는 항구로 이동하여 북쪽을 향해 출발할 수 있다.

이제 나 또한, 작별 인사를 해야 한다. 이번 인원 교체 때 마침내 폴라르슈테른호로 돌아가, 거기서 원정을 끝까지 이끌기로 했다. 준비할 시간은 거의 없다. 존네호와 메리안호가 인원 교체 임무를 맡기로 확정한 순간과 임무를 실제로 시작한 순간 사이의 기간은 채 2주도 되지 않으니까. 5월 1일, 나는 브레머하펜에 있는 호텔 앞에 가방을 들고 서 있다. 몇 주간의 자발적인 감옥 생활을 기다리고 있다. 하지만 격리 생활을 기다리는 마음은 기쁘기만 하다. 얼음으로 다시 돌아가니까!

4부

봄

14일 동안 홀로 격리 생
활을 했다. 다음 원정 단
계로 가기 위한, 기묘한
시작이라 하겠다.

8장
얼음으로 귀환하다

2020년 5월 1일, 이백스물다섯 번째 날

내 뒤로 문이 닫힌다. 이제 나 혼자다. 이렇게 특이한 방식으로 원정을 시작한 적은 처음이다. 2주 이상 격리 생활이 시작된다. 처음에는 참가자 각자가 브레머하펜에 있는 호텔 방에 격리되어 고립 생활을 한다. 내가 가장 먼저 한 일은, 앞으로 몇 주 동안 지낼 제한된 영역을 둘러보는 것이다. 호텔은 잘 선택했다. 방 한쪽에는 천장에서 바닥까지 이르는 전면 창문이 있다. 이 창문으로 작은 내항이 내려다보인다. 내항에는 다른 기관의 연구선이 정박해 있다. 이런 개방형 설계 덕분에 외부 세상과 단절된 채 감금됐다는 느낌을 덜 받는다. 격리 상태에서 폐소공포증의 느낌을 빨리 극복하려는 사람들에게 확실히 도움이 된다.

이제 완벽한 고립 상태다. 다른 사람을 볼 수도 없고, 25제곱미터의 방을 절대 벗어날 수도 없다. 문은 닫힌 상태를 유지한다. 유일한 예외가 있긴 하다. 하루 세끼, 식사를 위해 문을 두드리면 몇 분간

기다렸다가 문을 열고, 미리 가져다 놓은 음식을 재빠르게 방 안으로 들고 온다.

인터넷은 아직 작동하지 않는다. 침대에 누워 있지만 할 수 있는 게 아무것도 없다. 여기서는 조정하거나 규제할 게 아무것도 없다. 결국, 누군가가 보유한 바이러스가 충분히 증식해, 검사에서 모습을 드러낼 때까지 기다릴 수밖에 없다. 그렇게 되면 바이러스에 감염된 참가자를 추려내 치료할 수 있다. 지금 모두가 인간 바이오리액터bioreactor일 뿐이다. 우리의 유일한 임무는 잠복 중인 감염균이 실제로 발병할 시간을 충분히 주는 것이다.

그래도 이렇게 여유를 많이 누리게 된 건 몇 년 만에 처음이다. 기분이 정말 좋다! 나는 여유 있는 시간을 즐기고 커피 한 잔을 끓이고 전면 창문 앞에 놓인 안락한 의자에 앉아 쌍안경으로 바깥세상에 있는 내항을 감상하며 가상 산책을 즐긴다. 혼자서도 잘 지내며, 격리기간이 힘들지 않을까라는 걱정은 전혀 하지 않는다. 오히려 격리기간을 활용해, 원정이 거의 실패로 돌아갈 뻔했던 지난 몇 주간의 힘들고 스트레스도 엄청나게 받은 시간에서 벗어나 몸과 마음을 회복하려고 한다.

이번에는 약 6개월 동안 긴 여행을 떠나게 됐다. 어제 아침 아들들과 작별 인사를 나눴고, 아내는 포츠담에서 브레머하펜까지 차로 데려다주었다. 코로나로부터 안전한 일종의 개인택시를 탄 셈이다. 큰아들은 이날 따라 평소보다 늦게까지 잠을 자는 바람에, 아빠와 함께 보내는 마지막 아침을 놓칠까 봐 매우 슬퍼했다. 하지만 나는 출발을 미루고 집에서 아이들과 함께 충분히 시간을 보냈다. 어차피 어제 브레머하펜에서는 할 일이 아무것도 없었기 때문이다. 그리고 아내도 브레머하펜에서 작별 인사를 한 뒤, 차를 몰고 돌아갔다. 극지방 연구자의 가족은 작별을 감당할 수 있어야 한다.

2020년 5월 4일, 이백스물여덟 번째 날

그사이에 인터넷 문제는 해결됐다. 우리 쪽 물류부서에서 신속하게 격리자가 있는 호텔에 휴대폰 네트워크와 연결된 무선랜 라우터를 배포했고, 이제 휴대폰뿐만 아니라 컴퓨터에도 이메일이 다시 쏟아져 들어온다. 내 입장에서, 이는 비교적 평범하게 사무실 생활을 하게 된다는 의미다. 동시에 모든 참가자가 왓츠앱에서 단체 대화방을 만든다. 이런 식으로 서로를 알아가고, 모두가 처음으로 한 팀에 소속됐다는 느낌을 키워나가기 시작한다. 활동은 잘 돌아간다. 채팅을 통해 우리는 어느 원정 참가자를 위해 창가에서 생일 축하 노래를 불러주기로 뜻을 모은다. 첫 번째 코로나 검사 결과가 나오자, 우리는 창가에 서서 일제히 환호한다. 모두 음성으로 나왔다!

하루는 예상보다 빠르게 지나간다. 지금까지 호텔에 설치된 TV를 켠 적도 없다. 의무와 책임이 없는 시간은 내가 좀처럼 누리기 힘든 사치다. 게다가 전화와 이메일이 계속 밀려 들어오기도 한다.

2020년 5월 5일, 이백스물아홉 번째 날

오늘은 두 번째 코로나 검사를 받는 날이다. 모든 참가자의 방문을 노크하는 소리가 들린다. 물류부서 소속 의사인 에버하르트 콜베르크Eberhard Kohlberg와 팀 하이트란트Tim Heitland가 문 앞에 서서 면봉으로 콧구멍과 목구멍을 훑는다.

이들은 격리 그룹에 속하지 않아 감염을 옮길 수 있기 때문에, 전

신 보호구를 착용해 몸 전체를 가렸다. 그래서 그들의 얼굴이 거의 보이지 않는다. 두 사람 모두 경험이 풍부한 원정 전문 의사이고, 남극 기지에서 겨울을 보낸 적이 있어 나와도 잘 아는 사이다. 그들은 지금 우리와 함께 출발할 예정인 150명이 넘는 인원을 대상으로, 시차를 두고 코로나 검사를 진행하는 복잡한 검역 절차 개념을 고안해 냈다. 여기에는 과학 담당 원정대원, 폴라르슈테른호·존네호·메리안호 승무원이 포함된다. 에버하르트와 팀은 이 절차를 생각해 냈고, 보건 당국과 조율해 여기 특별 임대한 호텔 여러 곳에서 검역 절차를 시행했다. 또한, 그들은 해외 원정대원이 주로 EU 국가를 입국할 때 필요한 예외 허용을 모조리 얻어내기도 했다. 이는 전반적으로 가히 정신 나간 수준의 과감한 시도이자 물류 분야의 엄청난 성과다. 이 두 사람 덕분에, 우리는 원정을 안전하게 계속 이어나갈 수 있게 됐다.

2020년 5월 7일, 이백서른한 번째 날

두 번째 코로나 검사에서도 모두 음성 판정을 받았다! 이번에는 복도 쪽에서 환호가 시작된다. 두 번째 음성 판정으로 우리 그룹에서 감염자가 나올 가능성은 매우 낮아졌다. 따라서 이제 격리 2단계가 시작된다. 이제 방에서 나와 외부와 완전히 고립된 호텔 안에서 서로 얼굴을 볼 수 있게 됐다. 물론 2미터 간격을 두어야 하는 규정은 계속 유지되지만, 이제 식당에서 함께 식사할 정도는 가능하다.

2020년 5월 15일, 이백서른아홉 번째 날

오늘 아침 세 번째 코로나 비인두도말검사가 실시됐고, 밤 11시경 안도감에 휩싸인 에버하르트가 전화를 걸어왔다. 또다시 전원 음성 판정이다! 너무 기뻐서, 통화 중만 아니라면 서로의 목을 얼싸안고 싶은 지경이었다. 얼마나 다행인지 모른다! 그동안 기울인 모든 노력이 헛되지 않아, 실제로 월요일에 출발할 수 있게 됐다. 나는

얼음 가장자리를 향해 느긋하게 항해 중인 마리아 S. 메리안호. 북대서양에서 최고의 날씨를 맞아 휴식을 취하고 있다.

왓츠앱을 통해 결과를 발표하고, 모두 또다시 환호성을 높인다.

2020년 5월 18일, 이백마흔두 번째 날

출발이다! 우리는 버스를 타고 항구로 간다. 항구에는 이미 존네호와 메리안호가 우리를 기다리고 있다. 두 배는 우리를 얼음 가장자리로 데려다줄 것이다. 승선하자마자(나는 메리안호에 탑승한다) 거리두기 규칙이 전부 폐지된다. 이제 코로나 감염자가 없는 것으로 입증된 우리 그룹은 서로서로 꼭 껴안는다. 지난 몇 달 동안의 사회적 거리두기 이후, 더 이상 익숙하지 않은 광경이다. 드디어 친구들과 제대로 인사할 수 있게 됐다. 이미 우리는 격리기간을 거치며 한 팀으로 성장해 똘똘 뭉쳤다.

안트예 뵈티우스, 우베 닉스도르프, 마르셀 니콜라우스가 멀리서 작별 인사를 하려고 나와주었고, 몇몇 가족도 함께 왔다. 우리는 저 너머 육지에 있는 그들을 향해 손을 흔든다. 11시에 배는 출항하고,

우리는 북쪽을 향해 떠난다. 항구 지역을 통과하는 데 1시간이 걸렸고, 이후 배는 바다를 힘껏 가로지르며 나간다. 우리는 각자 짐을 질질 끌고 선실에 들어선다. 5월 23일 아침에 스피츠베르겐섬 이스피오르Isfjord에서 폴라르슈테른호와 만나기로 목표를 세웠다. 이스피오르는 얼음 가장자리와 가까운 데 있는 곳으로, 바람과 날씨로부터 잘 보호받을 수 있는 지역이다. 그래서 교환 기간 동안 선박 간 복잡한 물류 작업을 하기에 더없이 완벽한 장소다.

2020년 5월 20일, 이백마흔네 번째 날

이제 북대서양에 도착했지만, 그런 느낌이 들지 않는다. 눈 부신 햇살이 얼굴에 비치고, 바다는 잔잔하며 파도가 거의 일지 않는다. 많은 사람이 갑판에 앉아 뜨개질하고 책을 읽고 이야기를 나눈다.

반면 폴라르슈테른호는 바람이 밀어대는 얼음 압력 및 두꺼운 압축 얼음 능선과 맞서 싸우고 있다. 리드는 모조리 폐쇄됐다. 폴라르슈테른호가 매우 느린 속도로 나아가기 때문에, 우리는 자체 속도를 8노트로 줄인다. 폴라르슈테른호가 5월 24일 이전에 이스피오르에 도착하지는 않으리라 예상한다.

2020년 5월 21일, 이백마흔다섯 번째 날

오늘은 아버지의 날이다. 이날도 환상적인 날씨를 유지하고 있으며 배도 잘 나가고 있다. 정오에 북극권을 횡단한다. 어젯밤, 마지막으로 해가 졌다. 이제부터 배가 북쪽 저 먼 곳으로 계속 항해하는 동안, 해는 우리의 충실한 동반자가 된다.

2020년 5월 24일, 이백마흔여덟 번째 날

어제부터 배의 움직임이 더 강하게 느껴졌고 밤새 바람도 세졌다. 우리 주변 바다 물살은 더 세차지고, 이따금 바다에 물마루가 나타나고, 파도가 작업 갑판 위로 거세게 밀려온다. 메리안호는 확고부동한 상태이고 파도가 몰아치는 상황에서도 여전히 아주 안정적으로 항해하고 있다. 그러나 뱃멀미를 하는 경우도 있어, 지금은 확실히 식사 시간에 식당이 덜 붐빈다.

어제 오후 우리는 고래 떼가 나타난 것을 지켜보았다. 고래 무리는 잠시 배와 함께, 여름철 먹이가 있는 해역을 향해 북쪽으로 이동했다. 30분이 넘는 시간 동안 분수공에서 나온 구름이 물 위로 치솟는 광경을 구경했고, 때때로 쌍안경을 통해 고래 등과 등지느러미를 잽싸게 포착하기도 했다. 이후 고래 떼는 천천히 배 뒤편으로 사라졌다. 배는 8노트 속도로 고래보다 좀 더 빠르게 이동하고 있다.

폴라르슈테른호는 아직 그리 멀리 가지 않았고 얼음과 싸우는 중이다. 이제 폴라르슈테른호의 새로운 도착 예정 시간estimated time of arrival은 5월 31일로 예상한다. 피오르에서 오래 기다려야 하겠지만, 침착하게 대처하리라. 우리 팀은 극지방 원정이란 항상 날씨 및 얼음 상태에 따라 달라지며 계획 같은 건 정말 전혀 세울 수 없다는 점을 이해하고 있다.

2020년 5월 28일, 이백쉰두 번째 날

오늘은 스스로 머리를 자른다. 선내에는 미용사가 없어서 내가 직접 가위와 거울을 다룬다.

우리는 사흘 전에 이스피오르에서 대기 상태에 돌입했다. 폴라르슈테른호는 아직 진전이 더디며, 5월 말인 지금도 무겁고 두꺼운 얼음에 가로막혀 있다. 올해 초는 폴라르슈테른호가 얼음 가장자리에서 훨씬 더 멀리 떨어진 채 표류한 데다 계절상 얼음이 엄청나게 단단했던 시기라서, 이용 가능한 연료 비축분으로는 얼음 가장자리에 도달하지 못했을 것이다.

이제 우리가 여기서 최소 일주일 이상 인내하며 폴라르슈테른호가 오기를 기다려야 하는 게 분명하므로, 선내에서 초조함이나 밀실 공포증이 발생하는 상황을 미리 확실하게 막을 필요가 있다. 그러자면 컨테이너 거주자들의 공간 환경을 개선해야 한다. 존네호와 메리안호는 거의 100명에 가까운 과학자와 승무원으로 이루어진 원정팀을 수용할 선실을 충분히 갖추지 않았다. 그래서 메리안호 갑판에 거주용 컨테이너를 설치했다. 한 컨테이너에 네 사람이 함께 이용한다. 각 컨테이너에는 작은 침실 두 개가 마련됐는데, 방마다 이층 침대를 놓았다. 또 침실 사이에는 소형 욕실이 있다. 당연히 장기적으로는 절대 쾌적하지 않다.

그래서 나는 두 가지 조치를 취한다. 1)내일 딴 일 제쳐두고 몇몇 사람이 제안한 대로 갑판 실험실을 휴게실로 개조하려 한다. 2)사람들이 바쁘게 지낼 수 있도록 오락거리를 마련할 필요가 있다. 나는 각 팀이 창의적인 방식으로(프레젠테이션용 슬라이드 같은 건 전혀 사용하지 않고) 과학 프로그램을 구상해 보라고 통보한다. 각 팀은 매일 저녁 다른 원정 참가자를 열광적인 청중으로 모시고 발표하게 된다. 배에는 모든 이가 이용할 수 있는 빔프로젝터나 스크린을 갖춘 강의실이 없어서, 부득이하게 이런 특이한 포맷이 탄생했다. 메리안호 자체가 많은 사람을 수용하도록 설계된 배가 아니다. 하지만 이러한 제약은 오히려 행운으로 밝혀졌고, 모든 이의 창의력을 자극한다.

2020년 5월 29일, 이백쉰세 번째 날

우리는 똘똘 뭉쳐 갑판 실험실을 카페 팔레트Café Pallet로 탈바꿈시킨다. 팔레트(소화물 운반 및 적재용 받침대–옮긴이)로 소파 두 개를 만들었다. 실험실 둥근 창문을 노란 천으로 덮어 멋진 조명 분위기를 냈다. 또한, 승무원으로부터 뱀처럼 구불구불한 조명 장치를 추가로 얻었다. 편안한 소파를 만들기 위해 쿠션을 입수했고, 실험용 테이블을 추가 좌석으로 꾸몄다. 휴대폰에서 음악을 틀고 이를 확성기로 흘러나오게 했다. 카페는 함께 앉아 커피를 마시고 음악을 듣고 저녁에는 파티를 여는, 엄청나게 아늑한 장소로 자리 잡았다.

머지않아 카페 팔레트는 큰 인기를 얻고, 새로운 디자인 요소가 항상 추가된다. 지금 수평선 너머 보이는 스피츠베르겐섬 산봉우리를 그린 수채화가 카페 벽을 가득 채웠다. 플라스틱병 여러 개를 함께 묶어 장식으로 매달아 놓았다. 이 모든 것은 즉흥적으로 창의성을 발휘하는 동시에 아늑한 분위기도 자아낸다. 흥미롭게도 카페 명칭을 팔레트라고 지으니, 카페와 관련된 모든 것이 이 단어에서 풍기는 고정관념 그대로 된 듯하다. 이곳은 우리의 재능을 한껏 펼치는 "팔레트(여기서는 받침대가 아니라, 수채화나 유화를 그릴 때 물감을 풀어서 조합하는 데 쓰는 도구의 의미로 쓰였다–옮긴이)"가 되고 있으니까!

2020년 6월 1일, 이백쉰여섯 번째 날

각 팀이 프레젠테이션을 실시했고, 완전히 성공적으로 마쳤다.

맨 먼저 해양 팀이 프레젠테이션을 한다. 해양 팀원은 배에 미팅룸이 없어 부득이하게 모임 장소로 삼은 식당을 북극해 해역 분지로 탈바꿈시킨다. 소규모 인간 무리는 다양한 물줄기를 나타내며, 그들은 바다의 움직임과 물이 수직으로 층을 쌓는 광경을 인상적으로 표현해서 보는 이를 감동케 한다. 게다가 가장 중요한 해양 측정기기를 설명하기 위해 즉석으로 모형을 조립하고, 특별히 직접 지은 노래로 설명한다. 정말 재미있다.

그런데 어느 팀도 해양 팀의 환상적인 공연을 능가할 수 없다고 생각한다면, 그건 착각이다. 오늘 얼음 팀은 북극 유빙의 생애 주기를 소재로 한 3막 뮤지컬 연극을 공연한다. 사람들을 켜켜이 쌓아 올려 압축 얼음 능선을 표현한다. 태양이 직접 등장해 얼음 안팎으로 광자光子를 보낸다. 그리고 삑삑거리는 소리를 내는 측정 장치가 이 모든 것을 자세히 기록한다. 물론 이 측정 장치도 여성 팀원들의 연기로 표현된다. 봄이 되어 여러 유빙이 깨져 서로 극적으로 이별하는 장면은 보는 이의 심금을 울린다. 그리고 연극은 퀸Queen의 〈보헤미안 랩소디Bohemian Rhapsody〉를 자유롭게 모방한 크고 웅장한 노래로 피날레를 화려하게 장식하며 끝난다. 이 노래는 유빙의 내면세계를 다루었다. 모두 너무나 감격해 자리에서 일어난다. 기립박수에 이어, 생일을 맞은 얼음 팀원의 축하 파티로 자연스럽게 넘어간다.

2020년 6월 4일, 이백쉰아홉 번째 날

오늘 밤부터 수평선에서 폴라르슈테른호를 볼 수 있다! 배는 빠르게 다가오고 있다. 카페 팔레트와 각 팀의 훌륭한 공연 덕분에 이곳에서 즐거운 시간을 보냈다. 많은 이가 폴라르슈테른호가 얼음 속에 좀 더 오래 머무를 수 있으면 좋겠다고 농담할 정도였다. 실제로, 배를 기다리며 인내한다는 느낌이 거의 들지 않을 정도로 멋진 나날을 보냈다. 이 원정팀과 함께라면 초조함이나 폐소공포증 같은 건 전혀 두려워할 필요가 없다! 게다가 환상적인 날씨 덕분에 스피츠베르겐의 모든 산과 빙하를 더 선명하게 볼 수 있는 경우가 많다. 긴수염고래, 혹등고래, 밍크고래 등, 고래가 우리 주변에 끊임없이 돌아다녔다. 아울러 수많은 종류의 새도 우리 주변을 날아다녔다. 대서양 바닷물에 분명 다량의 양분과 먹이가 유입됐을 것이다. 양분과 먹이가 있는 곳에는 동물을 발견할 수 있기 때문이다.

아침이 되자 우리는 마침내 폴라르슈테른호 및 FS 존네호와 함께 피오르로 들어간다. 굉장한 광경이다. 독일의 대형 연구선 세 척이 편대를 이루어 항해한다. 폴라르슈테른호는 앞쪽에, 존네호와 마리아 S. 메리안호는 뒤쪽 측면에 배치되어 있다. 이 연구선들은 공동 목표로 결합되어 있다. 코로나 팬데믹이 만연한 상황에서도 모자익 원정 프로젝트를 계속 진행하자는 목표다. 이제 폴라르슈테른호를 가까이 눈앞에서 분명하게 보게 되니, 오랫동안 불가능해 보였던 꿈이 현실이 되려는 듯하다. 진짜로 일어나고 있다. 머지않아 폴라르슈테른호에 승선할 것이니까. 전 세계 모든 곳에서 대규모 연구 임무가 중단되는 상황에서도, 모자익 원정은 실제로 계속 진행될 수 있다. 이게 성공할 수 있다고 믿은 이는 거의 없었다. 하지만 이제 곧 우리는 북극 깊숙한 곳으로 들어가 팬데믹 같은 건 잊을 수 있다!

급유가 시작되고, 폴라르슈테른호는 2,800톤의 연료를 공급받는다. 사람들을 이쪽 배에서 저쪽 배로 실어나르기 위해, 우리 보트는 피오르를 쌩하고 가로지른다. 무용 안무를 방불케 하는 복잡한 동선을 따라 유조선, 존네호, 메리안호가 번갈아 폴라르슈테른호 옆쪽으로 붙는다. 두 배가 나란히 서면, 화물을 교환해야 하기 때문이다. 곧 우리는 눈앞에 놓인 도전 과제를 해결하기 위해 필요한 것을 전부 갖춘다.

배불뚝이 보트를 타고 빙상 여행을 하다

INFO

선체가 강화된 덕분에, 바다에 얼음이 뒤덮여도 멈추지 않는 배가 많다. 하지만 얼음 가장자리 너머로 나아가는 모험을 감행할 수 있는 배는 전 세계에서 수십 척 밖에 없다. 새 천년이 시작되면서 쇄빙선 수는 줄어들었고, 위대한 극지 탐험과 냉전의 시대는 역사 속으로 사라졌다. 하지만 지구온난화로 북극에 더 쉽게 접근할 수 있게 되면서, 많은 나라가 쇄빙선을 새로 건조하고 있다. 그중 일부 국가는 사상 처음으로 쇄빙선을 만든다. 쇄빙선을 가장 많이 운용하는 국가인 러시아는 거대한 핵쇄빙선을 여러 척 보유하며 선대를 늘려나가고 있으며, 그중에는 사상 최대 규모의 쇄빙선인 로시야Rossiya호도 포함되어 있다. 200×50미터 크기의 로시야호는 2019년 7월에 건조되기 시작했으며 2027년에 진수進水할 예정이다. 로시야호는 얼음을 뚫고 대규모 수로를 만들 것인데, 대형 화물선은 이 수로를 따라 시베리아 천연가스 생산 현장 같은 곳을 쉽게 오갈 수 있다. 미국은 현재 쇄빙선을 두 척만 운항하고 있지만 앞으로 여러 척의 쇄빙선을 계획 중이다. 반면 중국은 최근 쉐룽호에 이은 또 다른 설룽snow dragon인 쉐룽 2호 추가했다. 하지만 팬데믹으로 인해 모든 계획이 보류되거나 변경된 뒤, 결국, (비쇄빙선인 마리아 S. 메리안호와 존네호를 운용하는 독일 외에) 러시아 한 국가만 1년 동안 표류 중인 폴라르슈테른호에게 물자와 인력을 보급하기 위해 쇄빙선을 얼음 경주에 보낸다.   *

2020년 6월 8일, 이백예순세 번째 날

아침에 선내에서 동영상 중계를 통한 기자회견을 개최한다. 이 기자회견에는 연방연구장관 안야 카를리첵도 함께 참여한다. 안야는 우리가 임무와 다음 원정 단계에 행운이 깃들기를 빈다. 그녀는 지속적으로 연락을 취하고 있으며, 크리스마스와 부활절을 축하하는 영상 메시지를 배로 보냈다. 아울러 그녀의 엄청난 후원 덕분에, 우리는 코로나 시기에도 전반적으로 임무를 계속 진행할 수 있다. 이제 우리는 지난 몇 주 동안 집 노릇을 했던 존네호와 메리안호를 떠난다. 그동안 탁월한 도움을 아끼지 않았던 두 배의 승무원들과 작별 인사를 하며 조그마한 선물을 증정한다. 샴페인을 나눠 마신 뒤 출발한다. 우선 세 배가 함께 피오르를 빠져 나온다. 그러다가 피오르 입구에서 존네호와 메리안호가 남쪽으로 방향을 꺾는 반면, 폴라르슈테른호는 북쪽으로 향한다. 마지막으로 배의 경적이 울리고, 우리의 충실한 파트너들은 수평선 너머로 사라지고, 우리는 다시 홀로 항해한다.

2020년 6월 9일, 이백예순네 번째 날

불안한 밤을 보냈다. 앞쪽에서 거센 북풍이 불어왔고, 폴라르슈테른호는 바람에 휘둘려 힘차게 쾅쾅거렸다.

정오 무렵 얼음 가장자리에 도달한다. 처음에는 느슨하게 풀린 유빙을 발견한다. 물과 유빙이 뒤엉켜 있다. 갑판에 서서 하얀 북극을 맞이하는 이 순간을 모두가 기다렸다. 우리는 약 2시간 동안 얼음 가장자리를 따라 북동쪽으로 항해한 뒤, 북쪽으로 방향을 틀어 얼음 속으로 곧장 들어간다. 유빙은 점점 더 두꺼워지고 이제 폐쇄된 표면을 이루지만, 여전히 수로가 침투해 있다. 그리고 수로에는 고래가 우글거린다. 우리 곁에 있던 고래 한 마리가 머리를 물 밖 수직 방향으로 내민다. 아마도 이 녀석은 자신의 생활 공간을 가로지르는 이 이상한 강철 구조물이 물 위에서는 어떻게 생겼는지 보려는 모양이다. 당연히 고래도 호기심이 들 수 있으니까. 그러고 나서 고래는 잠수한다. 아마도 우리 배가 내는 별난 소음을 좋아하지 않는 듯하다. 하지만 우리는 이 녀석의 영역을 재빠르게 횡단해, 고요한 삶을 누리도록 조치한다.

2020년 6월 12일, 이백예순일곱 번째 날

바람 한 점 없다. 안개가 얼음 위에 깔려 있지만, 안개층이 매우 얇아 천정의 푸른 하늘을 보는 데는 지장이 없다. 태양도 안개를 관통해 우리 주변 얼음 풍경을 신비롭고 창백한 빛으로 물들인다. 지난 며칠 동안 만해도 개수면은 여전히 많았다. 하지만 이제는 다 끝났다. 북쪽으로 갈수록 얼음은 더욱 크고 육중하다. 높이 솟은 압축 얼음 능선이 안개를 뚫고 빛을 발한다. 파란색, 청록색, 하얀색을 오가며 다양한 색조로 반짝인다. 얼음 위에는 얼음덩어리들이 서로 포개고 쌓여 형태를 이루는데, 그 모습이 마치 하얀 베일 뒤에 가려진 성城이라든지 상상 속의 동물처럼 보이기도 한다.

지금까지 빽빽하게 무리지어 우리를 따라다녔던 세가락갈매기 떼가 점점 줄어들고 있다. 갈매기는 우리가 자기네는 도저히 버텨낼 수 없는 지역으로 가고 있다는 사실을 알아차린다. 우리의 목적지는 얼음과 눈이 광활한 표면을 이루는 북극 중심부다. 반면 갈매기는 빙상 가장자리 주변부, 갈라진 틈과 개수면이 많은 곳에서 물

세가락갈매기 두 마리가 물고기 한 마리를 두고 서로 싸우고 있다. 이 물고기는 폴라르슈테른호가 얼음 밑 은신처를 뒤집어 놓는 바람에 갈매기에게 노출됐다. 갈매기는 처음에는 큰 무리를 지어 우리를 따라다니다가, 우리가 얼음 깊숙한 곳으로 침투하자 방향을 바꿔 돌아갔다.

고기를 잡아먹으며 산다.

갈매기는 배를 아주 좋아한다. 배가 얼음을 뚫고 들어가면, 얼음 아래 은신처와 그 안에 있는 작은 구멍에 숨어 있던 물고기들이 빙글빙글 돌면서 나온다. 폴라르슈테른호의 거대한 선체가 유빙 전체를 뒤집으면 작은 물고기가 유빙 윗부분에 올라와 버둥거리다가 몇 초 후 행복한 갈매기에게 잡아먹히는 일이 드물지 않게 일어난다. 이 게임은 지난 며칠 동안 갈매기 수십 마리가 내는 커다란 울음소리와 함께 끊임없이 계속됐다. 하지만 이제 우리는 다른 길로 갈라져 나가야 한다. 우리의 목적지에서는 갈매기가 살아갈 수 없기 때문이다. 우리 친구 갈매기는 떼를 지어 방향을 바꾼 뒤 더 친근한 지역으로 날아간다. 풍경은 서서히 조용해지다가 죽은 듯 고요해진다.

나는 갑판에 앉아 옆으로 지나가는 얼음 구조물을 바라본다. 프리드쇼프 난센은 프람호를 떠나 북극에 도달하는 시도를 하고 돌아오는 길에, 자신의 파트너 얄마르 요한센과 함께 스키를 타고 이곳을 지나 구원의 땅으로 향했다. 그들은 썰매를 타거나 끌면서 얼음 능선을 하나하나 힘들게 가로질러야 했다. 그들 앞에 펼쳐진 얼음 표면은 잘 뚫고 나갈 수 있어 보이기는 했을 것이다. 그러나 우리가 지난 며칠 동안 가로질러 보니, 그 풍경은 분명 악몽과도 같았을 것이다. 난센과 요한센은 수로, 유빙, 압축 얼음 능선으로 이루어진 끝없는 미로를 헤매다가 거의 앞으로 나가지 못했다. 그들은 하루에도 수없이 수로를 만나면 카약을 물에 내리고 모든 소지품을 카약 안에 쌓아 넣고 다른 쪽에 썰매를 매달고 횡단해야 했다. 그러다 다음 수로를 만나면 이 모든 행동을 되풀이해야 했다. 결국, 그들은 이대로는 성공할 수 없다는 사실을 깨닫고 횡단을 포기했다. 그들은 에너지를 절약하기 위해 늦여름이 올 때까지 기다렸고, 그러는 동안 식량은 눈에 띄게 부족해져 갔다. 그래도 바다표범을 사냥해 연명하며 얼음이 완전히 깨질 때까지 시간을 충분히 벌 수 있었다. 그런 다음 구원의 땅 프란츠요제프제도로 노를 저어 갔다.

우리의 목적지는 난센과 요한센과는 완전히 반대 방향에 있다. 북쪽 저 멀리 깊숙한 곳이다! 그곳 우리가 주요 거점으로 삼은 유빙에 설치된 연구 캠프는 외로이 폴라르슈테른호를 기다리고 있다. 우리는 연구 캠프에 되도록 도착하자마자 즉시 측정을 재개하려고 한다. 게다가 그렇게 될 가능성은 높아 보인다. 배가 밤사이에 아주 잘 전진했으니까. 우리는 북위 82도를 넘었고 유빙에서 45마일(약 72킬로미터-옮긴이)밖에 떨어져 있지 않다.

2020년 6월 14일, 이백예순아홉 번째 날

어제부터 얼음 압력 때문에 발이 묶인 채 표류하고 있다. 처음에는 몇 시간 동안 끊임없이 앞뒤로 배를 들이박으며 압박해 오는 얼음과 싸웠다. 하지만 결국, 포기하고 엔진을 껐다. 우리는 이 시간을 이용해 이곳 얼음 위에서 조사를 시작한다. 나는 여러 팀과 함께 배 근처 얼음 위에 있었다. 기기를 설치하고 빙하 핵 구멍을 뚫는다. 다시 얼음 위에 서니 이루 말할 수 없이 좋다! 우리는 앞으로 며칠 동안 이 프로그램을 계속 진행하며, 때때로 북극곰의 방문을 받기도 한다.

오늘은 마침내 비행하기에 좋은 날씨고, 모자익 유빙도 이미 헬리콥터가 도달할 수 있는 거리 안으로 들어왔다! 나와 매튜 슈프는 헬리콥터를 타고 그리운 유빙으로 간다. 매튜 슈프는 원정 첫 번째 단계에서 나와 동행한 바 있다. 나는 우선 유빙은 물론, 폴라르슈테른호가 2019년 10월 이후 수개월 동안 머물렀던 얼음 두께가 얇은 지역을 둘러본다. 그러느라 헬리콥터는 드넓은 활 모양을 그리며 난다. 바로 이 지점이 거대한 전단대인데, 이곳에서 얼음은 수많은 작은 조각으로 부서졌다. 하지만 "우리의 오래된 요새"인 유빙의 핵은 단단하면서 상태도 매우 좋아, 안정적이고 균열도 나지 않았다. 이 유빙은 지난 10월 내가 선택했을 때 약속한 것을 계속 지키고 있다. 즉 2020년 여름에도 여전히 신뢰할 수 있는 굳건한 요새 겸 플랫폼이 되겠다는 약속이다. 이 약속 덕분에 주변 얇은 얼음 지대가 무너졌을 때, 우리는 연구 캠프 일부를 이 요새 겸 플랫폼으로 옮길 수 있었다. 그리고 샘플링 사이트도 여전히 요새와 연결되어 있으며 접근도 용이하다. 이 샘플링 사이트는 매우 중요한 장소로, 우

어미 북극곰이 태어난 지 몇 달밖에 안 된 새끼 곰과 함께 방문했다. 두 곰은 자신의 서식지에 나타난 것을 호기심 어린 눈빛으로 주시하지만, 그렇다고 우리의 존재를 성가시게 여기지는 않는다.

리는 원정을 시작한 이후 쉬지 않고 여기서 평평하고 어린 얼음 표본을 채취하고 있다. 덕분에 그곳에서는 측정 시계열을 공백 없이 매끄럽게 지속시킬 수 있다! 또한, 연구 캠프에 계속 남아 있는 장비도 전부 안전한 얼음 위에서 잘 작동하고 있다. 폴라르슈테른호가 보급품을 싣고 오는 동안, 자체적으로 작동해 중요한 측정데이터를 끊임없이 수집하고 있다.

나는 전반적으로 유빙을 살펴본 뒤 요새 내에 착륙할 장소를 결정한다. 헬리콥터가 얼음 위로 내려간다. 매튜와 내가 내려서 탐색 활동을 시작하자, 헬리콥터는 다시 이륙해 날아간다.

얼음 위에 서 있으니 기분이 정말 좋다! 마지막으로 얼음을 보았을 때가 겨울이었고, 그때는 절대적인 어둠과 혹독한 추위만 기억난다. 당시 얼음 표면은 어떤 기준에서 보아도 다른 행성에서 온 것처럼 보였다. 그 얼음 표면은 그동안 북극을 가로질러 수천 킬로미터를 표류했지만, 오래된 우리 발자국이 아직 남아 있을지도 모른다. 그러나 지금 우리는 여기서 북극의 낮이 비추는 쾌적한 햇살을 받으며 서 있다. 기온은 영하 0도로 미적지근하다. 빛이 비치는 풍경을 처음으로 본다.

마치 수수께끼 그림을 보는 듯한 느낌이다. 밤과 겨울로 이루어진 오래된 광경이 생생하게 되살아나 지금 이곳에서 보는 광경과 겹쳐 눈부시게 빛을 발하지만, 두 풍경 이미지는 결코 일치하지 않는다. 당시 내가 얼음 위에서 방향을 파악하기 위해 활용했던 몇몇 압축 얼음 능선은 식별할 수 있을 것 같았지만, 실제로는 아무것도 제대로 알아볼 수 없다. 지금은 인상이 너무나 달라졌기 때문이다. 당시 칠흑 같은 밤, 얼음에 구멍을 뚫어 꽂아놓은 깃발을 하나 발견한다. 분명 이 장소에 깃발을 꽂았지만, 마치 다른 세계에 존재하는 깃발 같다. 이루 말로 표현할 수 없는 느낌이 든다. 드디어 연구 캠프로 돌아왔구나!

나는 높이 솟은 얼음 능선에 기어올라 환상적인 풍경을 감상한다. 마치 소규모 산악 여행을 하는 듯하다. 정상에서 보니, 얼음으로 가득 찬 풍경이 광활하게 펼쳐져 있다. 여전히 깊게 얼어붙어 있어 수평선까지 하얗게 빛나고 있다. 지금 이 광활한 광경을 빛 속에서 보니 숭고한 기분이 든다. 자신이 매우 작다는 느낌이 든다. 이 광활한 광경은 무한하다는 느낌과 함께, 얼음 또한 영원하다는 느낌도 준다.

1895년 7월 24일, 난센은 극지 진출을 포기한 뒤 이곳 남동쪽에서 육지, 즉 프란츠요제프제도의 산맥을 처음 보고는 다음같이 회고했다. "거의 2년이 지난 지금, 지평선 끝없이 펼쳐진 하얀 선 위로 무언가가 떠오르는 것을 다시 본다. 이 하얀 선은 수천 년 동안 이 외로운 바다를 가로질러 확장됐고, 앞으로도 수천 년 동안 계속 확장될 것이다. 우리가 얼음을 떠나면 어떠한 흔적도 남기지 않는다. 끝없는 평원을 가로지르던 작은 캐러밴의 자취는 이미 사라진 지 오래이기 때문이다. 우리는 새로운 삶을 시작하는 반면, 얼음은 언제나 그대로다."

난센의 말은 틀렸다! 이 얼음 표면은 무한하고 영원해 보이지만, 그렇지 않다. 사실은 제한되어 있으며 점점 작아지고 있다. 난센이 이 글을 썼던 곳이며, 얼음이 영원히, 수천 년이 지나도 남아 있을 거라고 생각했던 이곳 남동쪽에서, 겨우 100년 정도가 지난 2020년 7월, 탁 트인 바다가 펼쳐져 있다. 얼음은 이 지역에서 물러났다. 인간은 지구를 너무 따뜻하게 만드는 행동을 저질러, 얼음은 더 이상 설 자리를 잃었다. 내가 지금 서 있는 이곳의 얼음은 얼마나 오래 버틸까? 우리 아이들이 여기서 끝없이 펼쳐진 얼음 표면 대신 탁 트인 바다만 발견하게 될까? 얼음이 영원하리라는 느낌은 사실 속임수에 가깝다.

그러다 헬리콥터가 날아와 생각에 잠긴 나를 방해한다. 조종사들이 안개 지대가 다가오는 것을 보았으니, 우리는 서둘러 돌아가야 한다. 우리는 재빠르게 탑승해 폴라르슈테른호로 돌아가는 약 50해리(약 90킬로미터) 거리의 긴 비행을 시작한다. 환상적인 빛의 분위기 속에서 안개 지대의 미로를 횡단하는 장애물 경주가 펼쳐진다. 우리 아래 있는 얼음의 빛은 끊임없이 변한다. 양달은 우리가 빙글빙글 도는 동안 하얀 안개와 양달이 번갈아 나타난다. 마침내 이 광활한 풍경 속에서 폴라르슈테른호가 등장한다.

폴라르슈테른호는 이틀 뒤에 유빙에도 도달할 것이다.

9장
대해빙

지난 며칠 동안 얼음과 사투를 벌였지만 진전은 별로 없었다. 그럼에도 마침내 유빙을 지금 눈앞에서 볼 수 있게 됐다! 유빙은 주변 하얀색과 대비되어 쉽게 눈에 띄고, 우리 캠프의 흔적이 아직 있다. 얼음 풍경 곳곳에 기기와 도구가 곳곳에 남아 있다. 오전 8시 15분, 우리와 함께 여행하고 있으며 원정 끝까지 함께 할 예정인 토마스 분더리히 선장은 완벽한 기동력을 발휘해 배를 유빙으로 향하게 한다. 세 번째 단계에 동참했던 원정대원들은 당연히 사흘 전에 브레머하펜에 도착했다.

현재 위치를 임시 정박지로 활용할 예정이다. 이곳에서 우리는 유빙을 탐사할 계획이다. 이 탐사의 결과에 따라 최종 정박 위치와 선박 위치를 확정 짓고, 그곳으로 배를 이동시킨다. 이러한 절차는 이미 2019년 10월 초 유빙에 처음 도착했을 때 활용했는데, 효과가 좋은 것으로 입증됐다. 오전 10시, 연결 통로가 얼음 위에 놓이고,

모자익 유빙에 도착한 폴라르슈테른호. 지금은 여름이라, 저무는 법이 없는 극지방 밝은 햇살을 가득 받고 있다.

우리는 배를 떠난다. 나는 팀원들과 함께 요새 지역 전체를 돌아다닌다. 그러면서 얼음구조와 연구 캠프 재건이 가능한 장소를 살펴본다. 캠프 재건에 필요한 장비는 대부분 폴라르슈테른호가 출발하기 전에 선상에 가져다 두었다.

2020년 6월 19일, 이백일흔네 번째 날

어제는 유빙을 자세히 탐사했다. 오늘 아침 9시 30분경, 캠프 재건을 위해 배를 정박할 위치에 도착한다. 이미 어젯밤에 기동력을 발휘해 우리는 유빙 서쪽 면에서 동쪽 면으로 이동했고, 그곳에서 유빙 안으로 좀 더 밀고 들어간다. 이후 상황은 그리 만족스럽지 못하다. 선미 부분에 있는 얼음이 여러 번 깨져, 배가 유빙에서 안정적인 상태를 유지하지 못하기 때문이다.

　이러한 이유로 오늘 아침에 배의 위치를 다시 한번 살짝 변경했다. 그래서 현재 우현 쪽이 얼음 위에 놓여 있다. 지금 배는 좌현 쪽과 유빙에 있는 넓은 얼음 영역에 상당히 잘 압착해 있다. 만약 유빙이 위치를 바꾸려고 움직인다면 선수 및 선미 추진기를 투입할 것이다. 그래서 우리가 낮에 얼음 위에서 일하는 동안 유빙이 현 위치에서 안정적인 상태를 유지하도록 조치한다. 곧 여름이 시작되어 얼음이 녹으면, 배는 더 이상 이전처럼 얼음 닻을 활용해 유빙에 안정적으로 고정될 수 없다. 유빙 얼음에 닿아 있던 얼음 닻이 녹아내리게 되니까.

　지금 유빙은 대부분 오래된 요새로 이루어져 있지만, 유빙 서쪽과 남쪽에는 어린 얼음으로 이루어진 L자 모양의 얼음 지대가 있다.

유빙 가장자리에 있는
얼음 구조물.

이 얼음 지대는 원정 1단계가 진행되는 동안 형성된 리드가 얼어붙은 것이며, 지금도 요새와 연결되어 있다. 이 지역은 확실히 안정성이 떨어지고 언젠가는 깨질 수 있지만, 현재로서는 전형적인 일년 얼음에 접근할 수 있는 훌륭한 교두보 역할을 한다. 그리고 이곳에는 가장 중요한 정규 샘플링 사이트 중 하나가 있다. 우리는 이미 지난가을 리드에서 새로운 얼음이 처음 형성될 때부터 지속적으로 측정했다. 그래서 이곳에서 얼음이 처음 생성할 때부터 전체 생애 주기를 기록할 수 있다. 이렇게 1년 내내 멈추지 않고 일련의 측정 활동을 함으로써, 모자익은 과학계에서 유일무이한 프로젝트로 자리매김했다.

유빙의 오래된 부분은 침전물로 가득 차 있고, 표면 여기저기에는 갈색이 눈에 띈다. 이 현상은 여름에 해빙이 진전되는 동안 뚜렷하게 증가한다. 얼음이 녹으면서, 얼음 안에 얼어붙어 있던 퇴적물 전체가 유빙 표면에 쌓여, 색깔이 점점 더 어두워진다.

이 갈색 지역은 더러워 보이기는 하지만, 랍테프해와 인근 연해에서 온 퇴적물이 자연스럽게 유빙에 쌓이는 과정의 결과다. 이 평평하고 수심이 얕은 시베리아 연해에서는 폭풍이 해저 퇴적물을 휘젓고, 이때 퇴적물은 해빙海氷 형태로 얼어붙는다. 이러한 형태의 얼음은 북극에서 확실하게 볼 수 있다. 즉 북극 전역을 가로지르는, 퇴적물로 이루어진 거대한 컨베이어 벨트처럼 보인다.

그리고 이 컨베이어 벨트는 북극의 생지화학에 큰 영향을 미치면서 점차 멈춰 선다. 하지만 지금 우리 유빙은 예외다. 주변에 훨씬 더 어린 유빙이 둘러싼, 갈색 섬이라 할 수 있다. 이 어린 유빙들은 하얗다. 그 근본이 랍테프해까지 거슬러 올라가지 않기 때문이다.

L자 모양의 가장자리 영역에 있는 전형적인 어린 얼음과 오래된 유
빙 핵을 직접 비교하기 때문에, 측정해 보면 대비가 매우 두드러지

접이식 자전거를 타고 러시아로 가다

6월 14일, 원정 3단계에 참여했던 연구원과 승무원이 브레머하펜에 도착했다. 이때
는 코로나 관련 여행 제한 조치가 시행되고 있었고, 국제 항공 교통은 대부분 중단된
상태였다. 그럼에도 인원 대부분이 큰 어려움 없이 고향으로 돌아갔다. 상트페테르부
르크에 있는 북극남극 연구소Arctic and Antarctic Research Institute, AARI 소속 러시아 동료 한
사람을 제외하면 말이다. 다음 러시아행 항공기 편은 2주 후에야 시작될 예정이었으
므로, 알프레트 베게너 연구소는 이 러시아 동료를 아내와 어린 딸이 있는 집으로 빨
리 데려다주기 위해 천국과 지옥을 오갔다. 예를 들어 알프레트 베게너 연구소 한 직
원은 국경 경찰로부터 핀란드의 개인 이동 수단을 타면 핀란드에서 러시아 국경을 넘
는 게 가능하다는 확답을 받았다. 그녀는 재빠르게 이베이에서 접이식 자전거를 구입
해 브레머하펜 공항에서 러시아 동료에게 전달했다. 그는 즉시 헬싱키로 날아갔다. 자
전거는 특수 수하물로 비행기에 싣고서. 그런 다음 핀란드 국경 도시인 이마트라로 가
는 기차를 탔는데, 저녁 시간이 되어서야 도착했다. 날이 저물 무렵 25킬로그램이나
나가는 짐을 조그마한 자전거 거치대에 싣고, 그는 낯선 도로를 따라 국경을 향해 약
10킬로미터를 달렸다. 달리는 동안 짐이 자꾸만 아래로 떨어져서 다시 고정하느라 애
를 먹었다. 국경을 통과하기는 했다. 하지만 다른 한편으로 곤경이 닥쳤다. 국경에 근
무하는 관리 한 명이 제지하고 나섰다. 국경에서 상트페테르부르크까지의 거리를 택
시로 이동하겠다는 그의 계획을 납득하지 못했기 때문이다. 그래서 5개월간 험한 극
지방을 탐험한 탓에 별로 신뢰감을 주는 인상이 아니었던 이 연구원은, 4시간 동안 꼼
짝없이 의자에 앉아 있어야 했다. 결국, 국경 관리들은 자비를 베풀어 애타게 갈망하
던 택시를 불렀다. 마침내 그는 새벽 3시 30분에 상트페테르부르크에 있는 집으로 걸
어 들어가 가족을 품에 안을 수 있었다.   *

게 나타난다. 말하자면 구세계와 신세계가 공존하는 셈이다. 이는 연구하는 사람 입장에서 횡재가 아닐 수 없다.

유빙 핵의 어두운 표면이 더 많은 방사선을 흡수하기 때문에, 이곳에서 해빙은 더 일찍 시작됐다. 이 유빙 부분을 위성 이미지로 보면 녹은 웅덩이가 형성되어 있음을 확실히 알 수 있다. 이 웅덩이는 인근 유빙 또는 어린 얼음으로 가득한 주변 지역보다 더 일찍, 더 두드러지게 나타난다.

이후 몇 시간 동안 여러 곳에서 자갈 더미와 지름 몇 센티미터짜리 돌을 발견한다. 우리는 이것들을 "바위rocks"라는 애칭으로 부른다. 어떻게 이런 돌들이 북극 한가운데 유빙에 도착할 수 있었을까? 이곳은 가까운 육지만 해도 수천 킬로미터 떨어져 있고, 해저까지 수심은 4,000미터나 되는데 말이다. 이 돌을 통해, 우리 유빙의 발생지가 노보시비르스크제도 지역으로 추정되는 해변이나 해저와 직접 접촉하는 매우 평평한 해안 지역임을 증명할 수 있다. 일부 돌에는 해조류가 잔뜩 덮여 있고 홍합도 있다. 요새에 있는 1년짜리 새 얼음과 2년 된 얼음은 서로 놀라울 정도로 대비된다. 이를 통해 퇴적물이 얼음 위, 아래, 내부에 있는 방사선에 영향을 끼쳤음을 상세히 알 수 있다.

배 안의 분위기는 아주 좋다. 이러한 분위기는 앞으로 다가올 게 분명한 꽤 어려운 시기를 잘 극복할 훌륭한 토대가 될 것이다. 얼음은 지금이야 안정적이지만, 이러한 상태가 오래 지속될 가능성은 낮아 보이기 때문이다.

2020년 6월 24일, 이백일흔아홉 번째 날

며칠 동안 안개가 잔뜩 끼더니, 오늘은 구름이 걷혔다. 태양은 낮게 드리워져 있다. 푸른 하늘에 반짝이는 햇빛이 유빙을 감싼다. 사흘 전만 해도 한여름 날씨였고, 태양은 북극 기준으로 지평선 위로 높이 떠서 하루 24시간 내내 우리 주위를 돌며 얼음 표면을 달구었다.

겨울 이후 이렇게 여러 다양한 색채가 폭발적으로 증가한 건 처음 본다! 그 당시 겨울에는 모든 게 어둠 속에서 온통 검은색이거나 헤드램프 불빛에 비추면 눈부신 하얀색이었다. 하지만 지금 유빙은 헤아릴 수 없을 정도로 많은 파스텔 빛깔로 빛나고 있다. 현재 표면을 온통 차지한 녹은 웅덩이는 밝은 청록색, 녹색이 가물거리는 파스텔 블루, 기타 수많은 색조를 띠고 있다. 이러한 색조는 독일어로 표현하기에는 부족할 정도로 풍부하다. 모양이 같은 웅덩이는 하나도 없고, 큰 웅덩이에 만개한 여러 색깔은 서로 뭉뚱그려진다. 오랫동안 얼어붙은 균열이 웅덩이 바닥을 가로지르는 지점에 밝은 톤의 띠를 볼 수 있는 경우도 많다. 그 사이에는 짙은 청색이나 청록색 영역이 있다. 녹은 웅덩이에서 펼쳐지는 색채의 향연은 몇 시간이고 내 마음을 사로잡는다. 웅덩이 위, 하늘 높은 곳에는 노란색으로 빛나는 태양이 있다. 게다가 얼음은 반짝이는 하얀색부터 다양한 황토색과 베이지색을 거쳐 밝은 갈색에 이르는 온갖 색조 단계를 보여준다. 황토색의 현란한 유희는 웅덩이의 청록색 음영과 완벽하게 어울린다. 세심하게 구성된 색채 놀이를 방불케 한다. 이곳에 화가를 모셔왔어야 했는데! 더욱이, 여기 얼음 표면은 퇴적물로 인해 점점 갈색으로 변하고 있다. 나는 탐사 여행 중에 자갈 더미 일부를 수집한다. 나중에 육지로 돌아가면 분석하기 위해서다. 물론 자갈보다 큰 돌도 많이 있다. 배에 돌아와 수집한 돌을 테이블에 펼쳐놓으니, 마치 조약돌이 가득한 해변처럼 보인다. 온갖 색깔과 모양이 어우러진 둥글고 매끄러운 조약돌이 다채롭게 섞여 있다.

2020년 6월 28일, 이백여든세 번째 날

지난주는 매우 바쁘게 지나갔다. 정규 연구 활동을 곧장 재개할 수 있도록 신속하게 캠프를 지으려 최선을 다했다. 이때 지난가을 이 '특별한 눈송이special snowflake', 그러니까 이 특별한 유빙에 정박하기로 결정한 게 매우 훌륭하고 옳았던 것으로 드러났다. 요새는 우리와 약속한 것을 계속 제공하고 있다. 그동안 다른 주변의 얼음은 여러 번 부서졌지만, 우리 요새는 지금 여름철에도 변함없이 캠프를 세우기 위한 훌륭한 기반 노릇을 하고 있다.

우리는 유빙 남동쪽에 연구 캠프를 안정적으로 전면 재건했고, 옛 측정 장소 중 상당수도 활성화했다. 여름 동안 얼음이 더 녹을 것으로 예상해, 캠프 구조물은 더 가볍고 이동성이 좋게 만들었다. 머지않아 얼음 표면은 녹은 웅덩이로 가득한 호수가 될 것이다. 그러므로 지금 연구 기반시설을 위한 장소를 선정할 때 이 점을 고려해야 한다. 이러한 방식으로 매우 짧은 시간에 이동성이 매우 뛰어난 연구 도시를 재건했다. 이렇게 지어야 앞으로 유빙 붕괴 단계가 시작되고 유빙의 생애 주기가 끝에 도달할 때 예상되는 역동적 상황에도 대응할 수 있다. 모든 기지는 이미 모바일 케이블로 전력망에 연결되어 있으며, 무선랜을 통해 배와 네트워크로 연결되어 있다. 연구 캠프는 요새 뒷면을 따라 설치했다. 그래야 여름철에 얼음이 녹아내려도 장비가 가라앉지 않는다. 캠프의 주요 축은 가장 단단

한 얼음 능선을 따라 위치해 있다. 이 축은 서서히 나타나기 시작하는, 녹은 웅덩이로 가득한 호수 풍경 위에 건조하게 돌출해 있다. 여기에는 메트 시티가 있다. 이곳에 기상관측기용 마스트를 다시 세우고, 유동 기지로 이루어진 외곽 지점을 몇 군데 만드는 방법으로 보완한다. 이들 유동 기지도 똑같이 하부 공기층의 난류를 측정한다. 우리는 이 이동 기지를 썰매에 전략적으로 배치해 기동성을 강화한다. 그 밖에도 오션시티는 인접한 얇은 얼음에 뚫려 있는 얼음구멍을 통해 물기둥에 접근할 수 있는 통로가 여러 군데 있다. 벌룬타운에는 이미 어제부터 화려하고 위풍당당한 하얀색 대류 열기구가 둥실둥실 떠 있고, 빨간색 미스 피기도 임시 배치를 기다리고 있다. 원격 탐사 장비는 원격 감지 사이트는 물론 이동 썰매에도 설치된다. 또한, 지진 측정을 위한 소규모 기지도 여러 곳을 마련했다.

드론 팀이 유빙에서 성공적인 하루를 마치고 배로 돌아온다. 여름철 대규모 해빙이 시작했다.

이 기지는 예전과 같은 장소에서의 얼음 코어링, 눈과 얼음 현장 측정 등등 수많은 작업을 위해 끌어올 수 있다.

ROV 시티는 이미 "비스트Beast"를 잠수시키는 데 성공했다. 그 밖에 드론이 1년짜리 얼음과 2년 된 얼음 위를 날 수 있는 장소도 있다. 선상, 노천 선교, 마스트 위 감시대, 선수 연구 컨테이너에 있는 기기들도 전부 작동한다. 아마도 내일부터 정규 측정 작업을 전면적으로 시작할 듯하다. 이때 팀은 정해진 계획에 따라 1주일에 6일 반 동안 연구를 수행한다.

헬리콥터 두 대 모두 출동 태세를 완벽히 갖추었고 헬기 승무원과의 협업도 훌륭하다. 심지어 좋은 날씨가 얼마 지속되지 않는 상황도 항상 헬리콥터 비행을 이용할 수 있는데, 수석 조종사, 선내 기상 관련 기술자, 기상학자 간 팀워크가 제대로 잘 돌아가기 때문이다. 기상학자는 이번 원정 단계에서는 육지에서 환상적인 지원을 아끼지 않고 있다. 사실 다른 때 같으면 기상학자도 항상 배에 탑승한다. 수석 조종사가 항상 기상 전개 상황을 주시하다가 즉시 기상학자와 전화로 연결, 비행이 가능한지 파악한다. 상당히 훌륭한 업무 처리 방식이다.

현재 우리 유빙은 북위 81도 51초로 남쪽으로 꽤 멀리 가기는 했지만, 현 상태를 야무지게 잘 유지하고 있다. 언젠가는 북쪽을 향해 출발할 필요가 확실히 있다. 또는 그렇게 하는 것이 바람직하다. 현재로서는 어떻게 될지 전혀 예측할 수 없다. 위성 이미지를 보면 이곳과 북극 사이에 수역이 있음을 알 수 있다. 그래서 올여름 후반에는 전례 없는 상황이 전개될 수 있다. 북극으로 가는 바닷길이 거의 완전히 열릴지도 모른다! 만약 그렇게 된다면, 우리는 이를 문서화

해 그 과정을 연구하는 데 활용해야 한다. 유감스럽게도 미래 북극의 모습은 그런 식으로 형성될 것으로 보이기 때문이다.

2020년 6월 말, 모자익 유빙에 있는 폴라르슈테른호. 녹은 웅덩이가 형성되기 시작했지만, 이 웅덩이는 아직 바닥까지 완전히 녹지는 않았다.

2020년 7월 2일, 이백여든일곱 번째 날

나는 우리 유빙을 가로지르는 긴 여행을 하는 중이다. 어디서나 해빙의 광경을 볼 수 있다. 대규모 여름 해빙이 한창이다. 이는 북극 생활 주기 중 일부다. 북극의 얼음은 항상 겨울에는 넓은 지역으로 확장되고 여름에는 녹아 북극 중심부까지 멀리 후퇴한다. 이러한 해양 얼음의 순환은 북극의 심장이 뛰는 역할을 한다. 이 순환의 리듬은 수백만 년 동안 지구와 함께해 왔고, 우주 깊은 곳에서도 볼 수 있다. 화성의 심장박동도 이와 비슷한 양상을 보인다. 화성의 양쪽 겨울 극, 그러니까 태양으로부터 멀리 떨어진 양쪽 극지방에서는 이산화탄소가 형성되고, 이산화탄소 위에는 하얀 극관(polar cap, 화성의 극에서 얼음으로 덮여 하얗게 빛나 보이는 부분–옮긴이)이 씌워져 있다.

우리가 가는 곳마다 주변 얼음이 녹고 있다. 사방에서 물방울이 떨어진다. 긴 고드름이 각 얼음이 튀어나온 부분은 물론 짙푸른 색으로 반짝이는 얼음 동굴에도 생겼다. 이 얼음 동굴은 압축 얼음 능선에 형성되어 있다. 이제 똑똑 소리를 내며 끊임없이 떨어지는 물방울이, 북극의 절대적인 고요를 깨고 배경 음악 노릇을 한다. 녹은 웅덩이 중 일부는 유빙 모퉁이로 흘러 들어가는 길을 찾았다. 이제

북극 중심부를 위한 일기예보

북극 원정처럼 신뢰할 수 있는 일기예보에 의존하는 상황도 드물다. 날씨는 급변할 수 있고, 얼음 위에서 작업하는 팀이나 비행 중인 헬리콥터가 위험에 놓일 수 있다. 그러나 인구밀도가 높은 유럽과는 달리, 북극에는 지역 예보를 위한 데이터를 제공하는 기상관측소가 광범위하게 분포해 있지 않다. 이런 이유로 폴라르슈테른호에는 자체적으로 기상학자와 기상 전문 기술자가 탑승하고 있다. 그들은 날마다 여러 차례 전 세계에서 위성지도, 기후 예측 모델·측정데이터 결과를 받고, 이러한 자료는 물론 국가가 제공하는 기상 서비스를 바탕으로 일기예보를 작성한다. 또한, 갑판에서 근무하는 팀이 6시간마다 한 번씩 기상관측 기구를 하늘 높이 띄운다. 이때 수집한 데이터를 다시 전 세계 기상관측소 네트워크로 보내며, 폴라르슈테른호는 지도에서 북극해 한가운데에 찍힌 외로운 점 하나로 표시된다. 기상학자는 기후 예측 모델 데이터와 기상 전문 기술자의 관찰 내용을 바탕으로 하루에 여러 번 일기예보를 작성한다. 이 일기예보가 없으면 폴라르슈테른호가 운영하는 헬리콥터도, 더 멀리 떨어진 주변 지역으로 떠나는 탐사 여행도 출발조차 할 수 없다. *

이 길에서는 활기차게 굽이쳐 흐르는 실개천과 졸졸 흐르는 개울이 얼음 표면으로 파고들고 있다. 머지않아 우리 유빙에서도 첫 번째 웅덩이가 바닥까지 완전히 녹아 얼음에 첫 번째 구멍을 낼 것이다. 그러면 웅덩이는 얼음 아래로 흘러내릴 것이다.

지금도 웅덩이에서 녹은 물이 얼음에 생긴 작은 틈 사이로 스며들고 있다. 얼음 아래에는 담수 층이 형성되어, 그 밑에 있는 밀도가 더 높고 더 차가운 바닷물과 뚜렷하게 구분된다. 담수와 바닷물의 경계면은 놀라울 정도로 뚜렷하다. 잠수 로봇이 수중에서 이 경계면을 촬영했는데 아주 인상적이다. 즉 평평하고, 물결이 약간 치고, 빛을 반사하는 표면이 물 한가운데에 자리 잡고 있다.

그리고 담수는 이곳 얼음 아래에서 언다! 얼음 바닥은 섭씨 영하 1.7도로 여전히 차갑다. 이 온도는 바닷물의 어는점이기 때문이다. 하지만 지금 그곳에는 섭씨 0도에서 어는 담수가 있다. 얼음 아래쪽 가장자리에는 얼어붙은 담수로 이루어진 커다란 얼음 바늘이 형성된다. 이제 장비 투입용 얼음 구멍이, 구멍 아래쪽부터 얼어붙고 있다! 이 구멍은 우리가 지난겨울 힘들여 뚫고, 구멍 윗부분을 계속 열린 상태로 유지해야 했다. 얼어붙는 과정에서 방출되는 열은 에너지 균형에서 중요한 매개변수 역할을 한다. 담수 층은 우리가 구멍을 뚫기 전부터 이미 존재했기 때문에, 담수 층은 대부분 자연스러운 배수 과정에서 생긴 것이라고 추정한다. 하지만 우리가 작업에 꼭 필요해 뚫은 얼음 구멍이 자연스러운 배수 과정을 가속화하고 담수 층에 조금이나마 기여할 가능성이 있다는 걸 완전히 배제할 수는 없다.

기온이 약 0도이고 햇빛이 환하게 비추고 있다. 나는 얼음과 색채로 이루어진 이 쾌적한 풍경을 거닌다. 이 광경이 거의 믿기지 않는다. 6개월 전 같은 장소에서, 나는 시커먼 어둠 속에서 마치 외계 천체에 온 듯한 느낌을 받았다. 이제는 따뜻하고, 모든 것이 쉽고 간단하다. 더 이상 우주 유영이라도 하듯 복장을 차려입을 필요가 없다. 외부 환경에서 활동하기 위해 헤드램프, 여분의 램프, 기타 무언가의 대체품을 빼놓지는 않았는지 작동은 잘되는지 두 번 세 번 거듭 확인할 필요도 없다. 램프가 갑자기 꺼져버리는 바람에 극야의 어둠 속에 홀로 서 있기를 원하는 이는 아무도 없기 때문이다. 그런데 이제 하늘에는 신뢰할 수 있는 태양이 있다. 태양이 밝게 비추어 주는 덕분에 우리는 보조 수단 없이도 안전하게 배로 돌아갈 수 있다. 심지어 24시간 내내 비춘다. 하루가 끝나면 우리는 얼음 위에서 서로에게 눈덩이를 던지며 신나게 논다.

2020년 7월 3일, 이백여든여덟 번째 날

우리는 유빙에서 계속 안정적인 상태를 유지하고 있다. 때때로 북극곰이 방문하는데, 얼음 위에 사람이 하나도 없는 밤에 올 때가 많다. 모든 곰은 캠프를 잠깐 살펴본 뒤에 계속 움직인다. 그래서 우리는 북극곰을 쫓아버리거나 곰들이 이곳에 익숙해지는 것을 방지하기 위해 적극적인 조치를 취할 필요가 없다. 다만 지난 새벽 3시 30분 무렵 곰 한 마리가 스노모빌 좌석을 물어뜯기 시작했고, 즉시 우리는 곰을 향해 섬광탄을 발사해 쫓아냈다. 그래서 곰 위장에는 스티로폼 한 조각도 들어가지 못했다. 이 작업은 순조롭게 진행되었고, 이후 북극곰은 더 이상 미련 없이 가던 길을 계속 갔다.

북극곰 한 마리가 연구 캠프를 시찰한 후 갈 길을 계속 가고 있다.

2020년 7월 5일, 이백아흔 번째 날

주변에 생명이 가득하다! 이제 하늘에는 새들이 끊임없이 날아다니고, 개수면에는 바다표범의 둥근 머리가 자주 떠오른다. 북극곰으로 대표되는 대형동물은 행실 바르게 처신한다. 우리가 있는 곳을 매우 빈번하게 방문하기는 하지만, 큰 피해를 주거나 과학자를 잡아먹는 일 없이 신속하면서도 단호하게 현장을 떠난다. 그리고 현재 우리 팀 생물학자인 줄리아 카스텔라니Giulia Castellani의 주도로, 정기적으로 긴 낚싯줄을 얼음 구멍에 넣고 수심 수백 미터 지점까지 내려 큰 물고기를 낚아 올리는 일이 자주 있다. 첫 번째 분석 결과, 이 물고기는 건강하고 영양 상태도 좋은 것으로 나타났다. 반면 물고기들의 어린이집은 바로 우리 발밑에 있다. 얼음 밑바닥에는 수많은 작은 물고기가 그곳 갈라진 틈새와 동굴에 숨어 있다. 이 물고기들을 수중촬영을 통해, 때로는 틈새에서 직접 볼 수 있다.

북극에는 누가 살까?

자연환경을 관찰하는 이라면, 누구나 북극곰에 마음을 뺏긴다. 나는 북극 여러 지역에서 북극곰의 모습을 수없이 지켜보았다. 이때 곰은 자기 서식지를 돌아다니거나, 몇 시간이고 얼음 구멍 앞에서 전혀 꼼짝하지 않은 채 바다표범이 나타나기를 기다렸다.

하지만 사실 북극곰은 기나긴 북극 먹이사슬의 끄트머리일 뿐이다. 이 먹이사슬의 시작은 바로 우리 발아래, 얼음 속과 아래에 있다. 수많은 미생물이 물속을 헤엄친다. 바이러스, 박테리아, 원시 고세균 등이다. 원시 고세균은 박테리아와 마찬가지로 세포핵이 없고, 지구상에는 주로 극한 환경에서 발견된다. 이 모든 단세포 생물은 인간의 눈에 보이지 않는 상태를 유지하는 반면, 다른 종은 그렇지 않다. 우리가 보유한 잠수 로봇은 이제 바닷속으로 투입될 때마다 얼음 밑바닥에서 녹색, 갈색, 주황색을 띤 조류藻類의 긴 무리가 일종의 거대한 양탄자가 되는 광경을 본다. 조류 무리는 거기서 0.5미터 길이의 수염을 단 채 물속을 떠다니며 계속 자라난다. 이들은 대부분 '멜로시라 아티카(Melosira arctica, 북극 조류)'다. 멜로시라 아티카는 마찬가지로 단세포 생물인 작은 규조류가 모인 광범위한 군집인데, 서로 연결되어 사슬을 형성하고 있다. 멜로시라 아티카가 이곳에서 공동으로 서식지를 이룰 가능성이 상당히 크다. 또한, 규조류는 얼음이 얼 때 형성되는 알칼리성 수로에서 물질을 생성하는데, 자신을 염분으로부터 보호하기 위해서다. 조류가 영양분이 부족한 북극해 바닷물에서 얼마나 잘 자라는지, 북쪽 지역에서도 남쪽 못지않게 긴 양탄자를 형성하는지에 대한 해답을 찾는 것이 모자익 프로젝트의 연구 과제 중 하나다.

규조류와 마찬가지로 다른 플랑크톤도 얼음 속 작은 균열과 틈새에 우글거린다. 그중 일부는 현미경으로나 볼 수 있는 미세한 생물이지만, 좀 더 큰 요각류와 물벼룩은 물론 지구 최북단에 사는 북극 대구인 보레오가두스 사이다Boreogadus saida 같은 작은 물고기도 서식한다. 잠수 로봇이 찍은 동영상을 통해 북극 물고기의 어린이집을 볼 수 있다. 식물성 플랑크톤 종은 태양 에너지를 바이오매스로 바꾼다. 게와 새우 같은 동물성 플랑크톤 종과 어린 물고기는 식물성 플랑크톤을 먹고 살며, 아울러 서로를 즐겨 잡아먹기도 한다. 지금 여름철에는 얼음 아래에서 생명의 축제가 절정을 이룬다. 그리고 이 생명은 우리 주변 모든 큰 생명체의 기반이 된다. 물고기는 플랑크톤을 먹고 바다표범과 새는 물고기를 먹고 북극곰은 바다표범을 먹고 산다. 모든 건축 석재에는 자신에게 맞는 위치와 장소가 있으며, 이 모든 재료는 꼭 필요하다. 이 중 하나라도 없으면 시스템 전체가 위협받는다. 북극 해빙은 열대 우림만큼 독특한 생태계이지만, 접근하기는 훨씬 더 어렵다. 그리고 인간이 온실가스 배출을 통해 지구를 가열시키고 얼음은 점점 더 줄어들기 때문에, 북극 해빙은 사라질 위기에 놓여 있다.

2020년 7월 7일, 이백아흔두 번째 날

선실 내 비치된 오디오 기기에서 필레크네커렌(Pilleknäckeren, 독일의 포크 음악 밴드-옮긴이)의 노래가 나온다. 음악을 들으며 일지를 쓴다. 마침내 정말 오랜만에 조용한 저녁을 맞는다. 아늑한 선실에 앉아 있는데, 수많은 창문 너머로 밤하늘의 햇살이 쏟아져 들어온다. 바깥 얼음은 이제는 고요하고 인간의 손길이 닿지 않은 상태로 남아 있다. 모든 팀이 얼음과 씨름하는 일과에 몰두했다가 귀환한 뒤라 그렇다. 필레크네커렌은 1990년대 초 괴팅겐 선술집 음악계pub music scene에 등장한 밴드다. 그들은 이미 오래전에 해체됐다. 하지만 나는 그들이 남긴 두 장의 음반인 〈빨강Rote〉과 〈노랑Gelbe〉을 카세트테이프로 소장하고 있다. 1994년 처음 남극을 여행했을 때 이 테이프를 가져갔다. 노천 선교에 마련된 측정 컨테이너에서 샘플을 분석하며, 필레크네커렌 노래만 무한 반복해 들었다. 이때 바깥에는 빙산과 고래가 지나갔다. 그때부터 나는 필레크네커렌 노래를 극지방 테마 음악으로 삼았다. 다른 어떤 음악과는 비교할 수 없을 정도로. 마치 냄새처럼 음악도 특정 상황과 연결되고 기억을 불러일으킨다.

이 남극 여행에서 알게 된 친구들과 지금까지도 우정을 맺고 있다. 당시 승선한 인물 중 나와 가장 친하게 지냈던 지인도 이 모자익 원정에 참여하고 싶었을지 모르겠다. 하지만 그녀의 인생 행로는 다른 방향으로 나갔다. 내가 북극에 있는 동안 그녀는 내 가족을 방문하고, 이곳에 오기를 갈망한다. 지금 이 부분을 쓰면서, 이 독특한 풍경, 이 유일무이한 생활권을 집중적으로 알아가는 것이 얼마나 큰 특권인지 다시 한번 분명히 깨닫는다. 이곳 작업은 힘들고, 기나긴 원정 탐험은 궁핍으로 가득하다. 그러나 어떤 경우에도, 전 세계 어떤 사람과도 지금 내가 있는 이 자리를 바꾸지 않을 것이다.

지금 우리는 이곳에서 사라져 가는 세상을 체험한다. 앞으로 우리 아이들은 과연 여름철 북극에서 얼음을 마주칠 수 있을까? 아직은 우리 노력 여부에 따라, 이 사라져 가는 세상이 완전히 소멸하지는 않을 가능성이 있다. 인류가 제때 이성을 되찾아 무분별한 온실가스 배출이라는 미친 짓을 최대한 빨리 끝내기를 바랄 뿐이다. 그렇게 한다면, 이 얼음 세계가 우리 후손을 위해 존재할 가능성이 여전히 있다. 그렇게 하지 않으면, 얼음 세계는 우리 세대와 함께 몰락할 것이다.

하지만 이제 우울한 생각은 떨쳐버리고, 창밖에 펼쳐진 얼음과 햇살로 가득한 매혹적인 풍경을 바라본다. 얼음 세계는 여전히 존재한다! 그리고 우리의 문제는 비교적 단기적인 성격일 뿐이다. 이 빙원은 얼마나 오래 지속될까? 유빙의 수명은 막바지에 이르렀다. 현재 우리는 얼음 가장자리에서 140킬로미터도 안되는, 75해리쯤 떨어진 곳에 있다. 우리는 얼음 가장자리를 향해 표류하고 있다. 그리고 얼음 가장자리는 지금 여름철 얼음이 후퇴하는 시기를 맞아 우리를 향해 다가오고 있다. 유빙이 마지막 여정에 도착한다. 올여름 유빙은 프람해협 지역에 있는 얼음 가장자리에 도달해, 그곳에서 놀(파장이 길고 고른 파도-옮긴이)과 파도에 의해 부서져 결국, 녹을 것이다.

놀이 몰아치는 지역에 도착하면, 무너져 가는 유빙에 있는 천막을 철거해야 한다. 하지만 이후에도 처리해야 할 과제가 하나 있다. 2019년 9월 말 원정을 시작했을 때, 이미 결빙이 한창이었다. 그래서 당시에는 결빙의 시작 단계, 즉 지금 우리가 머무는 빙원의 탄생 단계를 놓쳤다. 지금 우리는 이 문제를 보완하고 북극 1년 순환 주기의 마지막으로 누락한 단계, 퍼즐의 마지막 잃어버린 조각을 탐구하고자 한다. 그리고 결빙이 어디서 가장 먼저 시작될까? 또한, 10월 중순 원정을 끝마치기 전에 어디서 이 과정을 집중적으로 탐구할 수 있을까? 북극 최북단 지역이다! 그래서 우리의 다음 목표는 바로 그곳, 북극점이다.

어제는 선장과 연료 상황에 대해 논의했다. 최근 몇 주 동안 유빙에서 안정적인 상태를 유지한 덕분에 연료를 상당히 많이 아낄 수 있었다. 이 상태를 한 달만 더 유지한다면, 일반적인 운항과 비교했을 때 연료를 충분히 절약할 수 있다. 그렇게 되면 북쪽을 향해 저 멀리 돌진할 수 있는 모든 선택권을 확보할 수 있다. 내 시선은 계속 저 바깥에 있는, 너무나 안정적으로 보이는 얼음 위를 맴돈다. 과연 이 유빙이 앞으로 한 달 동안 우리에게 좋은 보금자리 역할을 할 수 있을까?

5부
여름

비 오는 날이라 빛이 부
드러워져 모든 색깔이
한층 무뎌 보인다. 또한,
얼음의 윤곽도 흐릿해
보인다.

10장
얼음 위에서 맞이한 한여름

2020년 7월 11일, 이백아흔여섯 번째 날

비가 내린다. 여름의 북극은 엄청나게 얼어붙은 겨울 풍경과는 완전히 다르다. 기온이 빙점 범위를 왔다 갔다 한다. 이는 매우 정상적인 현상이며 그 자체로는 지구온난화의 결과는 아니다. 얼음은 겨울에 형성되고 여름에 녹는다. 항상 그래왔다. 얼음은 겨울에 늘어나고 여름에 쑥 들어간다. 이는 계절에 맞추어 뛰는, 북극의 영원한 심장박동이다. 겨울에 얼음이 충분히 어는 한, 북극 중심부의 얼음은 여름 해빙 시기가 와도 더 오래 살아남을 것이다. 하지만 인간이 저지른 지구온난화로 인해, 이 얼고 녹는 예민한 순환은 방해받고 있다. 심지어 미래에는 여름철 북극에는 얼음이 아예 없을지도 모른다. 그렇게 되면 북극의 심장은 박동을 멈추게 될 것이다.

지금 이 얼음 풍경에서는 전형적인 장맛비가 몇 시간이고 계속 내린다. 원정대원 누구나 고향에 있을 때부터 익히 아는 상황이다. 하지만 오늘은 중요한 날이다. 모든 팀이 함께 엄청난 노력을 기울

루이자 폰 알베딜Luisa von Albedyll이 비 오는 날 24시간 측정 주기가 진행되는 동안 북극곰의 접근을 막기 위해 야간 감시를 수행하고 있다.

여, 24시간 측정 주기 중 하나가 진행될 예정이다. 오늘 정오부터 내일 정오까지, 우리는 맹렬하게 측정할 것이다. 그리고 비 때문에 이 작업은 수월하지 않을 것이다. 눈은 깊고 무겁고 물을 빨아들인 진창이 되어, 얼음에서 앞으로 나가기란 평소보다 훨씬 어려워진다. 그리고 사람들은 빗속에서 서서히 흠뻑 젖는다. 극지방용 의류는 낮은 기온에 최적화되어 있어, 비가 끊임없이 내리면 느리지만 확실하게 흠뻑 젖는다.

그렇다고 해서 모든 이의 열정이 꺾이지는 않는다. 12시 정각이 되자 모든 팀이 얼음으로 몰려나가 정확하게 짜인 일정대로 측정을 시작한다. 얼음 아래와 내부, 눈 속, 그리고 얼음과 눈 위의 대기를

측정한다. 이 24시간 측정 주기는 과학계의 보물이다. 북극 중심부의 그 어떤 날도 오늘처럼 상세하게 기록된 적이 없다.

오후가 되자 비가 그친다. 심지어 뜻밖에도 해가 잠시 비춘다. 곧바로 헬리콥터가 상공으로 올라가 대기 중에서 측정을 진행한다. 이 중요한 날에 어울리는 좋은 징조다! 그러나 불과 20분 후 헬리콥터는 안개가 다가온다고 보고하고 배로 귀환한다. 그 후 얼마 지나지 않아 사령교에서는 거의 아무것도 보이지 않는다. 시계視界는 대략 200미터, 때로는 150미터밖에 안 될 때도 있다. 우리는 즉시 북극곰 감시 체계를 변경하고 새로운 상황에 적응한다. 가시거리가 더 떨어지면 얼음 위에서의 작업을 중단해야 한다. 북극곰으로부터의 안전 확보가 더 이상 보장되지 않기 때문이다. 하지만 안전 확보는 유지되고, 측정 주기는 계속 진행된다.

나는 사령교에서의 야간 감시 활동을 끝내고, 새벽 5시에 배를 나가 얼음 위에서 작업하는 팀들을 방문한다. 시계는 개선됐지만, 다시 단계적으로 비가 내린다. 북극 날씨는 빠르게 변한다.

오션 시티에서는 곰 감시원이 지켜보는 가운데 난류 측심연이 끊임없이 바다로 내려갔다가 올라온다. 난류 측심연은 엉클어진 주황색 털이 달린 소형 기구다. 작업은 느긋하게 진행된다. 기기 책임자 옆에는 항상 다른 이가 얼음 구멍에 함께 앉아 있는데, 이 사람은 안전과 재미를 담당한다. 운영자가 긴 밤 내내 단조로운 일을 하다가 지치는 상황을 막기 위해, 곁에서 즐겁고 유익한 대화를 나눈다. 많은 자원자가 이 매시간 변화무쌍한 작업에 "바다 친구ocean friend" 역할을 하겠다고 등록했다. 그들은 얼음 구멍 앞에서 일종의 스피드 데이트(독신 남녀가 사귈 만한 인물을 찾으려고 여러 사람을 돌아가며 잠깐씩 만나보는 이벤트-옮긴이)를 하는 셈이다.

윤곽이 없고 한결같이 밝은 회색 하늘 아래, 빛이 발하는 분위기는 독특하다. 화창한 날의 거친 대비는 사라지고, 모든 게 놀라울 정도로 부드럽고 거의 솜처럼 보드랍고 온화한 빛에 잠겨 있다. 압축 얼음 능선의 서로 겹치고 밀친 얼음판 아래에서는 빛이 가물거린다. 얼어붙은 물로 이루어진 두꺼운 층은 놀랍도록 푸른빛을 띠고, 고드름으로 가득 찬 구멍에는 짙푸른 빛이 감돈다.

해빙 전문 연구자인 루이자 폰 알베딜은 현재 북극곰 감시원 활동을 하며 해양 팀 동료들을 지키고 있다. 모자익 정신을 철저히 따라 모든 원정대원이 동등하게 교대로 감시 근무를 하며, 모두가 한

밤중에도 서로를 돕는다. 이 너무나 아름다운 얼음 위 분위기를 배경으로, 나는 루이자와 잠깐 이야기를 나눈다. 그러고는 에코 로지(eco lodge, 환경친화적 숙박시설-옮긴이)로 이동한다.

에코 로지에서 생태계 연구자들은 24시간 내내 얼음 밑에서 일어나는 생명체의 활동을 정기적으로 샘플링한다. 샘플 채취는 정해진 시간에 진행되며, 그사이에는 계속 깨어 있어야 한다. 그래서 연구자들은 샘플링을 위해 설치한 두 개의 천막에 전기와 커피머신을 공급했다. 덕분에 천막은 아늑한 카페로 변신했고, 바닥에는 작은 얼음 구멍을 뚫어 얼음 밑 관련 과학 활동을 할 수 있게 해놓았다. 에코 로지에 도착했을 때, 나를 위해 미리 마련한 커피잔에서 김이 모락모락 피어올랐다. 동료들은 내가 사령교와 나눈 무선 통신을 듣고, 내가 어디로 갈지 알고 있었다. 또한, 사령교 감시원에게도 항상 안전을 위해 야간 커피 방문에 대한 정보를 알려주어 길을 잃는 사람이 없도록 한다. 교대근무 시간이 긴데도 불구하고 에코 로지의 분위기는 훌륭하다. 밤샘 근무를 마친 뒤, 이 이른 아침에 마시는 커피의 향이 아주 좋다.

하지만 에코 로지가 제공하는 것은 이뿐만이 아니고 더 있다. 돔 모양 천막에 설치된, 외부 빛을 한없이 막아주는 밀폐형 창문을 몇 번의 손놀림으로 닫으면 마법 같은 분위기가 펼쳐진다. 바다에서 후방산란 된 빛이 2미터 두께의 얼음 바닥을 뚫고 이곳에 퍼진다. 바닥은 짙푸른 색으로 강렬하게 빛나고, 에코 로지에 동화 같은 분위기를 선사한다. 그렇게 얼음 위 작업은 토요일 오후 늦게까지 계속된다. 저녁에는 측정 주기를 성공적으로 마친 기념으로 칠러탈에서 축하 행사를 연다.

2020년 7월 12일, 이백아흔일곱 번째 날

이날 밤 칠러탈에서의 축하 행사는 갑작스럽게 중단된다. 자정 직전 배가 밀쳐지는 느낌으로 흔들리더니, 얼음이 폴라르슈테른호를 배 한 척 길이만큼 앞으로 밀어낸다. 얼음 위의 전선이 움직이고, 우리는 신속하게 팀을 보내 전선을 차단하고 배에서 분리한다. 상황을 간략하게 살펴보니, 유빙 자체는 손상되지 않았고 심각한 위험에 놓인 장비는 일단 없는 것으로 파악됐다. 폴라르슈테른호의 추가 엔진 두 개를 가동해, 선미에 가해지는 얼음 압력에 대항하고 현 위치를 유지하는 동력을 더 많이 확보한다.

그러다 갑자기 사령교에서 화재 경보가 울린다! 배 전체에 설치된 자동 방화문이 닫힌다. 자동 절차가 진행되고, 배는 스스로를 보호한다. 화재에 가장 잘 대항할 수 있는 상태로 탈바꿈한다. 선내 화재는 다른 무엇과도 비교할 수 없는, 이 배의 가장 큰 위험 요소다. 선내 화재는 정말 악몽과도 같다. 배가 없으면 우리는 안전한 거점을 잃고, 깨지기 쉬운 얼음과 수 킬로미터 깊이의 바닷물이 발밑에 도사리고 있는 북극 한가운데에서 좌초될 것이다.

사령교 화재 관제 센터에 설치된 화재경보기를 살펴보니, 조타 기관실과 인근 공간에 연기가 발생한 것으로 나타났다. 센서에 오류가 있는 게 아니어서, 이는 심각한 문제일 수밖에 없다. 화재경보기 두 대가 연기가 발생하지 않았는데도 동시에 경보를 울리는 일은 일어날 수 없기 때문이다. 이와 동시에, 갑자기 조타를 더 이상 움직일 수 없다. 이게 도대체 무슨 일인가?

분명 얼음 압력으로 인해 거대한 얼음 블록이 배 아래 선미 부분과 대형 키 블레이드를 밀어붙인 듯하다. 얼음 블록이 밀려 들어오

니 조타 기관에 과부하가 걸렸다. 유압펌프가 더 이상 압력을 견디지 못해 캐스킷(접촉면에서 가스나 물이 새지 않도록 넣는 패킹-옮긴이)이 터졌고, 유압유가 주변 뜨거운 파이프라인으로 분출했다. 기름은 증발했다. 이것이 바로 사령교 화재경보기가 감지한 '연기'다. 기관 감시 담당자가 즉시 조타 기관실로 달려가 그곳 상황을 신속하게 무선으로 보고한다. 선장은 수석 담당자, 그러니까 기관장과 잠시 상의한 후 예방 차원에서 조타 기관 두 대 모두를 끈다. 이제 배는 조타 기관 없이는 기동할 수 없다. 이렇게 순전한 예방조치 차원에서 온전하게 작동하는 두 번째 조타 기관까지 끄는 행위는, 이곳 얼음에서는 얼마든지 가능하고 아무 문제도 되지 않는다. 얼음은 배에 큰 문제를 초래할 수 있지만, 아울러 선박을 보호할 수도 있다.

극지 탐험의 역사를 보면 수많은 배가 얼음에 깔리고 짓눌렸으며, 그 결과 선원들은 목숨을 잃었다. 현대 쇄빙선의 선체는 아무리 강한 얼음 압력이라도 견디는 데 아무 문제가 없기는 하지만, 그럼에도 해빙은 안전한 피난처로 다가온다. 상당수 쇄빙선은 개수면을 항해하는 데 별로 적합하지 않고, 심지어 파도가 가볍게 일어도 좌우로 엄청나게 흔들리는 상태에 빠진다. 그러나 폴라르슈테른호는 다르다. 이 배는 세계 최고 수준의 쇄빙선인데도 개수면에서 탁월한 성능을 발휘한다. 이는 폴라르슈테른호가 물속에서 조정 가능한 작은 날개인 스태빌라이저 두 대를 펼 수 있어, 배가 좌우로 흔들리는 상황을 완화하는 게 가능한 결과이기도 하다. 그러나 지금 이 순간 우리는 얼음의 보호 아래에 있어 기쁘다. 조타기가 없으면 배는 기동성을 잃어 개수면에서 파도, 바람, 조류에 속수무책으로 휘둘릴 것이다. 하지만 이곳 얼음 속에 있으면 그럴 일은 없다. 배가 수리될 때까지 느긋하게 기다릴 수 있다.

아침에 조타기의 손상된 부분을 복구하고, 나는 선장과 이제 다음 단계를 어떻게 진행할지 의논한다. 예전 자리로 돌아가야 한다. 전선이 끝나는 곳이자 연구 캠프의 중심지 노릇을 하는 곳 말이다. 하지만 뒤편에는 거대한 얼음 블록이 길을 막고 있어 되돌아가기란 불가능하다. 그러나 폴라르슈테른호의 육중한 선수로 얼음 블록을 밀쳐내면, 큰 어려움 없이 예전 자리로 돌아갈 수 있다. 문제는 우리 배 좌현 쪽 유빙 주변 유역에는 훼손되어서는 안 되는 측정기지가 상당히 많다는 것이다. 심지어 이 측정기지 중 상당수의 위치도 파악할 수 없다. 측정기지에 설치된 GPS 부표가 이미 오래전부터 전송을 중단했기 때문이다.

나는 사령교에서 안개의 가느다란 틈새 사이로 관찰을 계속해 예전 기지의 위치를 찾아내고, 그곳 방향과 예상 거리를 기록한다. 안개가 너무 짙게 껴서, 레이저 기기로 정확한 거리를 측정하기가 불가능하다. 하지만 나는 데이터를 활용해 아이스 레이더에서 부표가 어느 유빙에 있는지 파악하고, 이를 레이더에 표시할 수 있다. 이제 이 미로에서 빠져나와 유빙과 예전 측정기지로 가는 길로 되돌아가면 된다. 물론 장비에 손상을 주지 않는 방향으로 간다. 이러한 계획은 재빠르게 결정됐고, 이제 네 개의 엔진이 모두 가동된 배는 전력을 다해 움직인다.

내가 아이스 레이더를 주시하며 측정기지로 가는 안전한 우회로를 파악하는 동안, 선장은 능란하게 배를 조종한다. 정해진 경로를 따라 얼음을 통과하고, 어느 기지도 손상시키지 않고 정교하게 앞뒤로 급커브를 돈다. 그러는 동안 안개가 걷히고, 이제 기지를 눈으로 직접 볼 수 있게 된다. 당연히 우회도 훨씬 쉬워졌다.

2시간 후, 폴라르슈테른호는 우리가 사용하던 정박지를 봉쇄한 얼음 블록 앞쪽으로 뱃머리를 둔다. 배의 선수 면이 얼음 블록을 밀어내면, 머지않아 원래 위치로 다시 돌아갈 수 있다.

2020년 7월 16일, 삼백한 번째 날

팀원들이 얼음 위에 발을 내딛으려는 순간, 좌현에서 북극곰 한 마리가 나타났다는 보고가 들어왔다. 곰은 재빠르게 다가와 선수 주변을 돌다가, 우현 쪽에 있는 두꺼운 주황색 전선을 발견하고는 갖고 놀기 시작한다. 우리는 금속 막대로 선체를 두들겨 적당한 소음을 일으켜, 곰이 배 바로 옆에서 위험한 행동을 하는 것을 막는다. 그러는 동안 신호 총을 휴대한 나는 사령교에서 사람들을 모든 장비가 있는 우현 쪽으로, 또한 대형 스위치만 내리면 전체 네트워크를 정지시킬 수 있는 주 배전기 쪽으로 보낸다. 곰은 우리가 낸 소음에 잠시 당황했을 뿐, 왕성한 호기심을 계속 보이며 우현에 설치된 원격 감지 기기로 향하는 직선 경로를 곧장 택한다. 나는 무전을 통해 감시원들에게 대기 상태로 전환하고, 북극곰이 민감한 장비를 처음 건드리기 시작하면 발포해도 좋다는 지시를 내린다. 신호 총을 잘 조준해 쏘았고, 곰 바로 옆에서 섬광탄이 공중 폭발한다. 곰은 힘차게 도약해 기기에서 뛰어내린 뒤 질주한다. 다행히 배로부터 멀리 달아난다. 하지만 곰은 별로 놀란 듯하지는 않다. 왜냐면 곰은 즉시 몇백 미터 떨어진 얼음 위에 있는 이동식 측정 썰매가 있는 쪽으로 방향을 잡았기 때문이다.

신호 총은 거기까지 닿지는 않는다. 그러므로 여기서 다른 수단을 투입해야 한다. 바로 배의 경적이다. 이 수단을 자주 사용할 수는 없다. 곰은 금방 익숙해져, 이 별난 경적 소리가 결국, 아무런 해를 끼치지 않을 거라는 사실을 깨닫기 때문이다. 모든 것은 적절한 타이밍에 달려 있다. 나는 한 손에 쌍안경을 들고 북극곰이 조심스럽게 기지에 접근하는 모습을 유심히 관찰한다. 호기심이 많은 곰에게 이 상황은 스트레스가 되기도 한다. 곰은 자기 눈앞에 보이는 것이 무엇인지 전혀 모르고, 정말 위험하지는 않은 것인지에 대해서는 다소 회의를 품는다. 경적을 통한 위협이 성공을 거두려면 이 스트레스를 이용해야 한다. 호기심이 미지의 존재에 대한 경외심보다 훨씬 큰 나머지 주둥이를 킁킁거리며 매우 조심스럽게 장비 주변에 두른 울타리로 다가오는 바로 그 순간, 나는 경적 버튼을 누른다. 효과가 있었다! 곰은 장비에서 뛰어내려 내달린 뒤, 당황한 기색으

로 주위를 둘러본다. 곰은 분명 자신이 장비와 접촉해 시끄러운 경적 소리가 발생했다고 여기고, 일단 더 이상 탐색하고 싶은 기분이 들지 않는다. 곰은 상당히 멀리 떨어진 곳에 위치한, 떠내려온 유빙에 세워진 기지로 터벅터벅 발걸음을 옮긴다. 우리가 이년二年 얼음을 연구했던 기지다. 곰은 아침부터 한바탕 흥분을 느낀 뒤라, 기지 근처 눈 속에 곧장 드러누워 선잠이 든다. 곰은 몇 분마다 피로한 기색으로 눈을 깜빡이면서 우리가 아직 거기에 있는지 바라본다. 그 외에는 긴장이 엄청 풀리고 아늑한 수면 공간에서 편안함을 느끼는 게 분명해 보인다. 섬광탄과 시끄러운 경적의 공포는 오래 지속될 것 같지 않다.

북극곰은 낮잠을 1시간 정도 자고 나니 기력을 회복한 느낌이 든

원격 감지 사이트에 설치된 원격 탐사 장비. 이 원격 탐사 장비는 위에서 눈 덮인 표면과 얼음 표면을 관찰하고 있다. 배경이 되는 하늘에는 대형 대류 계류기구가 떠 있다.

다. 기지개를 켜고 사지를 쭉 뻗는다. 그런 다음 자신의 서식지에 갑자기 나타난, 새롭고 유별난 놀이터를 계속 탐색한다. 나는 곰이 마음대로 행동하도록 내버려 두고 싶다. 하지만 이 곰은 최근에 이곳을 방문한 상당수 북극곰과는 다른 행동을 보인다. 그동안 다른 곰은 잠깐 탐색하다가 우리에 대한 흥미를 금방 잃고 각자의 길을 떠나곤 했다. 반면 이 북극곰은 줄곧 우리 캠프와 관련된 것이라면 빠짐없이 굉장한 관심을 보인다. 매 순간 새로운 모험 놀이동산을 무척 편안하게 여기는 게 분명하다. 이건 좋지 않다. 우리가 구축한 시설은 곰에게 좋을 게 전혀 없으며, 생존을 위해 꼭 필요한 바다표범

북극곰은 기후변화에 어떻게 대처할까?

북극곰은 북극에서만 산다. 19곳의 느슨하게 분리된 개체군에서 서식하는데, 여기에는 캐나다와 노르웨이의 연안, 시베리아의 군도, 심지어 북극 분지 한복판도 포함된다. 북극곰은 얼음 위에서 생존하기 위한 적응 능력이 매우 뛰어나다. 얼음 위에서 사냥하고 눈 동굴에서 새끼를 낳는다. 그래서 해빙에 크게 의존하는데, 해빙은 최근 수십 년 동안 점점 더 얇아지고 어려진다. 북극곰은 얇은 얼음 위의 서식지를 선호하는데, 이러한 서식지의 수는 점점 더 많아지고 있다. 그 이유는 북극곰의 사냥감도 얇은 일년 얼음을 선호하기 때문이다. 얼음 구멍을 통해 공기를 호흡하는 바다표범은 얇은 얼음장에만 구멍을 낼 수 있다. 그래서 북극 중심부에 있는 일부 곰 개체군은 현재(그리고 아마도 당분간은) 기후변화로 이득을 얻을 것 같다. 그러나 이곳에 사는 북극곰은 육지에 서식하는 동족보다 수를 파악하고 관찰하기가 훨씬 어려워서 데이터 상황은 희박하다. 그리고 여름철 지구온난화로 북극 얼음이 완전히 사라지면, 2만 6,000마리로 추정되는 북극곰도 서식지를 잃을 것이다. 얼음이 줄어드는 것을 막지 못하면, 아마도 북극곰은 몇십 년 안에 멸종될지 모른다. ✻

사냥을 가로막을 뿐이다. 북극곰이 이곳에 정착한다면 해를 입을 것이다. 나는 헬리콥터 출동 대기를 지시한다.

이제 곰은 이제 의도적으로 다시 우리에게 다가온다. 이번에는 ROV 시티 외곽에 설치된 두꺼운 전선을 발견하고는 또 마음에 드는 모양이다. 나는 즉시 전류를 차단하도록 조치하고 합의된 절차에 따라 곰이 있는 방향으로 섬광탄을 일제히 발사한다. 북극곰이 고무를 먹어치워서는 안 되므로 우리가 개입해야 한다! 예상대로 섬광탄 발사 조치로 일단 곰을 송전선에서 몰아내지만, 이 상태가 지속될 것 같지는 않다. 그래서 이제 헬리콥터를 띄우도록 한다. 헬리콥터는 곰이 있는 방향에서 천천히 선회한다. 헬리콥터는 언제나 효과 만점이다. 우리는 헬리콥터로 북극곰을 아주 천천히 배에서

북극곰도 여름에 개수면을 계속 가로질러야 한다. 곰은 얼음과 얼음 사이의 거리가 짧으면 점프하고, 거리가 좀 더 길면 물에 들어가 수영한다.

떼어내고, 헬기가 내는 회오리 하강기류 바깥으로 몰아낸다.

곰이 1.2해리(약 2킬로미터) 떨어진 곳까지 이동하자, 헬리콥터는 임무를 성공적으로 마치고 배로 귀환한다. 현재 날씨 상태가 흐리고 습해서, 그곳에 있는 곰의 모습은 우리 시야에서 벗어났다. 나는 유빙 위 오후 작업 일정 프로그램을 변경해, 곰이 마지막으로 향한 위치 쪽의 유빙에서는 작업을 하지 않도록 조치한다. 그렇게 함으로써 북극곰의 안전을 좀 더 쉽게 보장할 수 있다. 이후 변경된 프로그램에 따라 팀원들이 얼음으로 향한다. 두꺼운 ROV 시티 전선에 곰이 문 자국이 있어서, 해당 지역 전선을 교체해야 한다. 북극곰이 밤사이에 다시 나타나지 않으면, 내일 정상적으로 작업할 수 있다.

2020년 7월 17일, 삼백두 번째 날

새벽 4시에 전화가 오는 바람에 잠에서 깬다. 우리 북극곰이 돌아왔다! 곰이 ROV 시티에 빠르게 접근하는 동안, 나는 전력망 차단 조치를 내린다. 이제 이 북극곰이 전선을 매우 좋아한다는 사실을 알게 됐다. 그리고 실제로 곰은 당연하다는 듯이 ROV 시티의 주황색 전선을 물어뜯기 시작한다. 고무 입자를 섭취하는 상황을 막으려고 신호 총을 발사해 곰을 케이블로부터 멀리 떨어뜨린다. 곰은 잠깐 질주하다가, 밀려오는 안개 속으로 느긋하게 걸어 들어간다. 오전 6시 30분쯤에 이 안개가 걷히자, 배 앞쪽 700미터 떨어진 지점에서 곰이 느긋하게 잠자고 가끔 눈을 깜빡이는 모습이 목격된다. 1시간이 지나도 곰은 그곳에서 계속 잠들어 있고, 점점 짙어지는 안개가 그 모습을 삼킨다. 오전에 안개가 다시 걷혔는데, 곰의 흔적은 더 이상 발견할 수 없다. 정오가 되자 팀원은 경계 태세를 더욱 강화

하고, 안전 우선 위주로 조정한 프로그램에 맞춰 얼음으로 향한다.

2020년 7월 중순의 전형적인 얼음 위 분위기.

2020년 7월 18일, 삼백세 번째 날

그 북극곰은 밤에 두 번 더 돌아온다. 아침에도 그곳에 있다. 곰은 지루한 기색으로 유빙 해안선을 따라 걷다가 그곳에 누워 잠이 든다. 분명 우리 근처에 있는 것이 편하다고 여긴다. 우리 입장에서는, 곰이 있으면 전혀 편하지 않다. 아침에 얼음 위에서 작업을 못 하니까. 그래서 헬리콥터를 동원해 곰을 약 2해리 떨어진 곳으로 몰아, 곰이 개수면을 건너 인근 유빙으로 이동하도록 조치한다. 얼음 위 작업은 오전 11시부터 시작된다. 이후 이 곰은 다시 목격되지 않았다.

지금 우리 주변 어디를 둘러보아도 개수면이다. 이곳에서 얼음이 덮인 면은 60~80퍼센트에 불과하다. 우리가 있는 유빙은 지금 물속에서 자유롭게 표류하고 있지만, 불안정성의 징후는 조금도 관찰되지 않는다.

위성 데이터를 기반으로 날마다 작성되는 북극 해빙海氷 지도를 보면, 아직 해빙기解氷期 초기인 현재에도 시베리아 북극에 얼음이 없는 지역이 거대하게 형성되어 있음을 볼 수 있다. 바렌츠해는 이미 얼음이 완전히 없어졌다. 물론 이 시기는 얼음이 없는 게 정상이기는 하다. 하지만 이뿐만이 아니다. 카라해, 랍테프해, 동시베리아해, 추코트해 또한 이미 얼음이 거의 없는 상태나 다름없다. 엄청나게 놀랄 상황이다. 7월 중순 북극 이쪽의 넓은 지역에서 얼음이 없다는 것은 전례 없는 일이다. 북극 해빙의 전체 규모도 기록이 시작된 이래, 그 어느 해의 7월 18일 자 기록보다도 적다. 보퍼트해만 예년보다 얼음이 조금 더 많을 뿐이다.

이러한 얼음 분포는 지난겨울에 있었던 급격한 북극 횡단 표류 때와 일치한다. 이때 얼음은 평소보다 빠르게 시베리아 북극에서 대서양·캐나다 지역으로 밀려났다. 지난겨울 북극 횡단 표류가 초래한 예사롭지 않은 북반구 기상 상황의 여파는, 몇 달이 지난 지금도 여전히 발견할 수 있다. 사실 이 모든 것은 하나의 시스템으로 연결되어 있다. 겨울에 부는 특이한 바람은 몇 달 후 해빙 분포에 영향을 미치고, 이는 다시 현재 날씨에 영향을 끼친다. 그리고 날씨에 대한 영향은 현재 얼음 분포에 영향을 끼치고, 동시에 얼음 내부·아래의 생태계에도 장기적인 영향을 끼친다. 그래서 해양, 얼음, 대기 간 에너지 및 물질의 흐름에 변화를 초래할 것이다. 또한, 이 모든 것은 내년 겨울에도 대기 순환에 영향을 끼칠 것이다.

이곳 북극 기후시스템의 모든 과정은 마치 복잡한 시계 장치에 들어간 톱니바퀴처럼 서로 맞물려 있으며, 이 과정 중 하나라도 교란되면 장기적으로 예측하기 어려운 변화를 초래한다. 우리의 임무는 이 시계 장치가 어떻게 작동하는지, 이 모든 과정이 어떻게 서로 밀접하게 맞물리는지를 이해하는 것이다. 우리는 컴퓨터에서 이 시계 장치를 재현하려 한다. 우리는 기후모델을 통해 이러한 복잡한 과정의 전체 구조를 재현해야 한다. 그래야 한 영역에서 변화가 일어나면 다른 모든 영역에 어떤 영향을 끼치는지 예측할 수 있다. 기후모델에서 이 톱니바퀴 장치를 정확하게 표현할 수 있는 상황에 이르는 것이 우리의 목표다. 바로 이 목표를 위해 모자익 원정을 시작했다. 그리고 이를 위해 우리가 기울인 모든 노력은, 다 그럴 만한 가치가 있다.

하루 종일 여러 국기를 얼음 위에 반원 모양으로 설치하는 작업을 했다. 모자익에 참여한 국가의 국기다. 저녁에는 여기 얼음 위에서 글뤼바인을 마신 뒤, 선상에서 바비큐그릴 파티를 했다. 원정 과정이 지금까지 훌륭하게 진행된 것을 축하한다. 이런 자리라 분위기는 활기차고, 격하게 축하하고 춤을 춘다. 그럼에도 새벽 1시가 되자 모든 것이 끝나고 모두가 각자 침실로 사라진다. 모든 승무원은 날마다 얼음 위에서 수행 능력의 한계를 넘나들며 작업을 한다. 그러니 지금 당장 잠을 자두어야 한다. 그래도 팀 자체가 환상적이라 고된 작업에 시달려도 매우 활기차고 흥겹게 파티를 즐길 수 있다. 또한, 신나게 놀면서도 일의 우선순위가 어디에 있는지 잘 안다.

2020년 7월 21일, 삼백여섯 번째 날
유빙에서 지낼 수 있는 시간은 제한되어 있다. 그래서 이 빠듯한 시간을 최대한 활용하려고 근무 시간을 연장한다. 이틀 전에는 저녁 식사 후 얼음 위에서 야간작업을 진행하기도 했다. 그리고 오늘 새벽 4시에 이미 벌룬 타운에서의 얼음 위 작업과 드론 기지 활동이 시작된다. 새벽 4시 반경, 북극곰 한 마리가 그곳 팀에게 다가온다. 곰 감시원이 안개 속에 있는 녀석을 발견했는데, 불과 작업 현장으로부터 약 200미터 떨어진 지점이다. 우리는 신속하게 얼음에서 철수한다. 모든 게 순조롭게 진행되고, 배의 연결 통로가 올라간다. 북극곰은 배 주위를 반 바퀴 돈 뒤 좌현으로 이동했다가 안개 속으로 사라진다. 조금 있다 안개가 걷히고, 곰은 우리 시야에서 사라졌다. 작업을 재개한다.

폴라르슈테른호가 모자익 유빙에 계속 안정적으로 정박해 있다. 얼음 속에 갇혀 있던 침전물은 여름철 지표면이 녹으면서 얼음 표면에 모인다. 이로 인해 유빙은 서서히 베이지색으로 변한다.

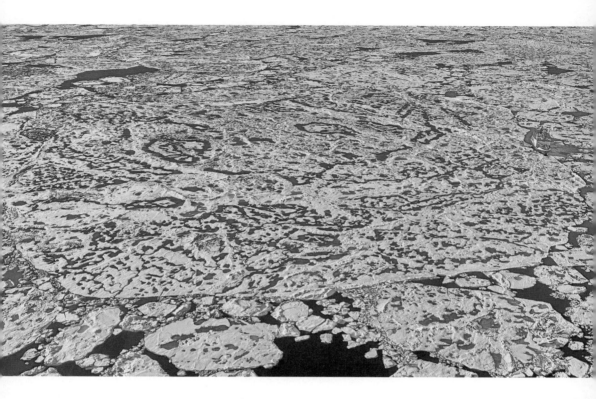

2020년 7월 22일, 삼백일곱 번째 날

또 새벽 4시에 작업을 시작한다. 놀라울 정도로 화창한 날이고, 태양은 얼음 표면에서 밤낮으로 끊임없이 타오른다. 이제 우리가 있는 유빙은 호수로 가득한 독특한 풍경으로 탈바꿈했다. 녹은 웅덩이는 청록색으로 강렬하게 빛나고, 웅덩이 표면은 햇빛으로 반짝인다. 웅덩이의 형태는 구불구불하고, 기슭 모양은 둥글다. 이러한 웅덩이가 얼음 표면의 절반 이상을 차지한다. 그동안 우리는 상당히 많은 곳에 다리를 건설했다. 다리는 주로 녹은 수로 위에 놓아, 여기를 건널 때 발이 젖지 않도록 했다. 무수한 호수 사이에는 하얀 얼음으로 이루어진 조그마한 길이 나 있다. 이러한 길은 둥근 기슭 사이를 이리저리 구부러지다 갈라져, 끝없는 미로를 만들어 낸다.

2020년 7월 22일에 찍은 모자익 유빙. 그동안 대형 웅덩이는 완전히 녹아서 아래쪽으로 흘러내렸고, 얼음 표면에는 침전물이 축적되어 광범위한 지역이 갈색으로 변했다. 그런데 얼음 주변은 붕괴하는 반면, 유빙은 안정적이다.

이게 바로 북극 중심부의 한여름 풍경이다.

2020년 7월 말, 유빙과
연구 캠프 일부를 조망
한 사진.

우리는 점점 더 남쪽으로 표류하고, 얼음 가장자리에 계속 가까
워진다. 현재 거의 북위 80도에 도달했고, 그린란드 북동부 끝을 지
나 프람해협 남서쪽으로 하루에 약 8마일(약 13킬로미터-옮긴이) 속
도로 표류한다. 남동쪽으로 약 45마일(약 72.5킬로미터-옮긴이)밖에
떨어져 있지 않은 곳에 얼음 가장자리가 있다. 하지만 프람해협 서
쪽 지역에는 빙설이 있는데, 이 빙설은 그린란드 동쪽 해안을 따라
남쪽으로 길게 뻗어 있다. 그리고 현재 표류 상황으로 보아, 우리는
그곳에 이를 것 같다. 그렇게 되면 이 유빙은 더 오래 살아남아, 우
리를 더 멀리 남쪽으로 데려가 줄 수 있다. 하지만 언젠가는 그곳에
서도 얼음 가장자리에 도달할 것이다. 그렇게 되면 우리 유빙은 생
활 주기를 마치게 되어, 놀과 파도의 영향으로 부서지고 개수면으
로 흘러 들어가 그곳에서 녹는다. 그리하여 유빙은 거의 2년 전 시

오른쪽 페이지 아랫부
분 사진: 7월 말, 한여름
얼음 위 풍경. 이제 유빙
은 호수 풍경으로 가득
하다. 다리를 놓은 덕분
에, 연구 현장에 쉽게 발
을 들여놓을 수 있다.

베리아 연안에서 형성되기 이전의 상태, 즉 바닷물로 되돌아간다.

유빙이 부서지는 시점을 정확하게 예측하는 게 중요할 것이다. 그래서 지금 나는 더 자주 헬리콥터를 타고 얼음 가장자리로 날아가, 발아래 펼쳐진 얼음의 구조를 연구한다. 이러한 얼음 조건에서

는, 놀이 얼음에 얼마나 광범위하게 파고들어 유빙의 파괴를 일으키느냐가 적지 않은 변수로 작용한다. 얼음 가장자리로부터 약 15해리 떨어진 곳에서는, 일단 얼음 구조가 처음으로 미묘하게 변화하는 것을 볼 수 있다. 대형 빙원이 차지하는 비율은 감소하며, 부서지고 가루가 된 얼음의 면적은 점차 증가한다. 바로 이때부터 유빙은 바다 놀에 반응하는 것 같다. 그러다 얼음 가장자리로부터 약 10해리 떨어진 곳에서, 얼음 풍경은 갑자기 완전히 바뀌는 전환을 겪는다. 즉 더 이상 대형 빙원은 없으며, 그나마 있는 유빙은 얼음 표면 전체가 균일하고, 아주 작은 파편 조각으로만 이루어져 있다. 이곳에서는 아무리 안정적인 유빙이라도 더 이상 놀의 영향을 견뎌내지 못하고, 결국 부서져 버린다. 물론 얼음 가장자리로부터 얼마나 떨어진 거리에서 이러한 현상이 일어나느냐는, 얼음 가장자리 앞 개수면 파도와 놀이 어떠냐에 따라 달라질 수 있다. 만약 폭풍이 한바탕 일어나면, 놀은 훨씬 먼 곳에 있는 얼음까지 파고들어 가 얼음 가장자리로부터 아주 멀리 떨어진 유빙도 파괴할 수 있다. 이제부터 날마다 진행하는 날씨 브리핑에 북대서양 파도 예보도 포함해, 이곳에서 더 이상 예상치 못한 상황을 겪지 않도록 조치한다.

오늘 얼음 탐색을 마치고 돌아오면서, 낮게 뜬 태양이 드리운 환상적인 빛으로 가득한 드넓은 얼음 벌판 위를 비행한다. 여름은 곳곳에 자신의 흔적을 남겼다. 이 정도 높이에서 내려다보니, 모든 유빙을 덮은 녹은 웅덩이는 둥글면서도 복잡한 형태의 청록색으로 패턴을 이루었음을 알 수 있다. 이제 이 웅덩이의 바닥은 아래쪽으로 녹기 시작하고, 유빙은 스위스 치즈처럼 구멍투성이가 된다. 유빙은 완전 무결성을 잃고 있으며, 유빙 대부분은 이미 여러 번 부서

여름철 북극에서 전형적으로 볼 수 있는 옅은 안개에 휩싸인 채, 유빙이 부서지기 직전 상태에 있다.

졌다. 헬리콥터가 폴라르슈테른호에 착륙하고 나서 보니, 우리 유빙은 병든 빙원에서 드물게 안정성을 유지하는 안식처 노릇을 하는 듯하다. 이곳에 세워진 연구 캠프는 여름철 얼음 붕괴에도 여전히 안전하고 확고하게 버티고 있다. 그리고 또 다른 것이 눈에 띈다. 우리 주변의 평평한 얼음 지대는 너무나 균일하게 웅덩이로 덮이는 바람에 작업을 계속 진행할 만한 넓으면서도 건조한 지역은 거의 남아 있지 않다. 반면 오래되고 울퉁불퉁한 우리 유빙의 경우, 웅덩이는 좀 더 낮은 지대에 모여 있으며 좀 더 높은 지대의 땅은 아직 건조함을 유지하고 있다. 현명하게도 우리는 바로 이러한 상황을 예측해 이곳에 연구 캠프를 세웠다. 그런데 우리 유빙에는 유일하게 어린 얼음으로 이루어진 L자 모양의 얼음 지대가 주변과 똑같이 불안정해 보여서, 여기를 가로지르려면 생존복을 입고 사방에 깔린, 위험하고 불안정한 바닥이 특징인 녹은 웅덩이를 조심스럽게

모자익 유빙 가장자리
에 있는 얼음 형성물.

건너야 한다. 하지만 이 얼음 지대도 여전히 유빙과 안정적으로 연
결되어 있다!

밤 9시 30분에 배에 착륙하면서, 나는 우리 유빙과 밀접하게 연결
되어 있음을 느낀다. 이제 거의 10개월 동안 너무나 충실하게 우리
와 함께 북극을 헤쳐나간 유빙 말이다.

2020년 7월 24일, 삼백아홉 번째 날

지난 8일 동안 날마다 최소한 한 마리의 북극곰이 이곳을 방문했
다. 대개는 여러 마리다. 두 마리 이상의 곰을 동시에 처리해야 하
는 경우가 많아서, 그때그때 상황에 맞게 작업 진행 일정을 조장해
야 한다. 이제 우리는 빙원 전체 또는 일부 지역에서 철수하는 절차
를 능숙하게 수행할 줄 안다. 그 밖에 주기적으로 얼음이 번갈아 열

렸다가 얼음 압력이 다시 발생하는 상황도 겪는다. 하지만 이런 상황은 넓은 지역에 걸쳐 대규모로 일어나지는 않아서, 지금까지 유빙은 손상을 입지 않았다. 얼음이 열리는 사이, 우리 유빙은 자유롭게 물속을 떠다닌다. 유빙 핵에서는 균열이나 변형이 아직 나타나지는 않지만, 가장자리에서 침식이 시작되고 있다. 얼음이 녹는 상황은 한창 계속되고 있다. 나는 유빙 한쪽에 있는 일년 얼음으로 이루어진 L자 모양의 소규모 얼음 지대가 곧 붕괴할 수 있다고 예측한다. 우리는 이 얼음 지대를 날마다 방문하지만, 더 이상 필수 장비를 그곳에 남겨두지 않는다. 이 지대의 유일한 영구 설치물은 ROV 시티였는데, 오늘 ROV 시티는 이년 얼음 지대인 오래된 요새로 이전한다. 이 오래된 요새에는 연구 캠프 대부분이 세워져 있다. 이곳의 높게 치솟았던 얼음 산은 그사이 녹기 시작해 모양이 둥글게 됐지만, 아마도 당분간은 안정적인 상태를 유지할 것이다. 이제 우리는 얼음 가장자리에서 족히 70킬로미터는 떨어져 있으며, 얼음 가장자리와 평행으로 남쪽을 향해 표류하고 있다.

나는 배 후미 쪽 해안선을 따라 유빙을 도는 탐사 여행을 감행한다. 그런 다음 반대편으로 돌았다가 다시 중앙부를 통과한다. 옅은 안개가 자욱하다. 나는 탐사 활동 대부분을 혼자 하지만, 얼음 위에서 작업 중인 동료들의 시야가 확실하게 미치는 범위에서 돌아다닌다. 유빙 중앙부는 마치 구불구불한 와디(서아시아와 북아프리카 등, 건조기후 지역에서 볼 수 있는 여름에 물이 없어지는 간헐하천-옮긴이)가 지나가는, 거대한 사막 같은 인상을 풍긴다. 너무나 아름답다. 유빙 반대편에 있는, 높이 솟은 압축 얼음 능선에서 걸음을 멈춘다. 내 앞에는 얼음 조각이 개수면에 떠다닌다. 물에 잠긴 채 돌아다니는 얼음조각은 초록색으로 빛난다. 사방은 고요하다. 빙원 가장자리에는 유빙끼리 서로 충돌해 생긴 기이한 모양의 얼음 형성물이 높이 쌓여 있다.

얼음 상황이 허락하는 한, 우리는 이곳에서 원정 활동을 계속 진행한다. 필요한 경우 캠프를 신속하게 철수할 수 있도록 해체 계획을 서랍 속에 보관하고 있다. 동시에 트료쉬니코프호가 곧 브레머하펜에서 출발할 예정이다. 이 배는 다섯 번째이자 마지막 원정 단계를 수행할 팀과 승무원을 태우고 우리에게 온다. 어쨌든 우리는 트료쉬니코프호 바로 코앞까지 항해하지는 않고, 여기 프람해협이나 스피츠베르겐섬 지역에서 만날 것이다. 그 전에 우리 유빙이 수명을 다한 상태에 이르면, 우리는 임시 구조물을 설치해 트료쉬니코프호가 도착할 때까지 원정을 계속 진행한다. 그러고는 이후 며칠 동안 주변 유빙으로 이동해 작업한다. 앞으로 며칠 안에 얼음 가장자리에 위험할 정도로 가까이 다가가는 경우가 일어나, 짐을 쌀수도 있다. 궁극적으로 무슨 일이 생길지는 아무도 예측할 수 없다. 언젠가 우리 유빙의 수명이 다하면, 우리는 이곳 그린란드 해안에서 북쪽으로 출발할 것이다. 하지만 이런 일은 마지막 단계에 이르러서야 일어날 것이다.

북극에 사는 사람들

북극은 인간이 지내기 너무나 힘든 곳이다. 그래도 사람이 일시적으로 방문하는 데 그치는 남극과는 다르게, 북극에는 인간이 거주한다. 북극에 사는 인구는 400만 명에 달한다. 주로 북극해와 인접한 육지 지역에 산다. 이 중에는 베링해협에서 그린란드에 이르는 지역에 사는 이누이트족(약 15만 명), 시베리아 지역에 사는 네네츠족(약 4만 명)과 야쿠트족(약 33만 명), 스칸디나비아·러시아 지역에 사는 사미족(약 7만 명), 어원커족(약 3만 5,000명) 같은 토착민이 포함된다. 특히 어원커족은 러시아와 몽골을 거쳐 중국까지 펴져 있으며, 그들이 진출해 사는 지역의 면적을 합치면 유럽보다 훨씬 넓다. 여기에 미국인, 러시아인, 스칸디나비아인, 아메리카 인디언 원주민인 퍼스트 네이션Fisty Nations 구성원도 있다. 북극 토착민들은 자신만의 전통적인 생활방식으로 혹독한 환경 조건에 인상적으로 적응해 왔다. 하지만 기후변화로 인해 그들은 조상 때부터 살아온 고향은 물론 자신의 삶도 엄청난 변화를 겪고 있다.

2018년, 하이코 마스Heiko Maas는 독일 외교부 장관에 취임하면서 기후정책과 기후변화로 인한 안보 문제를 임기 중 최우선 과제로 삼았다. 이미 심화하는 갈등만 대응하는 선에서 머무르지 않고, 기후변화 때문에 발생할 갈등을 미리 예방하고 선제적으로 해결하기 위해서였다. 이는 미래를 내다볼 줄 아는 훌륭한 자세다. 그는 2019년 8월 뉴욕에서 열린 유엔 안전보장 이사회 참석을 위해 출장을 떠난 김에 북극을 방문했고, 내게 이 여정에 동행해 달라고 초청했다. 우리는 뉴욕에서 정부 전용기를 타고 돌아오다가 캐나다 배핀섬(Baffin Island, 캐나다 누나부트 준주에 딸린 섬-옮긴이) 남쪽에 있는 이칼루이트Iqaluit에 착륙했고, 그곳에서 전세기로 갈아타고 북쪽으로 계속 날아가 폰드 인레트Pond Inlet에 도착했다.

이칼루이트와 폰드 인레트는 이누이트족이 사는 조그마한 정착촌이다. 이누이트족은 캐나다 누나부트Nunavut 준주準州에 거주하는 약 4만 명의 주민 중 대다수를 차지한다(이칼루이트와 폰드 인레트 모두

누나부트 준주에 속한다—옮긴이). 전통적으로 이누이트족은 주로 고래, 바다표범, 북극곰 같은 해양·육상 포유류를 사냥하며 살았다. 농사를 짓기에는 토양이 너무나 척박하기 때문에, 다른 식량을 비행기에 실어 폰드 인레트 같은 곳으로 보낸다. 심지어 의사도 몇 달에 한 번꼴로만 방문한다. 폰드 인레트로 날아가 보니 조그마한 골함석 주택이 많이 눈에 띈다. 이러한 주택에서 약 1,700명의 주민이 살고 있다. 시르밀리크Sirmilik 국립공원 관리자인 캐리 엘버룸Carey Elverum이 비행기 바로 앞에서 우리를 맞이한다. 바람 한 점 없고 햇살이 눈부신 아주 멋진 날이다. 섭씨 14도의 온화한 날씨라, 아이들은 여름철 영구 동토층 바닥에 형성된 작은 연못에서 신나게 물장난을 친다. 쉰 살쯤 된 남자인 캐리는 이렇게 비교적 따뜻한 여름을 겪은 적이 없다고 말한다.

그의 증언은 기상관측소 데이터와 일치한다. 2019년, 캐나다 북극지방 대부분이 전례 없는 폭염에 시달렸다. 폰드 인레트에서 북쪽으로 약 1,000킬로미터 떨어진 북위 82도에 위치한 인류 최북단 영구 전초기지인 얼럿Alert의 기온은 무려 섭씨 21도에 이르는 기록을 달성했다. 알래스카에서 두 번째로 큰 도시인 페어뱅크스Fairbanks의 경우 섭씨 30도가 넘어 사람들이 땀을 흘린다.

그래서 지금 우리는 폰드 인레트에 서서 캐리의 절망스러운 표정을 바라본다. 더욱이 날씨 조건도 쾌적해서, 이클립스해협(Eclipse Sound, 캐나다북극해제도에 있는 천연 수로. 요즘은 타시우자크Tasiujaq라는 지명으로 불린다—옮긴이)을 지나 시르밀리크 빙하까지 가는 멋진 보트 여행을 할 수 있다. 하지만 캐리는 이러한 조건이 얼마나 문제가 많은지 설명한다. 이클립스해협의 얼음은 여름에는 보통 몇 주 동안만 깨지며, 그 외 기간에는 이누이트족의 사냥터로 활용된다는 것이다. 또한, 이곳 얼음은 스노모빌이 이동하는 데도 활용되어, 주변의 작은 정착촌을 서로 연결하는 역할을 한다. 지구온난화로 인해 이제 여름에 얼음이 깨지는 기간은 점점 더 길어지고, 사냥철은 줄어들고, 정착촌은 서로 단절된다.

우리는 보트를 타고 해협 반대편에 있는 지점에 도착한다. 몇십 년 전까지만 해도 시르밀리크 빙하가 물과 닿았고 심지어 물 위로 밀려 올라왔던 곳이다. 지금은 빙하의 모습은 어디에도 볼 수 없다. 대신 자갈이 느슨하게 쌓인 언덕 지대가 드넓게 펼쳐져 있다. 또한, 푹신푹신해 걸어 다니기 힘든 퇴적 면이 이 언덕 지대를 둘러싸고 있다. 이곳은 빙하가 후퇴하면서 남긴 빙퇴석 지대다. 우리와 동행한 또 다른 이누이트족인 브라이언Brian이 말한다. "여기 땅이 다 이래요! 예전에는 빙하로 덮여 있는 모습만 봤지요. 지금 이 탁 트인 땅을 보니 눈물이 앞을 가립니다. 빙하가 없으니 몽땅 발가벗은 것 같아요."

45분 동안 느슨하게 쌓인 빙퇴석 지대를 힘들게 행진한 끝에 빙하 가장자리에 도달한다. 따뜻한 날이라 얼음은 녹고, 빙하 여기저기에 실개천이 형성되었다. 작은 폭포수가 빙하 가장자리로 떨어지고 있다. 주변 얼음 녹은 물이 똑똑 떨어지는 소리, 실개천이 웅얼거리는 소리, 작은 폭포가 떨어지는 소리가 한데 섞여, 인상적인 음향 효과를 자아낸다. 여기서 기후변화가 진행하며 내는 소리를 들을 수 있다! 물론 여름에 빙하가 바닥 부분에서 녹는 것이 정상이기는 하다. 그러나 최근에는 해마다 꼭대기에 추가되는 빙하보다 녹아버리는 얼음이 훨씬 많아서, 빙하는 급격히 줄어들고 있다. 우리 아래쪽에는, 얼음 녹은 물이 급류를 이루어 빙하의 문을 튀어나와 바다를 향해 우르르 쏟아져 내리고 있다. 얼음덩어리가 바로 이곳에서 사라지는 상황을 인상적으로 보여주는 광경이다.

하이코 마스는 이곳에서 북극 온난화가 분명하면서도 구체적으로 진행 중인 광경을 보고 확실히 깊은 인상을 받는다. 그는 여정 내내 기후변화는 물론 북극과 나머지 세계 간의 연관성에 대한 설명을 모조리 머릿속에 흡수한다. 그가 이 주제를 진심으로 심각하게 여기고 있다는 느낌이 들 정도다. 이 주제를 단순히 정치적 기회주의 차원에서 의제로 삼을 인물이 절대 아니다. 훗날 하이코 마스는 우리 모자익 원정대 활동 시작부터 면밀한 관심을 기울인다. 또한, 원정 끝 무렵에는 장시간 통화를 통해 우리가 관찰한 얼음 녹는 북극과 관련한 내용을 보고받을 예정이다.

이칼루이트에서 메리 엘런 토머스Mary Ellen Thomas를 만난다. 그녀는 자기 가족사를 인상적으로 설명한다. 40년 전만 해도 누나부트 전역에 흩어져 있던 이 대가족은, 매년 캐나다 국경일인 7월 1일에 이칼루이트에서 약 200킬로미터 떨어진 쿠야이트Kuyait에서 상봉했다. 가족들은 이 만남을 통해 결속을 다졌다. 상봉 여행은 개 썰매를, 나중에는 스노모빌을 타고 얼어붙은 피요르드와 해안선의 얼음을 가로질러 나갔다. 당시에는 얼음이 영원히 존재할 것만 같았다. 25년 후, 여행길에는 얼음 없는 지역이 이미 넓게 확산했고 여정 구간의 절반만 통과 가능했다. 오늘날에는 보트를 타야만 쿠야이트에 갈 수 있다. 그리고 배핀섬의 소박한 공동체에 사는 주민 상당수는 이러한 현실과 비용을 감당하지 못한다. 결국, 가족의 결속은 무너지고, 뿔뿔이 흩어진다.

우리는 집 역할을 하는 유빙이 발밑에서 어떻게 녹는지, 그 과정을 밀착 체험할 수 있다. 하지만 유빙은 우리에게는 언제나 임시 거처일 뿐이다. 반면 북극 주민에게는 대안이 없다. 얼음이 없어지면 독특한 풍경만 사라지는 것이 아니다. 수천 년 동안 이어져 온 문화와 수백만 명의 생계도 위협받는다.

2020년 7월 25일, 삼백열 번째 날

어제부터 우리가 있는 유빙이 회전하고 있다! 유빙은 주변 빙원과는 상관없이 숨 막히는 속도로 돈다. 무려 하루 360도 이상에 이를 정도다. 회전의 원인을 계속 조사 중이다. 이 회전은 그 자체로 흥미롭다. 현재 우리 주위에는 개수면이 충분히 있고 두꺼운 얼음 덩어리와 지속적으로 부딪치지 않기 때문에, 빠른 속도로 회전해도 유빙이 파괴될 만한 힘으로 작용하지는 않는다. 어쨌든 유빙은 상당히 둥근 모양이고 자유롭게 회전할 수 있으니 말이다. 그러나 다음에 주변 얼음과 좀 더 세게 접촉하면, 이러한 움직임은 일년 얼음으로 이루어진 불안정한 유빙 영역을 깎아낼지도 모른다.

우리는 이러한 상황에 대비하고 있다. 주변에 있는 전형적인 일년 얼음은 서서히 그러나 완전히 바스러지고 있으며, 완전히 부서진 얼음만 보인다. 오로지 우리가 있는 유빙만 파도 속 단단히 바위처럼 안정적으로 우뚝 서 있다. 참으로 멋진 유빙이다!

2020년 7월 26일, 삼백열한 번째 날

우리의 현재 위치는 북위 79도 45분이다. 이미 그저께 북위 80도를 벗어났고, 그 이후로 우리의 표류는 남서쪽으로 계속 진행되어,

프람해협 서쪽 지역에 있는 빙설에 정확히 진입했다. 이는 우리 유빙의 수명이 더 연장된다는 약속을 받은 것이나 마찬가지다. 여기서 동쪽으로 26해리밖에 떨어지지 않은 지점에 프람해협 중앙부 개수면이 있지만, 지금 우리가 표류하는 남서쪽 방향에는 빙설이 계속 남쪽으로 뻗어 나가고 있다. 하지만 표류 방향이 동쪽으로 바뀐다면, 단 하루 만에 얼음 가장자리 지역의 위험 지대에 도달할 수 있다. 모든 팀은 각자 연구 캠프 철수 계획을 미리 마련해 서랍 속에 넣어두었다. 내가 철수 신호를 보내면, 하루 안에 캠프 전체가 배로 돌아올 수 있다고 확신한다. 그리고 지금, 우리가 여기서 얼마나 오래 안전하게 작업할 수 있는지 확실히 파악하는 것이 중요하다.

나는 겨울에 해빙이 아직 있던 1990년대 스피츠베르겐섬 지역에서, 해빙이 얼음 가장자리에서 깨지는 광경을 자주 목격했다. 얼음 가장자리가 가까이 다가오고 놀이 얼음에 침투하면, 서서히 부서지는 게 아니라 말 그대로 확실하게 산산조각이 난다. 안정적인 얼음이 있던 곳도, 순식간에 작은 얼음덩어리로 가득한 폐허가 펼쳐진다.

과거에 나온 수많은 원정보고서를 보면, 유빙이 얼음 가장자리에 들이닥친 놀의 영향으로 갑자기 깨지는 광경이 묘사되어 있다. 이 순간 사람이 얼음 위에 있다면 큰 위험에 처할 수 있다. 유빙이 깨지기 시작하면 장비를 회수할 시간이 충분하지 않을 것이다. 그러면 연구 캠프 전체가 바다로 가라앉을 것이다.

다른 한편으로, 우리가 머무는 유빙이 맞이할 마지막 단계는 과학을 연구하는 입장에서 매우 흥미진진하다. 그래서 가능한 한 이 유빙을 끝까지 계속 연구하고 싶다. 따라서 캠프를 해체할 시점을 결정하는 것이 상당히 중요하다.

수십 년 전 매년 스피츠베르겐섬에 봄이 올 때마다, 얼음에 발을 내디뎌도 안전한 상황이 얼마나 오래 지속될지, 언제부터 얼음이 곧바로 깨지기 시작할지 궁금해하곤 했다. 그 해답을 당시 경험이 풍부한 사람들이 알려주었고, 이후 나도 여러 번 직접 관찰했다. 놀이 미묘하지만 눈에 띄게 얼음 속으로 침투하는 첫 징후를 알아차리자마자, 곧장 얼음이 깨지는 상황이 임박하는 경우가 많다. 놀은 얼음 틈새나 구멍에서 물이 주기적으로 완만하게 치솟았다 가라앉는 현상을 통해 식별할 수 있다. 또는 갈라진 틈 양쪽 면에 있는 얼음이 주기적으로 아주 가볍게 들어 올려졌다 다시 내려가는 현상을 통해서도 알아볼 수 있다. 이때 유빙 가장자리가 서로 부딪치고 밀칠 때 전형적으로 발생하는, 날카롭게 삐걱거리는 소리가 동반될 때가 많다. 이러한 경보 신호가 나타나면, 얼음에서 물러나야 할 때다.

그리고 나는 선내에서 기술 지원을 받는다. 오늘부터 내 선실에 있는 화면을 통해 놀을 모니터링하는 작업을 무기한으로 진행한다. 이 놀 모니터는 내가 직접 선내 데이터를 취합해 만들었다. 이 모니터는 세 개의 선으로 배의 상승과 하강은 물론, 종축과 횡축을 중심으로 한 배의 기울기도 보여준다. 지금 나는 밤낮으로 표류 현황과 얼음 가장자리 위치를 추적하고, 한밤중에도 몇 시간마다 한 번씩 놀 모니터를 주시한다. 하지만 놀은 약 11초 주기로 1~2센티미터 범위에서 위아래로 계속 움직이며, 얼음 속에서는 눈에 띄지 않는다. 그래도 우리는 연구를 계속한다.

2020년 7월 27일, 삼백열두 번째 날

우리는 빙설에 머물며 계속 남서쪽으로 표류한다. 놀 모니터를 보아도 놀이 증가하는 징후는 없다. 얼음 위 모든 것이 고요하다. 유빙에서 연구 활동하기 좋은 날이지만, 아울러 이런 날은 북극곰이 찾아오는 경우가 다반사다. 모든 팀은 이 유빙에서 지낼 시간이 얼마 남지 않았다는 걸 알고 있으므로, 측정 프로그램에 극도로 집중하기 위해 마지막 남은 예비 자원을 다시 한번 활성화한다. 우리가 이 유빙에 이렇게 오랜 시간 머무르리라고 예상한 이는 아무도 없었다. 원정의 네 번째 단계는 처음에 예측한 것보다 훨씬 성공적이다. 우리가 유빙으로 돌아왔을 때, 유빙은 이미 남쪽으로 꽤 멀리 떨어진 지점까지 표류한 상태였기 때문이다. 얼음 위 분위기는 다시 한번 훌륭하다. 우리가 여기서 얼마나 더 작업할 수 있을지 아는 사람은 아무도 없어서, 모두가 그냥 이 얼음 위에서의 마지막 나날을 즐기고 있다.

2020년 7월 28일, 삼백열세 번째 날

오늘 저녁에, 내일 아침부터 유빙에 있는 기반시설을 전부 철거하라고 지시했다. 지난 몇 시간 동안 전반적인 표류 방향이 남서쪽에서 남쪽으로 바뀌기는 했지만, 시간 단위로 보면 규칙적인 조석 주기가 변함없이 계속 유지되는 것으로 나타난다. 이는 지금까지 얼음 가장자리와 평행하게 표류하던 유빙이, 이제는 얼음 가장자리로 직진하고 있다는 뜻이다. 동시에 현재 위성 이미지에서 볼 수 있듯이, 얼음 가장자리는 낮 동안 우리가 있는 방향으로 재빠르게 후퇴했다.

오후 5시에 결정을 내린 시점에, 우리는 얼음 농도가 50퍼센트밖에 남지 않은 선에서 약 17해리 떨어진 곳에 있었다. 지금은 저녁인

데, 겨우 약 15해리만 떨어져 있다. 우리 유빙의 핵은 여전히 평균 두께가 4미터에 달하며, 가장자리에 침식이 약간 일어난 것을 제외하고는 균열이 발생하지도 않고 다른 불안정한 징후도 나타나지 않았다. 그러나 이 유빙조차도 얼음 가장자리 지대에 있는 놀에 저항하지 못한다. 그리고 지금까지 2, 3센티미터였던 놀은 이제 하루 동안 일부 구간에서는 5~7센티미터 이상으로 증가했다. 그리고 무엇보다, 아주 자세히 관찰하면 이제 얼음 속에서도 놀을 볼 수 있게 됐다. 내가 보기에 이는 유빙 붕괴가 임박했다는 신호다. 그래서 이제 철거 결정은 불가피했다.

모자익 유빙은 원정대원이 예상했던 것보다 훨씬 오래 우리를 지탱해 주었다. 유빙은 위도 80도까지 남하하면서 우리에게 충실하고 안정적인 연구 플랫폼을 제공했다. 우리는 랍테프해에서 여기 이곳

2020년 7월 30일, 프람 해협 얼음 가장자리에서 놀과 파도의 영향을 받아 모자익 유빙이 깨진다. 원정대는 이 순간까지 유빙과 동행했다. 연구 캠프는 전날 해체됐다.

까지, 프람해협의 얼음 가장자리에서 완전히 끝을 맺을 때까지, 이 유빙의 생애 주기를 기록할 수 있었다.

이제 모자익 유빙은 마지막 여정을 시작한다. 얼음 캠프 또한 마무리 지을 시간이다. 이제 미리 준비해 놓았던 철수 계획을 실행한다.

2020년 7월 30일, 삼백열다섯 번째 날

어제 얼음 캠프를 해체했고, 오늘 아침에는 남아 있던 전선만 가져왔다. 양쪽 작업 모두 지체 없이 서둘러야 했다. 작업에 몰두하던 중에, 갑자기 유빙의 전 지역에서 작업하는 팀으로부터 얼음에 균열이 생겼다는 보고가 들어왔기 때문이다. 나는 즉시 탐색 작업에 돌입한다. 마지막으로, 유빙을 멀리까지 횡단한다. 배의 소음으로부터 멀리 벗어난 곳으로 이동하는 동안, 마치 먼 데서 나는 대포 소리처럼 크고 둔탁한 폭음이 여러 번 들린다. 유빙이 점점 더 많이 깨지면서 나는 소리다. 그리고 이제 놀의 징후를 더 이상 간과할 수 없다. 사방에서 얼음 가장자리가 균열을 따라 올라갔다 내려갔다 하

2020년 7월 31일, 모자익 유빙이 완전히 붕괴된다.

고, 날카롭게 삐걱거리는 소리를 낸다. 이제 처음으로 바다 위에 떠 있다는 느낌이 들었다. 발아래에 바다가 펼쳐져 있다는 사실을 종종 잊을 정도로 정적이었던 작년의 얼음 표면 대신, 이제는 얼음이 수평선까지 일렁이고 망망대해의 긴 파도를 따라가는 광경이 보인다. 작년에 우리의 보금자리 역할을 했던 이곳은 우르릉 소리를 내며 죽어간다. 참으로 이상한 느낌이 든다.

이와 동시에 안개가 내리고, 우리는 신비로운 빛의 분위기에 휩싸인 채 배로 돌아온다. 도착하기 직전에야, 안개에 가려진 배의 모습이 보인다.

하지만 우리는 충분히 보았다. 유빙이 죽어가고 있는 것을. 이제 유빙은 작은 파편들로만 이루어져 있다. 바람이 별로 불지 않는 데다, 아직은 서로 약간 얽혀 있는 조각들을 떨어지게 만드는 요인이 전혀 없어서, 이 파편은 아직 뿔뿔이 흩어지지 않았다. 파편 조각들 사이의 틈은 처음에는 10센티미터 정도만 벌어져 아직은 건너갈 수 있다.

슬픈 기분에 빠지기는 했지만, 그래도 우리의 작업 타이밍은 완벽하게 맞아떨어졌다. 우리는 마지막 날까지 유빙에서 연구 캠프 전체를 온전히 유지한 채 연구 활동을 진행했고, 이후에도 모든 시설과 장비를 질서정연하게 배로 가져왔다.

2020년 7월 31일, 삼백열여섯 번째 날

50미터를 넘는 게 거의 없는 유빙 파편은, 밤새 사방으로 떠내려갔다. 이제 유빙의 윤곽은 더 이상 존재하지 않는다. 유빙은 완전히 사라졌고, 어제까지만 해도 이곳에 4미터 두께의 얼음으로 이루어

여름

진 크고 안정적인 얼음 섬이 있었다는 사실을 알려주는 증거는 더 이상 아무것도 없다. 이제 유빙의 잔해는 얼음 가장자리 방향으로 계속 떠내려가 개수면에서 녹을 것이다. 유빙은 이렇게 최후를 맞는다.

우리는 배를 활용해 파편에 실려 떠다니던 메트 시티 오두막을 회수한 다음, 헬리콥터 발착 덱에서 건배하며 유빙과 작별을 고한다. 드디어 모자익 유빙은 역사 속으로 사라졌다. 주 엔진을 가동한다. 엔진은 증기를 내뿜는다. 해야 할 일이 아직 몇 가지 있기 때문이다.

11장
북극점, 그리고 새로운 유빙

2020년 8월 10일, 삼백스물여섯 번째 날

지난 며칠 동안 우리는 얼음에 있던 장비를 회수하면서 시간을 보냈다. 원정을 시작할 때 중앙 연구 캠프 주변에 세운 기지 네트워크에 설치한 장비다. 우리는 몇몇 외부 기지도 잇달아 찾아갔다. 이 기지들에 있는 기기는 정기적으로 GPS 좌표를 전송하고, 우리는 이를 수집한다. 많은 경우, 오로지 이 방법을 통해서만 기기에 저장된 가치 있는 데이터나 샘플에 접근할 수 있다. 정확하게 말하자면, 기기에 남아 있던 것을 거둬들였다고 할 수 있겠다. 이 장치들을 세워 놓았던 유빙 중 상당수가 이미 얼음 가장자리에서 부서졌다. 원래는 바로 옆에 설치했던 장비를 멀리 뿔뿔이 흩어진 조그마한 유빙 파편에서 주워 모아야 할 때가 많았고, 일부는 안개 속에서 오랜 시간 동안 잔해를 찾아 헤매야 했다. 그러는 사이 많은 기기가 물속에 가라앉았고, 우리는 바다에서 건져 올렸다.

이 작업은 상당한 진전을 이루었지만, 아직 완벽하게 마무리되지는 않았다. 나머지 기기는 훗날 보급 쇄빙선인 러시아 아카데믹 트료쉬니코프호가 회수하게 될 것이다. 오늘 그 배가 우리가 있는 곳에 도착했기 때문이다!

우리는 연료와 보급품 인수는 물론 원정 팀 대부분을 교체할 수 있도록 개수면 특정 구역에 만남의 장소를 정했다. 이곳은 커다란 유빙 사이로 밀려 닥치는 파도를 잘 막아줄 수 있는 지점이다. 우리는 이 구역에서 트료쉬니코프호와 나란히 붙은 다음, 보급 작업을 시작한다. 이와 동시에 서로 교대하러 온 팀들 간의 인수인계도 진행된다. 선내 통로 어디에서든, 혼잡하지만 활기찬 분위기로 가득하다. 새로운 참가자가 미라 의자와 기중기를 통해 우리 쪽으로 넘어오고 있기 때문이다. 그래서 이 인수인계 기간에 폴라르슈테른호는 평소보다 거의 두 배나 되는 인원으로 꽉 찬다. 모자익 같은 장기간에 걸친 대형 프로젝트가 잘 진행되기 위한 전제조건은, 다름 아닌 팀들 간 합의와 협력이 잘 이루어지는 것이다. 또한, 원정 단계마다 팀원이 바뀌더라도, 원정 단계 전반에 일관성을 유지하는 것도 중요하다.

2020년 8월 16일, 삼백서른두 번째 날

작별 인사를 해야 하는 날. 다시 일요일 아침이 찾아왔고, 배는 조용히 미끄러지듯 물살을 가르며 북극점으로 향한다. 지난 며칠 동안 나는 음악을 틀어놓고 생각에 골똘히 잠겼다. 8월 10일, 아카데믹 트료쉬니코프호가 안개 속에서 불쑥 나타나 우리 곁으로 온 뒤, 선내에 있는 이들 모두 이젠 결국, 작별을 고할 때가 왔다는 것을 확실하게 깨닫는다. 네 번째 원정 단계에 참가한 인원 중 약 12명이 다

아카데믹 트료쉬니코프
호와 폴라르슈테른호가
네 번째 원정 단계를 마
친 후 인원 교대와 보급
을 위해 프람해협의 얼
음 가장자리 지역에서
조우한다.

섯 번째이자 최종 원정 단계에도 계속 참여해 나와 함께 배에 남아
있고, 나머지는 트료쉬니코프호를 타고 돌아간다. 네 번째 단계가
진행된 3개월 반 동안, 우리는 매우 가까운 사이가 됐다. 많은 이가
이 네 번째 단계를 '원정 포옹 단계'라고 부른다. 이 단계에서 대원들
이 서로 포옹하는 행위가 가장 많이 일어나기 때문이다. 우리는 얼
음 위에서 믿을 수 없을 정도로 많은 일을 수행했고, 이 과정에서 매
우 친밀해졌다.

　그리고 트료쉬니코프호와 조우하고 사흘이 지난 8월 13일, 원정
막바지에 이르면 필연적으로 오는 순간이 임박했다. 바로 작별이
다. 많은 이가 이 너무나 멀리 떨어져 있는 다른 세상을 떠나 집으로
돌아가지만, 일부는 이곳에 계속 머문다. 우리는 마지막으로 헬리
콥터 발착 덱에 다시 모인다. 여기 모인 이 전부가 서로를 꼭 껴안는

다. 그런 다음 귀향 인원은 차례차례 미라 의자에 앉아 트료쉬니코프호로 건너갔다. 다음 날 아침 드디어 연료 공급도 끝났고, 우리는 북쪽을 향해 출발한다. 선장이 이 순간을 위해 고른 노래 〈피아노 맨Piano Man〉이 선내 스피커를 통해 나오자 우리는 밧줄을 풀어 던졌고, 폴라르슈테른호는 경적을 요란하게 울리며 시동을 건다. 양쪽 배 갑판에 있던 사람 모두가 동시에 손을 흔들고, 울고 웃는다.

지난 몇 주 동안 새로운 우정이 생겨났으며 몇몇 커플이 탄생하기도 했다. 이러한 우정과 사랑이 귀환자들이 지금 돌아가는 다른 세상에서도 계속 유지될지는 누구도 알 수 없다. 몇몇은 관계를 지속하기 위해 시간이 더 많이 필요하고 대화도 더 많이 나누어야 할

아카데믹 트료쉬니코프호는 네 번째 원정 단계에 참여한 인원 상당수를 태우고 귀향한다. 일부는 폴라르슈테른호에 남아 새로 온 대원들과 함께 다섯 번째이자 최종 원정 단계를 수행한다.

폴라르슈테른호가 다섯 번째 원정 단계를 수행하기 위해 멀리 북쪽으로 이동한다. 먼저 그린란드 서쪽 유빙이 느슨하게 모여 있는 지역을 통과하고, 나중에는 그린란드 북쪽, 북극점으로 향하는 길에 광활하게 펼쳐진 개수면을 만난다.

지도 모른다. 하지만 지금 다른 배에 탄 친구들은 점점 작아지고, 안개 속에서 손을 흔들다가 사라진다. 그러다가 마지막으로 조그맣게 가물거리는 점만 남는다. 간신히 색깔만 보이는, 누가 누군지 거의 구별할 수 없는 점이다. 그리고 우리는 뒤에 남아 버려졌다는 느낌을 받는다. 앞으로 오랫동안, 네 번째 단계에 참여했던 팀이 그리울 것 같다.

하지만 새로운 사람을 맞이하는 환영 인사도 있다! 5단계 원정에 참여해 승선한 팀은 낯선 얼굴이 많이 포함되어 있지만, 예전 공동 원정대에서 알게 된 지인들도 합류했다. 그리고 지금 네 번째 원정 단계에 참여한 대원의 경우와 마찬가지로, 과거 여정에서 알게 된 좋은 친구들 또한, 당시에는 이별을 겪은 바 있다.

지난 몇 달 동안 옛 벗들과의 재회를 고대했다. 배가 가까이 접근해 갑판 위에서도 맞은 편에 있는 사람들을 서로 알아볼 수 있을 정도가 되자, 다가오는 이별의 아픔과 새로 도착한 사람들에 대한 기쁨이 한데 뒤섞였다. 2018~2019년 겨울 폴라르슈테른호를 타고 함께 남극 원정을 떠났던 여성 동료 한 명이 이번에 왔다. 그때 나는 폴라르슈테른호 항해를 절반쯤 한 뒤 노이마이어 기지에서 내려 그곳에서 비행기를 타고 돌아갔다. 당시에도 우리 팀의 관계는 매우 긴밀해졌고, 폴라르슈테른호가 노이마이어 빙붕 가장자리 앞에서 음악과 경적을 울리며 떠났을 때 지금과 비슷하게 작별 인사를 나눴다. 나는 다른 여성 원정대원 한 명과 함께 얼음 위에 남아 손을 흔들었고, 배를 타고 떠나는 다른 원정대원의 모습은 재빠르게 점점 작아졌다.

이제 이 친구는 미라 의자에 앉아 배에 착륙하고, 우리는 오랫동안 포옹을 나눈다. 1년 반만이 아니라 2주 만에 다시 만난 듯한 기분

원정 기간 내내 영화 제작팀이 동행하고 있다. 폴라르슈테른호의 아늑한 '붉은 살롱'에서 엘리제 드로스테Elise Droste가 자신의 생일 케이크를 자르는 것도 얼마든지 영상 이벤트가 된다.

이다. 그녀와 재회하면서, 다른 대원과의 이별로 인한 아픔을 극복하는 데 큰 힘을 얻는다.

정말, 감정적으로 힘들고 몸도 지치는 날이었다. 네 번째 원정 단계를 수행한 뒤에도 폴라르슈테른호에 남은 참가자들은 여러 날이 지나도 여전히 피곤해하고, 많은 시간을 자기만의 생각에 빠져 지낸다.

하지만 이제 다섯 번째이자 최종 원정 단계에 이르렀고, 새로 온 대원들은 활동에 임하려는 의욕과 열정으로 온몸이 떨릴 지경이다. 덕분에 우리는 생각에 잠겨 있던 상태에서 빠르게 벗어난다. 이제 다시 한 팀으로 함께 성장하기 위해 노력한다. 머지않아 네 번째 단계에 참여했던 사람이 누구였고 지금 새로 합류한 사람이 누구인지 기억이 잘 나지 않을 것이다. 사실 그래야 정상이다.

왜냐면 우리 앞에 커다란 과제가 있기 때문이다. 이제 관찰이 주된 업무인 모자익 원정에서 마지막 퍼즐 조각을 끼워 넣어야 한다. 바로 북극 해빙 주기의 마지막 부분이며, 지금까지 우리 데이터에는 빠져 있다. 자세히 말하면 새 얼음의 초기 결빙 단계, 이른바 '유빙 육아실'이다. 지금은 8월 중순, 여름이 막바지를 향해 가고 있다. 이미 태양은 다시 하늘에 낮게 떠 있는 게 눈에 띌 정도고 얼음 위에 타오르는 에너지도 적어졌다. 여름 해빙도 곧 겨울 결빙으로 넘어갈 것이다. 이러한 상황을 포착하기 위해 우리는 북쪽으로 더 멀리 나가려 한다.

날마다 위성에서 받는 얼음 지도를 통해, 어떤 경로로 가야 북쪽으로 나갈 수 있는지 파악했다. 그린란드 북쪽의 얼음은 지난 2주 동안 광범위하게 부서졌고, 물길이 열린 드넓은 수로 시스템은 거의 이곳 북극까지 다다르고 있다. 참으로 이례적인 상황이다. 보통 이 지역에는 두꺼운 얼음이 대다수고 더욱이 일부는 다년 얼음까지 있어, 이 지역은 멀리 피하는 것이 좋다. 두껍고 무거운 이곳 얼음에 갇힐 위험이 너무 크기 때문이다. 일단 나는 이 수로 시스템이 바람이 얼음을 밀쳐내 버리고 산산조각 내 생긴 것이라고 생각한다. 그렇다면 우리에게 이 수로 시스템은 끌려 들어가고 싶은 쥐덫처럼 다가올 것이다. 항상 개방된 상태를 유지하는 한 이곳에 얼마든지 빠르게 진출할 수 있고, 따라서 측정하기 위한 시간을 많이 확보할 수 있기 때문이다. 그리고 우리는 서둘러 측정해야 한다. 머지않아 결빙이 시작되는 시기가 임박하고, 이 시점에서 우리는 멀리 북쪽에 있는 새로운 유빙에 연구 캠프를 다시 세우고 싶기 때문이다. 그러나 바람의 방향이 바뀌면 덫은 닫혀버린다. 바람의 방향이 바뀌면 수로를 빠르게 다시 폐쇄하고, 얼음 압력이 증가하면 이 지역에 있는 모든 선박은 꼼짝없이 갇혀 오랫동안 발이 묶일 수 있다. 선장과 나는 이미 오랜 시간에 걸쳐 위성 데이터를 통해 이러한 수로 시스템의 특성을 계속 관찰해 왔다. 이곳은 북쪽으로 가는 고속도로 역할을 적절하게 할 수 있을까?

대안은 동쪽으로 멀리 떨어진 곳에 있는 얼음 가장자리 지역으로 항해한다. 그런 다음 그곳, 즉 중앙 시베리아 앞 해안에서 북쪽으로 항로를 설정해 얼음 깊숙이 진입하는 방법이다. 이게 좀 더 일반적인 방법일 것이다. 중앙 시베리아 앞 해안에는 동쪽으로 얼음의 북극 횡단 표류가 시작되는 지역이 있고, 그곳 유빙은 어리고 얇기 때문이다. 하지만 그렇게 가려면 통행 허가를 받지 못한 러시아 영토를 우회해야 한다. 이 우회로를 이용하면 계산상으로는 더 쉬워 보이고 예측도 가능하기는 하지만, 동쪽 얼음 깊숙한 곳까지 먼 거리를 항해하게 되고 시간도 훨씬 많이 걸린다.

그린란드 북쪽 수로 시스템은 며칠 동안 계속 개방되어 있고, 바람의 방향이 바뀌어도 폐쇄되지 않는다. 이게 무슨 일일까? 넓은 면적을 자랑하는 이 개수면은, 단순히 바람으로 인해 생긴 균열 수준을 뛰어넘는 것일까? 저녁 내내 선장실에서 위성지도를 오랜 시간 세세히 들여다본 뒤, 선장과 함께 결론을 내렸다. 이곳에서 우리는 과감히 돌진할 것이라고. 만약 이게 성공한다면, 굉장히 볼만할 것

INFO

북극지방은 누구 소유일까?

이미 수 세기 전에 여러 국가는 북극지방을 통과하는 길을 열기를 희망했지만, 북극은 갑옷처럼 단단한 얼음으로 봉쇄된 상태였다. 오늘날 유엔 해양법 협약The United Nations Convention on the Law of the Sea 규정에 따르면, 북극 인접 국가(덴마크, 핀란드, 아이슬란드, 캐나다, 노르웨이, 러시아, 스웨덴, 미국)는 자국 연안에서 200해리(370.4킬로미터)까지 떨어진 해역을 배타적 경제 수역exclusive economic zones으로 사용할 수 있다. 하지만 북극지방의 정치적 지위를 두고 여전히 논란이 분분하다. 예를 들어 캐나다는 북서항로가 자국 것이라고 주장한다. 러시아는 자국 대륙붕이 북극해 깊숙한 지점까지 뻗어 북극지방의 상당 부분까지 다다르므로 자국 소유라고 주장한다. 그리고 2007년 러시아는 이러한 주장의 근거를 뒷받침하려고 북극해 해저에 티타늄으로 만든 자국 깃발을 꽂았다. 그리고 45대 미국 대통령인 도널드 트럼프 Donald Trump는 그린란드 전체를 자국 영토로 매입하려고 했다.

분쟁은 앞으로 더욱 격렬해질 수 있다. 지구온난화로 북극지방 얼음이 녹아 접근성이 훨씬 수월해진 지금, 오래된 희망이 되살아나고 있다. 바로 수익성 높은 무역 루트, 새로운 어장, 해저에 묻혀 있는 석유, 가스, 망간 같은 원자재를 확보할 수 있다는 희망이다. *

이다. 이 방법은 목적지까지 가는 항해에서 시간을 많이 절약하고 곧바로 북극을 건너갈 수 있다. 그래서 우리는 북쪽으로 항로를 설정하기로 했다. 즉 처음에는 그린란드 동쪽 해안을 따라간 다음, 덫에 걸릴 가능성이 있더라도 단호하게 곧장 북서쪽으로 향하기로 했다.

그리고 지금 우리는 북극점에서 겨우 300킬로미터 떨어진 북위 87도에 와 있다. 이 사실이 거의 믿기지 않는다. 이곳으로 오는 항해는 숨 막힐 정도로 잘 진행된다. 바람이 얼음을 밀쳐내 버리고 산산조각 내 생긴 좁은 수로 대신, 광활한 개수면을 본다. 일부 수역은 수평선까지 뻗어 있다. 우리가 계속 발견하게 되는 얼음은 완전히 바스러져, 위아래로 깊숙이 녹아 있다. 그래서 배와 닿아도 저항을 거의 하지 않는다. 이곳은 바람에 의해 생긴 수로가 아니다. 여기는 얼음이 광범위하게 녹아 있는 곳이다. 두려움을 일으키는 쥐덫은 존재하지 않는다. 배는 얼음을 헤치며 나갈 때 낼 수 있는 최대 속도인 7노트를 거의 일정하게 유지한다. 이렇다 할 저항을 받지 않고 북극점으로 달려 나간다. 항해 속도가 매우 빨라, 우리는 여러 차례 배를 멈추고 발아래 아주 특이한 얼음 조건에서 생긴 물기둥을 몇 시간씩 조사하고 살피는 기회를 마련한다.

2020년 8월 19일, 삼백서른다섯 번째 날

북극점이다! 우리는 지구의 축, 모든 경도와 모든 시간대가 만나는 지점, 방위와 시간이 그 의미를 잃는 곳에 서 있다. 수 세기 동안 이 지점은 인류를 매료시켰고 여러 세대에 걸쳐 탐험가들의 상상력을 자극했다. 많은 사람이 북극점에 도달하려 시도하다가 얼음과 추위 속에서 목숨을 잃었다.

얼음 가장자리에서 출발한 지 단 6일 만이라는 최단 시간에, 오늘 오후 12시 45분(선내 시각) 북극점에 도달했다. 항해 도중 물기둥을 연구조사 하느라 족히 하루를 보냈는데도 이런 기록을 세웠다.

북극점에 도착하자 거의 모든 원정대원이 사령교에 모였다. 그리고 항법 컴퓨터에 나온 좌표를 넋을 잃고 바라본다. 북위 89.999, … 89.9999, …89.99999. 그다음 회전 나침반이 제멋대로 돌아가기 시작하고, 사방에서 삐삐거리는 소리가 들린다. 항법 시스템에 오류가 났다는 메시지다. 나침반은 더 이상 방향을 제대로 알려주지 못한다. 이곳에서는 어디서나 방향 탐지기가 남쪽만 가리킨다. 경적을 크게 울려 지구 최북단 지점에 도착했음을 알리고, 당직 항해사가 배를 정확하게 북극점에 정박한다.

숭고한 순간이다. 마치 섣달그믐날 자정 같은 분위기다. 우리는 건배를 하고… 처음에는 말문이 막힌다. 북극점에서 무슨 말을 하겠는가? "북극점에 오신 걸 축하합니다Happy north pole!"가 재빠르게 축하의 말씀으로 통용된다. 모두가 활기찬 분위기에 휩싸여 이 특별한 순간을 축하한다.

최신 스마트폰에 장착된 조그마한 GPS 장치도 지금 폴라르슈테른호 선상에서 몇 걸음만 내디디면 모든 경도를 넘어갈 수 있음을 알려준다. 배의 회전 나침반은 계속 신나게 제멋대로 돌아간다. 우리는 북극점 사진을 찍기 위해 헬리콥터 발착 덱에 잠깐 모인다. 이후 물기둥에 대한 연구조사를 다시 한번 진행하기 위해, 북극점에서 조금 떨어진 소규모 개수면으로 배를 이동한다. 그런 다음 조사 활동이 계속된다. 결빙 단계가 임박했으니 시간을 지체해서는 안

2020년 8월 19일, 폴라르슈테른호는 단 6일간의 항해 끝에 북극점에 도달한다.

된다.

　다시 한번 이곳 북극점 지역에서, 우리는 대체로 폐쇄적인 모습을 보이는 얼음 위를 오간다. 얼지 않은 바다가 북극점까지 완전히 다다르지는 않는다. 하지만 이곳에도 소규모 개수면이 있다. 그리고 여기에서 얼음은 여름 열기에 완전히 침식된다. 그래서 전체 얼음 중 절반을 훌쩍 넘는 얼음이 녹은 웅덩이로 덮여 있으며, 그중 일부는 완전히 녹아 사방에 구멍이 뚫려 있다. 그런 탓에 배를 이동해도 그다지 큰 저항에 직면하지 않는다. 우리는 북극점을 횡단한 후, 북극 동쪽 경도 105도를 따라 신속하게 남쪽으로 항해한다. 이제 우리는 북극점에서 약 200~300킬로미터 떨어져 있었던 기존 모자익 유빙이 표류한 경로를 따라가다가, 추후 연구작업에 적합한 새로운 유빙을 찾아 그곳에 다시 연구 캠프를 세우고자 한다. 우리는 바로 이곳 북극점에 머무르고 싶지는 않다. 위성 데이터는 주로 얼음의 특성만 집중하고 북극점 지역을 직접 다루지는 않기 때문이다. 위성 대부분은 북극점 가까이에 있는 지구 표면을 더 이상 포착하지 못한다. 여러 위성의 궤도가 북극점을 매우 가깝게 지나기는 하지만, 궤도 역학 차원에서 이 궤도가 북극점 위를 직접 통과하지 못하는 이유가 있다.

북극점의 밤

이번에 북극점을 방문했을 때 폴라르슈테른호 회전 나침반이 제멋대로 돌아가고 이로 인해 항법 시스템이 오류 메시지를 보낸 일은 오히려 아주 신나는 일화였다. 2000년 1월, 내가 처음으로 북극점을 방문했을 때는 상황이 조금 달랐다.

당시 나는 캘리포니아에 위치한 미 항공우주국NASA 산하 제트 추진 연구소Jet Propulsion Laboratory 근무를 마치고 독일에 막 귀국했다. 이후 유럽·미국 동료들과 함께 여러 대의 연구용 항공기를 이용한 대규모 공동 측정 캠페인을 출범했다. 북극 성층권 오존층 연구를 위해서였다.

원래 내가 맡은 업무는 북위도 지역에서 오존을 관측하는 약 30곳의 기지 네트워크를 조정하는 것이었다. 그런데 캠페인에 참여한 미 항공우주국 소속 DC-8 항공기가 장거리 연구 비행 중 북극점 상공을 날아갈 예정이었고, 내게 비행기에 함께 탑승하자고 초청을 했다.

북극점까지의 비행은 순조롭게 진행됐고, 모든 측정기기는 계획대로 데이터를 수집했다. 극야가 지배하는 1월이라, 당연히 바깥은

칠흑처럼 어두웠다. 너무나 캄캄한 밤이라 비행기 아래 펼쳐진 얼음을 거의 못 알아볼 지경이었다. 객실 조명도 마찬가지로 낮은 상태였고, 밝기 조절 램프와 여기에 보관된 수십 개의 측정 장치 모니터만 어둠 속에서 희미하게 빛났다. 기기 운영 담당자들은 숙달된 자세로 장비 앞에 앉아 있었다. 물론 이 항공기에는 일반 비행기처럼 좌석이 있는 것은 아니었다. 그동안 여러 연구용 항공기를 타고 수십 차례 했던 것과 다를 게 없는, 아주 통상적인 측정 비행이었다.

하지만 이번 측정 비행은 조금 특별했다. 북극점에 가까워지면서, 긴장감은 눈에 띄게 고조됐다. 이 지점에서 비행기 항법 시스템이 어떻게 작동할지 아무도 알 수 없었다. 그리고 실제로 다음 같은 일이 일어났다. 항법 시스템 디스플레이가 북위 90도로 뛰어올라야

북극점에 있는 얼음이 여름 열기로 인해 완전히 침식되고 부서진다.

북극점, 그리고 새로운 유빙　　　**365**

할 순간, 전체 시스템이 완전히 먹통이 됐다. 항공기로서는 반갑지 않은 상황이다. 조종사들은 만약의 경우를 대비해 조종실에 가져다 둔 휴대용 소형 GPS 시스템 디스플레이를 주시하며 수동 모드로 비행을 계속했다. 이 소형 시스템은 북극점으로부터 영향을 전혀 받지 않는다는 것을 확실히 보여주었고, 줄곧 항공기가 어떤 위치에 있는지 믿음직하게 알려주었다. 얼마 후 항공기 항법 시스템이 다시 작동했고, 정상적으로 비행을 계속할 수 있었다.

2020년 8월 21일, 삼백서른일곱 번째 날

우리는 지난 이틀 밤과 하루 동안 북극점 동쪽에서 출발해 남쪽으로 항해했고, 마지막 밤에는 북위 88도를 횡단했다. 이로써 위성 대부분이 커버하는 지역에 도달했다. 이제 여기서 가능한 한 빨리 원정을 위한 새로운 보금자리를 찾고 싶다. 이 임무는 원정을 처음 시작했을 때와는 약간 다르다. 당시 나는 1년 내내 우리 연구를 위해 좋은 플랫폼 역할을 하고, 이듬해 여름 해빙기에도 부서지지 않을 게 확실해 보이는 유빙을 선택해야 했다. 이제는 약 한 달 동안 진행할 연구가 가능하도록, 이 기간에 부서지지 않을 유빙이 필요하다. 하지만 이 유빙은 우리 배가 안정적으로 정박할 수 있도록 충분히 두꺼워야 한다. 그렇지 않으면 첫 번째 폭풍만 불어도 배를 얼음 위로 밀어붙일 것이다.

지금은 여름이라 유빙 표면에는 녹은 웅덩이가 너무나 고르게 덮여 있어서, 레이더 위성의 데이터 결과에는 쓸만한 유빙이 거의 나타나지 않는다. 그리고 안개가 쉬지 않고 다소 짙게 깔려 있어서, 그 위에 있는 가시 스펙트럼으로 사진을 찍는 다른 위성은 얼음 위 광경을 포착하지 못한다. 따라서 헬리콥터도 탐색 작업에 활용할 수 없다. 그러므로 우리가 할 수 있는 거라곤 그저 창밖을 내다보고, 배의 아이스 레이더의 도움을 조금 받는 것뿐이다.

오전 7시 사령교에 도착하니, 현재 당직 항해사인 슈테펜 슈필케Steffen Spielke가 광범위하게 띠를 형성한 단단한 얼음을 부수는 시도를 포기한 상태다. 그는 이 얼음 띠를 여러 번 힘껏 들이받았지만, 균열조차 내지 못했다. 이제 슈테펜은 두꺼운 얼음 띠를 우회할 장소를 찾기 위해, 이 드넓은 얼음구조를 따라 방향을 바꾸는 경로를 진행한다. 이 지역에서 이런 일은 절대적으로 드물게 일어난다. 지금까지 우리는 거의 계속 저항 없이 얼음을 돌파해 왔기 때문이다.

이제 배 좌현 앞뒤로 약 100미터 폭으로 펼쳐진 단단한 얼음 지역이, 양쪽에 깔린 안개 속으로 사라진다. 이 지역은 울퉁불퉁한 데다 시퍼런 색의 녹은 웅덩이로 덮여 있는데, 주변의 평평한 얼음 웅덩이보다 훨씬 파랗다. 이 웅덩이 색깔만 보아도 거대한 얼음임을 알 수 있다. 이 강렬한 시퍼런 색 웅덩이는 두꺼운 얼음에만 있다. 얼음이 두꺼우면 어두운 바다를 덜 비추기 때문이다. 이 얼음 띠에 포진한 울퉁불퉁하고 서로 포개어 쌓인 얼음덩어리는 이미 상당히 둥글둥글하다. 그래서 이 얼음 구조가 꽤 오래됐음을 알 수 있다. 모든 게 지난겨울 형성된 광활한 전단대라는 걸 암시하며, 이러한 형성 과정에서 유빙이 서로 밀치고 부서졌음을 알 수 있다. 이런 과정에서 이곳 얼음 두께가 엄청나진 것이다. 즉 얼음 두께가 역동적으로 성장한 결과다. 이 얼음 띠를 부수려는 헛된 시도는 다음 같은 결과로 나타났다. 즉 부술 때 생긴 얼음 파편은 전단 현상이 나타난 뒤 다시 단단하게 얼어붙은 것이다. 이런 현상은 여름에 일어날 수 없다. 이 얼음 구조는 지난겨울에 비롯됐으니까.

얼음 띠 인접 지역 오른쪽과 왼쪽으로는, 이곳에서 전형적으로 볼 수 있는 평평한 얼음 지대가 넓게 펼쳐져 있다. 이 지대 얼음은 불안정하지만, 이곳 약간 돌출한 능선에서 가장 강하고 탄탄한 장소를 선택한다면 한 달 동안 그 위에서 작업하고 기반시설을 구축할 수 있을 만큼은 충분히 두껍다.

더 이상 다른 곳을 살펴볼 이유가 있을까? 이 정도 두께의 얼음 띠를 찾은 것 만해도 행운이다. 이곳은 배에 안정성을 부여하고, 주변 얼음 지역은 지금 우리가 연구하려는 사안, 즉 곧 다가올 결빙 연구에 완벽하게 들어맞아 보인다. 심지어 현 개수면 중 여러 곳도 바로 근처에 있어 쉽게 접근할 수 있다. 슈테펜에게 배를 멈춰달라고 청한다. 와, 배는 정말 빠르게 멈춘다. 적합한 유빙을 찾으려고 며칠 동안 거의 목적 없이 맹목적으로 안개 속을 헤매는 대신, 우리는 우연히 바로 이곳에서 이리 비틀 저리 비틀대다가 매우 전도유망해 보이는 것을 발견했다.

나는 즉시 소규모 팀과 함께 얼음 위로 가서 이 지역을 좀 더 자세히 살펴본다. 우리는 좌현에서 미라 의자에 오른 뒤 얼음 위로 건너간다. 눈앞에 매혹적인 풍경이 펼쳐진다. 우리는 얼음덩어리로 이루어진 미로를 통과하며 다른 쪽으로 가는 길을 개척한다. 그러는 동안 구불구불한 길을 돌 때마다, 뒤편에는 새로운 산악 풍경이 마치 미니어처처럼 자리 잡고 있다. 짙푸른 호수가 있는 작은 계곡이 얼음 산에 둘러싸여 있다. 너무나 아름답다. 이 산맥의 반대편에는 평평한 얼음이 드넓게 펼쳐져 있고, 전형적인 녹색을 띠는 녹은 웅덩이가 곳곳에 침투해 있다. 하지만 여기에도 평평하고 약간 솟아오른 능선이 있어, 이 능선에 연구 도시를 지을 수 있다. 그 사이 두 꺼운 얼음에 뚫린 많은 구멍을 보면, 거기에서 작업을 계속해도 안전할 정도로 충분히 안정적이라는 걸 알 수 있다.

우리는 긴 여정을 계속 진행한다. 폴라르슈테른호가 정박할 적절한 위치를 찾고, 안개가 자욱해도 이 위치를 다시 찾을 수 있도록 표지 부표를 표시하기 위해서다. 우리는 이 지점에서 정박 기동작전을 위한 접근 경로를 표시해 두려고 얼음 위에 깃발을 꽂는다.

우리가 선택한 지역의 산맥 앞에는 어깨처럼 평평한 지대가 있는데, 이곳에 물류 구역을 설치할 수 있다. 크레인으로 이곳에 중장비를 내려놓을 것이고, 여기에서 장비를 다른 곳으로 배치할 수 있다. 그리고 이 지점에는 산맥을 가로지르는 적절한 교차로가 있으며, 이 교차로에 약간의 작업을 거쳐 스노모빌을 타고 달릴 수 있는 트랙을 만들 수 있다. 말하자면 반대편으로 가는 우리만의 샛길이라 하겠다.

나는 재빠르게 배로 돌아와 앞으로 이어질 기동작전, 즉 우리가 이곳 얼음 속에 위치를 잡을 방법을 선장과 논의한다. 큰 호를 그리며 표시해 둔 지점까지 항해한 뒤, 언제나 그랬듯이 배 우현 쪽을 새로운 유빙에 있는 단단한 얼음에 정박시킨다. 크레인 작업은 우현에서 하는 것이 가장 좋다. 이미 오후에 우리는 최종 위치에 있었고, 나는 팀장 전원과 함께 얼음 위로 가서 새로운 캠프의 도시 계획에 관한 첫번째 아이디어를 개발한다. 저녁에는 '푸른 살롱'에서 논의를 진행한다. 이를 통해 얼음에서 떠올린 첫 번째 아이디어는 구체적인 설치 계획으로 탈바꿈하고, 실행은 내일부터 시작될 예정이다.

2020년 8월 21일, 모자익 유빙 2.0을 발견했다. 원정 마지막 단계를 수행할 보금자리다. 이 유빙의 특징은 다양한 얼음 풍경을 자랑한다는 점이다.

2020년 8월 23일, 삼백서른아홉 번째 날

어제부터 설치를 시작했다. 전선은 유빙에 설치했고, 일부 기기는 이미 얼음 위에 자리 잡고 측정 활동을 하고 있다. 하지만 이후 배 선미가 닿아 있는 지역 쪽 얼음에 균열이 생겼다. 이 균열은 우리가 있는 얼음 산을 가로지른다. 균열은 우리가 세우기로 계획한 캠프를 지나는데, 당분간 계획을 변경할 필요는 없기는 하다. 그러나 적재 구역 및 전선을 배에서 얼음으로 옮기는 지점이, 균열로 인해 나머지 캠프 구역과 분리되는 현상이 발생한다. 게다가 배에서 얼음으로 오가는 연결 통로는 배 뒤편에 있는데, 이곳은 균열이 난 잘못된 쪽으로 연결된다. 나는 일단 캠프 설치 작업을 중단시키고 상황을 지켜본다. 오후가 되자 균열은 심각하게 벌어져 리드 수준이 됐고, 나는 설치를 계속하기 전에 폴라르슈테른호를 배 한 척 길이

여름

정도 앞으로 이동하기로 결정한다. 오늘 아침 당장 이 작업을 완료했고, 이제 다시 배 전체가 안정적인 얼음 앞에 정박해 있다. 이제 산맥을 가로지르는 교차로는 균열과 매우 가까운 지점에 있지만, 여전히 배 뒤쪽에 있는 반대편 얼음에 가장 잘 접근할 수 있는 길이기도 하다. 원격 감지 사이트, 메트 시티, 오션 시티에 들어갈 전선은 당분간 거기에 그대로 두고, 배 앞쪽에 있는 ROV 시티에 들어갈 케이블은 새로운 길을 이용해 산맥을 가로질러 옮긴다. 이 길은 이제 배로 귀환할 때 이용하는 대체 경로가 됐다. 선미 쪽에 나 있는 길은 곰이 접근하는 경우 차단해야 할 것이다. 나는 항상 이 대체 귀환 경로에 각별한 주의를 기울인다. 또한, 배 앞에 있는 산맥을 가로질러 난 길도 주의 깊게 탐색한다.

정오부터 다시 건설 작업이 본격적으로 시작된다.

2020년 8월 25일, 삼백마흔한 번째 날

캠프 설치가 거의 완료됐다. 기록적으로 짧은 시간 안에 이루어졌다. 그리고 측정 활동은 이미 매우 집중적으로 진행되고 있다. 여기서 분명히 알 수 있다. 우리가 거의 1년 전 처음 캠프를 세운 이후, 배운 게 많다는 것을. 이동성이 향상되고, 일 처리 속도도 몇 배나 더 빨라졌다. 간단히 말하면, 이제 우리는 자신이 하는 일을 정말 잘 알고 능숙하게 처리한다.

나는 오늘 드론 팀과 함께 드론 비행장으로 간다. 드론 비행장은 배 앞쪽에서 멀리 떨어져 있지만, ROV 시티 뒤편과 ROV 측정을 위해 비워둔 얼음 위 구역 뒤편에 있다. 하룻밤 사이에 ROV 시티와 드론 비행장 사이의 균열이 너무 크게 벌어져, 더 이상 도보는 물론,

모자익 유빙 2.0에 연구 캠프를 최단 시간 만에 세우다.

난센 썰매나 나무판자를 활용한 간단한 임시 다리로는 벌어진 틈을 건너지 못한다. 그래서 나는 폰툰 하나를 타고 노를 저어 건너간 뒤, 균열 부분을 가로지르는 밧줄 페리를 설치한다.

배 반대편 얼음 지역에서 내가 맡은 업무는 북극곰 감시다. 팬데믹으로 인해 이 마지막 원정 단계에 참여한 과학자 중 무기를 다루는 법을 배운 인원은 매우 적다. 그래서 현재 곰 감시원이 부족한 상황이라, 내가 일과 시간 대부분을 북극곰 감시 업무에 뛰어들었다. 드론 팀 소속인 로베르타 피라치니Roberta Pirazzini와 헤나-리타 한눌라Henna-Reetta Hannula가 드론을 띄울 준비를 하는 동안, 나는 높이 솟은 얼음 능선을 찾아 거기서 위아래로 정찰 활동을 한다. 나는 북극곰 감시 활동을 할 때 계속 움직이는 것을 좋아한다. 이렇게 하면 관점을 계속 바꿀 수 있고, 얼음덩어리 뒤에서 자는 북극곰도 좀 더 쉽게 발견한다. 북극곰은 이런 식으로 긴 잠을 자는 경우가 종종 있다. 그 밖에 집중력 향상에도 도움이 된다. 나는 계속 멈춰 서서, 미지의

얼음을 오갈 때 언제나 휴대하는 탐침봉에 쌍안경을 받치고 주변을
살핀다. 북극곰은 한 마리도 눈에 띄지 않는다.

오늘 유빙 분위기는 독특하다. 또다시 아주 옅은 안개층이 얼음
위에 깔려 있고, 그 뒤로 폴라르슈테른호의 모습이 희미하게 보인
다. 태양은 안개를 뚫고 빛을 발하고, 요즘 대개 그렇듯이 태양 맞은

얼음에 난 균열과 리드
는 우선 카약이나 폰툰
으로 건넌다. 이후 물을
가로지르는 밧줄 페리
를 설치했다.

여름철 북극의 평탄하고 옅은 안개는 매혹적인 분위기의 빛을 발산하는 상황으로 이어지며, 종종 태양 맞은편에 인상적인 무홍을 만들어낸다.

편에는 깊은 인상을 주는 무홍(霧虹, 안개 속에서 나타나는 흐릿한 흰빛 무지개-옮긴이)이 하늘 높이 떠 있다. 얼음 위 녹은 웅덩이는 청록색으로 빛난다. 이제 웅덩이 대부분은 아주 얇은 얼음층으로 덮여 있어, 웅덩이 색깔은 더욱 파스텔 톤으로 보인다. 나중에 이 얼음은 다시 한번 완전히 녹을 것이다. 최종 결빙 단계는 아직 시작되지 않았지만, 그 징후는 이미 나타나고 있다.

두 동료는 드론을 얼음 위로 띄워 방사선을 측정한다. 하지만 오늘 드론은 날아오르자마자, 더 이상 드론 조종사인 헤나의 통제를 받지 않는다. 이 위도에서의 드론 비행은 굉장히 어려운 일이다. 드론에 탑재된 자기나침반은 북극점과 매우 가까운 곳에서는 제대로 작동하지 않으므로, 자동 조종 기능이 중단된다. 그래서 조종사는 수동으로 드론 비행을 조종한다. 그들은 재빠르게 무언가 잘못됐다는 것을 깨닫고 능숙한 솜씨를 발휘해, 드론을 멀리 떨어진 곳에 있는 표면이 살짝 언 녹은 웅덩이 바닥에 비상 착륙시킨다. 우리는 드

론을 회수하러 갔는데, 웅덩이에 도착하자마자 왜 드론이 더 이상 통제를 받지 않았는지 알게 됐다. 로터 블레이드(회전날개식 비행기의 날개-옮긴이)의 전면 가장자리가 완전히 얼어붙었다. 얼음으로 인해

2020년 8월 말, 빛이 얼음 위를 비추며 자아내는 분위기.

북극점, 그리고 새로운 유빙 **375**

북극점 근처의 얼음 풍경.

블레이드 측면이 완전히 뒤바뀌었고, 이러한 변형은 앞쪽 상단 부분 가장자리까지 이어져 전류가 차단되고 말았다. 양력揚力이 상실된 상태에서 신속하게 비상 착륙을 한 덕분에 드론이 무사할 수 있었다. 그렇지 않았다면 드론은 추락해 박살 났을 것이다.

옅게 깔린 안개는 모든 비행기를 위험에 빠뜨린다. 이 안개는 과냉각(액체나 기체가 고체가 되지 않고 온도가 어는점 아래까지 내려가는 현상-옮긴이)된 극소 물방울로 이루어져 있어, 표면에 닿자마자 얼어붙는다. 항공의 역사를 보면, 이 빙결氷結로 인해 수많은 추락 사고로 이어졌다. 또한, 이러한 빙결 상태는 원정 마지막 단계 내내 우리와 함께할 것이다. 특히 헬리콥터와 드론 운행은 조종사가 더 나은 기상 조건을 기다리느라 인내와 집중이 엄청나게 필요한 일이 될 것이다.

12장
집으로 가다

2020년 9월 2일, 삼백마흔아홉 번째 날

북극점 바로 인근에 있는 이곳의 태양은, 날마다 지평선과 거의 일정한 거리를 둔 상태에서 우리 주위를 돈다. 하지만 몇 주의 시간이 지나면서 이제 태양은 점점 더 낮아지고, 지평선과 가까워진다. 9월 말이 되면 태양은 지평선과 완전히 닿은 뒤 지평선 뒤로 가라앉을 것이고, 이후 이곳에는 극야가 시작된다.

이제 태양의 위치가 확실히 눈에 띌 정도로 낮아졌다. 빛은 점점 더 노란색을 띠고 따스해지며, 색채는 훨씬 더 강렬해진다. 얼음 위의 나날은 믿을 수 없을 정도로 아름답다. 산, 계곡, 평평한 호수 경관을 보유한 우리 유빙도 이곳을 아름답게 보이는 데 한몫한다. 가히 북극 얼음만큼이나 멋지다. 일부 원정 대원은 이곳을 "아름다운beautiful"과 "유빙floe"을 합성한 영어 신조어인 "뷰티플로beautifloe"라는 애칭으로 부르기도 한다.

캠프가 본격 가동되고, 모든 팀이 대단히 강도 높은 업무 사이클

2020년 9월 초 모자익
유빙 2.0 위를 항해하고
있다.

원정대원들이 얼음 위
에서 작업 중이다. 색채
는 훨씬 강렬해지고, 태
양은 점점 낮게 가라앉
는다.

여름

에 돌입한다.

이제 결빙이 임박하고, 그러면 이곳 풍경은 급격히 바뀔 것이다. 녹은 웅덩이는 살얼음이 얼고 그 위로 눈이 덮일 것이다. 여름 호수 풍경은 우리가 원정을 시작할 때 보았던 꽁꽁 얼어붙은 얼음 풍경으로 갑자기 되돌아갈 것이다. 우리는 이 급격한 변화를 정확하게 포착하고자 한다.

9월 초가 되면, 영원히 지평선 주위를 도는 듯 하던 태양은 지평선과 눈에 띄게 가까워지기 시작한다. 빛은 점점 더 따스해지고 노랗게 된다. 불과 3주 후면 태양은 지평선 뒤로 가라앉고, 극야가 시작된다.

2020년 9월 8일, 삼백쉰다섯 번째 날

어제 정오, 우리가 빈번하게 실시하는 집중 측정 주기가 또다시 시작됐다. 이번 측정 작업은 유빙 위에서 36시간 동안 중단없이 진행된다! 어차피 메트 시티와 원격 감지 사이트에 설치된 기기 대부분은 상시 작동한다. 하지만 지금 오션 시티에서는 동료들이 측심연을 끊임없이 물속에 투입하고 있다. 엽록소, 염분, 온도를 측정하고, 이러한 성분들이 물기둥 어느 지점에서 혼합되는지 감지하기 위해서다. 그리고 에코 로지 천막도 새로운 보금자리를 찾아 항상 사람들로 꽉 차 있다. 게다가 이제 연구용 기구가 3시간마다 배에서 발사된다. 발사 시간 간격은 예전보다 더 빨라졌다.

이 집중 측정 단계 시간 주기는 무작위로 고른 게 아니다. 기상학자가 이 측정 기간에 날씨가 급격히 변할 것이라고 예측했다. 처음에는 바람이 점점 강해지더니 강설이 시작됐다. 어젯밤에는 바람과 눈이 최고조에 달했다. 이런 악천후는 이른 아침 하늘을 뒤덮은 구름이 걷히고 찬란한 태양이 드러날 때까지 계속됐다. 얼음 위에서 야간작업을 하던 동료들에게 그 노고를 충분히 보상하고도 남을 압도적인 광경이 펼쳐졌다.

이와 동시에 기온도 떨어진다. 유빙 상태도 오늘부터 바뀐다. 예전에는 매끈매끈한 얼음 위를 걷던 곳이, 지금은 두툼한 눈으로 덮여 있다. 이제 녹은 웅덩이도 마침내 얼어붙었다. 예전에는 웅덩이 위에 형성된 얇은 얼음층이 가끔 녹아내리기도 했지만, 이제 그런 일은 없다. 이는 오랫동안 기다려 온, 우리에게 매우 중요한 "동결freeze up" 현상이다. 여름철 녹아 있던 얼음이 겨울철 결빙으로 넘어가는 최종 전환이다. 우리는 기상 예측을 근거로 이런 상황을 예상했고, 이에 맞추어 집중 측정 단계를 계획했다.

이보다 더 좋을 수는 없다. 이로써 연간 해빙 주기의 모든 단계를 포괄하는 연중 측정이 완료됐다. 우리는 얼음의 심장박동을 완전히, 완벽하게 관찰했다. 그리고 지금 우리는 다시 꽁꽁 얼어붙은 풍경 안에 서 있다. 원정을 시작할 때 보았던 바로 그 풍경이다. 한 주기가 끝을 맺었다.

2020년 9월 9일, 삼백쉰여섯 번째 날

빛이 발하는 분위기는 날마다 바뀌며, 아주 매혹적이다. 태양은 날마다 지평선에 조금씩 가까워진다. 빛은 점점 따스해져, 지난 며칠 동안 유지하던 노란색 톤에서 이제는 노란색과 주황색이 섞인 따스한 색조로 서서히 바뀐다.

그뿐만 아니라 오늘은 하늘에 독특한 광경이 펼쳐진다. 기하학적 선으로 이루어진 인상적인 패턴이 태양 주변 하늘을 덮었다. 22도와 46도 헤일로(halo, 태양이나 달 주위에서 밝고 둥근 테나 고리를 관측할 수 있는 광학 현상. '무리'라고도 한다—옮긴이)를 분명하게 볼 수 있다. 두 개의 거대한 동심원이 태양을 둘러싸고 있다. 태양은 오른쪽과 왼쪽에 총 네 개의 햇무리를 거느리며 스스로를 강화한다. 이로써 태양에서 솟아오른 빛기둥과, 안쪽 헤일로 상단 지점에 형성된 접호(接弧, tangent arc)가 어우러진다. 이 빛으로 이루어진 선은 햇빛이 공기 중에 떠도는 얼음 결정에 반사되고 굴절되어 생기며, 종종 극지방에서 인상적인 광경을 자아낸다.

2020년 9월 12일, 삼백쉰아홉 번째 날

오늘, 출발 날짜가 확정됐다. 앞으로 8일 동안 천막을 철거하고 얼음 밖으로 나가 기나긴 귀환 여정을 시작한다. 모자익 원정의 끝이 갑자기 현실로 다가오면서, 얼음 밖 다른 세상을 생각하는 시간이 다시 대폭 늘어난다.

2020년 9월 9일, 아주
낮게 뜬 태양 주변에 나
타난 헤일로 현상.

　지금 우리는 몇 달 동안 북극 깊숙한 곳에 고립된 채, 코로나가 전
혀 없는 작은 공동체에서 생활하고 있다. 선내에서 바이러스를 거
의 잊고 지냈다. 거리두기 규칙도 없고, 걱정이나 제약 없이 마음
껏 파티를 연다. 모자익 원정 기간 동안 모든 게 완전히 뒤바뀐 세상
에서, 이곳은 코로나로부터 자유로운 조그마한 낙원과도 같다. 집
에 도착한 뒤에는 어떤 삶이 펼쳐질지 정말 상상하기 어렵다. 하루
에 한 번 육지에서 보낸 뉴스 요약본을 받기는 하지만, 얼음 속 깊숙
한 곳에 있는 작고 고립된 세상에서는 모든 것이 너무나 멀게만 느
껴져, 나머지 지구 세상의 소식을 거의 실감 나게 접하지 못한다. 오
늘 독일에 사는 여성 동료 라우라가 보낸 편지를 받았다. 유럽 전역
에서 감염률이 다시 증가하고 있으며, 많은 국가가 팬데믹을 통제

하기 위해 좀 더 엄격한 조치를 논의한다고 한다. 코로나와 관련된 생각을 더 이상 떨쳐버릴 수 없다. 원정은 종말을 향하고 있으며, 이후 코로나는 우리에게 다시 영향을 끼칠 것이기 때문이다. 많은 원정대원이 팬데믹이 끝날 때까지 얼음 속에 머물러야 한다고 주장한다. 실현 불가능한 소망이다.

전환기를 맞은 북극

한 해 동안 원정을 진행하며, 우리는 북극에 대해 그 어느 때보다도 잘 알게 됐다. 북극의 심장박동을 계속 추적했고, 유빙에 머물면서 유빙의 모든 생애 주기 단계에 동참했다. 이제 귀환하면, 전례 없는 규모의 새로운 지식을 집으로 가져오는 셈이다. 하지만 여기서

모자익 유빙 2.0에서 24
시간 측정 주기가 진행
되고 있다.

모든 게 끝나는 것은 아니다. 앞으로 몇 년 동안 우리가 가져온 샘플과 데이터를 활용해 실험실 및 컴퓨터 작업을 진행하고, 이를 통해 많은 것을 얻으리라 기대한다.

　물론 우리가 이미 알고 있는 사항도 있다. 모자익 원정이 진행되던 2019년·2020년 초여름과 여름에, 얼음은 그 어느 때보다도 빠르게 후퇴했다. 여름철 얼음이 분포한 면적은 수십 년 전보다 절반 정도에 불과하고, 얼음 두께는 난센이 프람호를 타고 원정을 감행하던 시절의 절반을 겨우 넘는 수준이다. 모자익 원정이 겨울철에 측정한 기온은, 약 125년 전 프람 원정대가 측정한 온도보다 섭씨 10도가량 높았다. 이러한 온도 차는 겨울 내내 일관되게 나타났다. 이 모든 것은 북극과 그곳의 기후가 얼마나 빠르게 변화하고 있는지를 아주 모범적으로 보여준다. 오늘 북극에서 미처 하지 않은 측정을, 몇 년 후에는 더 이상 만회하지 못할 수도 있다. 그때는 북극이 완전히 다른 세상이 될 것이기 때문이다.

모자익 프로젝트를 통해 우리는 이러한 변화를 이해할 수 있다. 1년 내내 진행된 원정을 통해, 북극이 전 세계 어느 지역보다도 빠르게 온난화하는 과정을 더 잘 분석할 수 있다. 북극에는 대기, 눈, 해빙, 해양, 생태계, 생지화학이 복잡한 메커니즘을 통해 서로 밀접하게 연결되어 있다. 이러한 과정은 기후변화를 심화시킬 뿐만 아니라 과정 자체도 변화시킨다. 모자익 원정대는 이러한 과정을 이해하는 데 필요한 100개 이상의 복잡한 매개변수를 1년 내내 쉬지 않고 기록했다. 이제 이 과정을 우리의 기후모델에서 재현할 수 있고, 이를 통해 특정 양의 온실가스 배출이 북극 및 전 세계에 어떤

출발 전날, 모자익 유빙에 머물고 있는 폴라르슈테른호.

집으로 가다　　　**385**

영향을 미칠지 더 잘 평가할 수 있게 됐다. 이는 머지않아 과학 지식을 바탕으로 단행될 정치적·사회적 차원의 기후 보호 조치에 꼭 필요한 주요 전제조건이다.

우리 유빙에서처럼 북극 중심부의 한 장소에서 엄청 많은 복잡한 기기가 동시에 작동한 적은 없었다. 우리는 이런 방식으로 북극의 총 열수지(熱收支, 표면과 대기 등 어떤 장소에서 일어나는 열의 출입-옮긴이)를 파악했다. 또한, 에너지가 어떻게 빛과 열복사의 형태로 퍼지고, 에너지가 어떻게 물과 공기에 있는 극소 난기류에 의해 전달되는지 측정했다. 바다에서 나오는 열이 어떻게 얼음과 눈을 통해 전달되어 지표면을 따뜻하게 하는지 측정했다. 지표면이 어떻게 열복사 방출을 통해 냉각되는지, 지표면이 어떻게 대기, 구름, 에어로졸에서 나오는 열복사를 통해 따뜻해지는지 측정했다. 소용돌이가 어떻게 열을 바다 깊은 곳에서 얼음까지 가져오는지, 열이 어떻게 공기 중 난기류를 통해 대기로 확산하는지 정확하게 파악했다. 이 모든 것이 다 함께 어우러져, 북극 기후시스템의 온도를 결정하고 지배한다. 이러한 에너지 흐름의 변화는 북극의 극심한 온난화를 유발한다. 이제 우리는 이러한 상황을 더 잘 이해하고, 우리의 기후모델에 더 잘 통합할 수 있게 됐다.

폴라르슈테른호는 12개월 이상 항해했다. 겨울 동안 북반구 대기에서는 비정상적으로 뚜렷한 풍향 패턴이 두드러졌다. 즉 북극 주위에 부는 서풍 제트 기류가 1950년 기록이 시작된 이래 그 어느 때보다도 강해진 것이다. 이 풍향 패턴으로 인해 얼음은 북극 횡단 표류를 타고 시베리아에서 북극을 거쳐 대서양까지 빠르게 떠내려갔고, 우리는 그 한가운데에 있었다.

대기 중에 있는 모든 것은 얼음 표면으로 보내는 빛과 열복사의 양을 변화시킨다. 우리는 구름이 햇빛과 어떻게 상호작용하는지, 구름이 어떤 열을 방출하는지, 특히 이러한 변화가 구름의 정확한 특성에 따라 어떻게 달라지는지 파악하고 기록했다. 그리고 극소 에어로졸 입자가 구름의 특성에 어떤 영향을 끼치는지 측정했다. 이러한 구름 과정은 지금까지 북극 기후시스템에서 가장 알려지지 않은 부분 중 하나였다. 이제 우리는 구름에 있는 물방울 중 얼어 얼음 결정이 되는 비율이 얼마나 되며, 이것이 구름이 빛과 복사에 끼치는 영향에 어떻게 결정적으로 작용하는지 알게 됐다. 이를 통해 우리는 구름을 기후모델에 더 잘 명시하고, 구름이 기후에 미치는 영향을 더 잘 이해할 수 있게 됐다.

우리는 얼음과 눈으로 이루어진 얇은 층에서 작업을 진행했는데, 이곳은 대기와 바다를 단절시킨다. 대기가 바다보다 훨씬 차가운 겨울에는, 이 절연층이 물의 냉각을 늦추고 이로 인해 새로운 얼음이 어는 것도 늦춘다. 이제 우리는 이러한 절연이 얼마나 잘 작용하는지, 이 절연이 얼음 내부에 균열이 생기면 어떤 영향을 받는지 알게 됐다. 또 다른 절연층인 눈이 어떻게 얼음 위에 분포되는지, 눈이 바람에 의해 어떻게 재분포되는지 더 잘 이해할 수 있게 됐다. 우리는 얼음의 역학적 특성을 측정해, 얇은 얼음이 바람과 해류의 영향을 받아 어떻게 움직이는지에 대한 지식을 더 많이 확보했다. 몇 시간 만에 수 미터 두께의 압축 얼음 능선이 형성되는 것을 보고 느꼈다. 그뿐만 아니라 얼어붙은 얼음이 겨울과 봄에도 얼마나 빨리 금이 가는지, 갈라져서 얼마나 신속하게 폭이 수백 미터에 이르는 '리드'를 형성하는지 보고 느꼈다. 그리고 우리는 여름철 해빙기에 어떻게 호수처럼 주목할 만한 담수 층이 얼음 아래에 형성되는지, 또한 어떻게 물과 대기 사이의 에너지와 가스 교환뿐만 아니라 얼음 안팎에 사는 생명체에게 필요한 영양분도 차단하는 또 다른 장벽이 생기는지도 자세히 연구·조사했다.

북극 얼음은 독특한 생활권이다. 우리는 얼음 위, 얼음 아래, 심지어 얼음 내부 한가운데에서 1년 내내 북극 생태계를 탐구했다. 북극곰, 바다표범, 북극여우, 물고기, 수많은 미생물이 한 치 앞도 보이지 않는 극야에도 북극 생태계 활동을 이어나가는 모습을 보여주었다. 이들 생명체의 기반은, 얼음 아래와 얼음 속에 서식하며 먹이그물의 기초를 형성하는 미생물이다. 모자익 원정 동안 수행한 상세한 연구 덕분에 이 극한지역에서 민감한 생태계가 어떻게 작용하는지, 기후변화의 결과로 북극 생물의 생활 형식이 어떤 변화에 직면했는지를 더 잘 이해할 수 있게 됐다.

북극해에 사는 조류藻類는 다이메틸 설파이드DMS를 생성한다. 이 가스는 대기 중에 에어로졸을 형성해 구름의 특성에 영향을 끼친다. 또 에어로졸과 구름은 북극의 기본적인 에너지 흐름에 영향을 끼친다. 우리는 이 과정을 연구했고, 물과 공기 중에 있는 다이메틸 설파이드를 측정했고, 다이메틸 설파이드가 어떻게 얼음에 난 균열을 통해 공기 중에 유입되는지 관찰했다. 그리고 공기에 들어간 다이메틸 설파이드가 에어로졸과 구름에 어떤 영향을 끼치는지도 관찰했다. 이제 우리는 생명체가 기후에 어떤 영향을 끼치는지 더 잘 이해하게 됐다. 아울러 가장 중요한 양대 온실가스인 이산화탄소와 메탄이 어떻게 얼음에 흡수되거나 방출되는지, 그리고 이런 현상이 갈라진 얼음 수면에서 어떻게 일어나는지 측정했다. 이제 우리는

전 세계 대기 중 온실가스 예산에서 북극이 차지하는 비중과 역할을 더 잘 규정할 수 있게 됐다.

이 모든 활동을 마치고, 다시 원점에 돌아왔다. 모자익 프로젝트는 처음부터 북극을 전체적·포괄적으로 연구하도록 설계됐다. 항상 쉬운 건 아니었지만, 우리는 성공했다. 우리 모두 올해는 개인적으로나 과학적으로나, 긴 시간 몰두하며 바쁘게 지낼 것 같다. 심지어 지금 우리의 예측보다 훨씬 더 오랜 시간을 분주하게 보낼지도 모른다.

얼음 위에서의 마지막 몇 분 동안, 사려 깊은 작별 인사를 유빙에게 고한다.

집으로 가다

2020년 9월 20일, 삼백예순일곱 번째 날

오늘은 얼음과 작별을 고하는 날이다. 원정을 시작한 지 정확히 1년이 지난 지금, 이제 우리는 북극 얼음에서 벗어나 기나긴 귀환의 여정을 시작한다. 길고 긴 1년이 지난 뒤, 처음으로 안도와 여유를 확실하게 느낀다. 날마다 얼음 위에 있는 대원 모두의 안전을 책임져야 한다는 의무감이 서서히 사라지고 있다. 우리는 10월 12일 브레머하펜에 도착할 것이다.

INFO

숫자로 보는 모자익 원정

* 폴라르슈테른호는 표류하는 동안 가장 가까운 인간 거주지에서 최대 1,500킬로미터 떨어져 있었다.
* 폴라르슈테른호는 첫 번째 모자익 유빙과 함께 300일 동안 표류했고, 새로운 유빙에서는 30일 더 표류했다.
* 폴라르슈테른호는 지그재그로 표류하는 얼음과 함께 3,400킬로미터를 여행했다. 이를 직선거리로 환산하면 1,900킬로미터다.
* 최저 기온은 섭씨 영하 42.3도에 달했고, 체감온도를 고려하면 실제로 느끼는 최저 기온은 영하 65도다.
* 원정 기간 동안 1,553개의 연구용 기구가 이륙했고, 가장 높이 도달한 기구는 3만 6,278미터까지 올라갔다. 가장 깊은 해양 측정은 수심 4,297미터까지 내려갔다.
* 첫 번째 유빙에서 수집한 데이터 용량은 135테라바이트에 달한다. 여기에 무수한 얼음 및 물 샘플은 물론, 에어로졸 샘플이 있는 필터도 추가된다.
* 60마리 이상의 북극곰이 폴라르슈테른호 주변에서 목격됐다.
* 37개국에서 온 인원이 원정에 참여했다.
* 모자익과 같은 원정 사례는 지금까지 단 한 번도 없었다.

오전에는 캠프 해체를 끝내고 얼음 위에서 마지막 측정을 시작한 다. 정오 무렵에는 작업을 중단해야 했다. 지난 며칠 동안 안전한 거리를 유지하며 우리 곁에 있었던 북극곰이 가까이 다가왔기 때문이다. 하지만 오후 3시가 되자 곰은 배 뒤편에 있는 리드쪽으로 향했다. 이렇게 곰이 멀리 이동했기 때문에, 우리는 유빙에서 원정을 마무리하는 작별 행사를 진행할 수 있었다.

우리는 얼음 위에서 마지막 단체 사진을 찍는다. 갑자기 모두 눈을 던지며 장난을 친다. 이 순간을 끝내고 싶지 않기라도 하듯 서로

폴라르슈테른호가 얼음을 빠져나와 기나긴 귀로에 올랐다. 이미 얼음 가장자리 지대에서 좀 더 남쪽 위도이자, 좀 더 밝은 지점에 이르렀다.

집으로 가다

모자익 원정대가 2020년 9월 20일 북극 얼음을 빠져나와 긴 귀로에 오르기 전, 얼음 위에서의 마지막 나날을 보내고 있다.

웃고 떠든다. 누구도 이게 마지막이라고 생각하지 않는 듯하다. 그러고 나서 주방에서 마련해준 글뤼바인을 가져왔다. 우리는 마지막 두 시간을 즐기고, 높이 솟은 얼음 능선 위를 거닐고, 저무는 태양을 바라보았다. 수평선을 따라 이동하던 태양은, 지금 수평선과 거의 닿아 있다. 앞쪽에는 북극곰이 리드의 얇은 얼음 위에서 사냥하는 모습이 보이고, 배 뒤에서는 장난기 많은 바다표범 두 마리가 나타나 앞발을 흔들며 작별 인사를 한다. 마법과도 같은 마지막 순간이다.

계획된 출발 시간에 정확히 맞춰 북극곰이 다가오는 바람에, 이제는 배에 탈 시간임을 확실히 알게 됐다. 모든 대원이 배로 돌아가자, 내가 마지막으로 연결 통로에 오른다. 크레인으로 연결 통로를 갑판 위로 끌어 올리고, 스크루 프로펠러 날개를 최대 출력으로 돌아가게 한다. 폴라르슈테른호는 강렬한 등적색 햇살을 받으며 얼음을 벗어나 남쪽으로 빠르게 돌진한다. 얼음 저편에 있는, 아직은 너

무나 멀게만 느껴지는 세상으로 향한다. 팬데믹으로 인해 완전히
바뀐 세상으로. 우리는 이 세상이 어떤지 상상조차 못 한다.

맺음말

얼음에서 문명으로 귀환하는 데 3주가 걸렸다. 2020년 10월 12일, 원정을 시작한 지 389일 만에 우리는 브레머하펜에 입항했다. 도착 광경은 압도적이었다. 이미 바다에서 배와 보트 함대가 우리를 환영하며 항구까지 동행했다. 텔레비전은 우리의 도착을 생방송으로 보도했다. 처음에는 아직 얼음 위에 있는 듯한 기분이 계속 들었지만, 머지않아 우리에게 몰려든 요란한 환영 인파에 금방 육지 세상으로 돌아왔다. 정말 따뜻한 환영을 받았다.

원정대원 전원이 북극에서 무사히 건강하게 귀환했다. 원정 첫 단계에서 심각하지 않은 다리 골절 사고가 있었지만, 다친 대원은 원정 초기 호위선인 아카데믹 페도로프호에 탑승해 귀환할 수 있었다. 그는 신속하게 회복해 원정 세 번째 단계에 다시 합류했다. 가장 추웠던 시기인 처음 세 단계에 참가한 원정대원 중 얼굴에 표재성 동상이 걸리지 않은 사람은 거의 없었지만, 모두 빠르게 회복했다. 원정 첫 번째 단계에서 손가락에 동상이 걸렸지만 마찬가지로 치유

됐고, 수많은 작은 부상은 선내에서 잘 치료받을 수 있었다. 항구에 도착하자, 나는 모자익 원정이 거둔 행복한 결과를 떠올리며 이루 말할 수 없는 안도감에 빠져들었다.

이제 육지로 다시 돌아왔지만, 우리는 예전과는 다른 존재가 됐다. 북극의 상태가 어떠한지 두 눈으로 직접 보았다. 수집한 데이터 외에도, 우리 머릿속에는 영원히 함께할 인상과 기억이 남았다. 북극에서 보낸 한 해는 우리를 변화시켰고. 북극 기후변화와 관련된 과학계도 변화시킬 것이다.

하지만 이번 원정이 그 밖에 어떤 영향을 끼칠까? 모자익 원정이 인간이 지구를 대하는 방식에 영향을 끼치게 될까? 과연 연중 내내 얼어 있는 북극 얼음을 보존할 수 있을까? 2020년 여름 북극에서 병들어 완전히 녹아버린 얼음을 보았다면, 의구심이 엄습할지도 모른다.

지구 기후시스템에는 여러 다양한 티핑 포인트(tipping point, 한계점 또는 급격한 변화 시점-옮긴이)가 존재한다. 인간이 지구온난화를 통해 티핑 포인트를 촉발하면, 돌이킬 수 없는 변화를 초래한다.

지구의 기후는 깊고 얕은 계곡이 있는 산악 지형에 떨어진 구슬과 같다고 생각하면 된다. 지금 구슬은 얕은 계곡 한 곳에서 활기차게 여기저기 굴러다니고 있다. 비유하면 이 계곡에서 구슬의 움직임은 지구의 날씨고, 구슬의 평균 위치는 지구의 기후다. 이제 우리가 시스템에 영향을 끼쳐 구슬을 옆으로 조금 밀면, 계곡에서 구슬의 움직임은 바뀐다. 그러니 지구의 날씨와 기후도 바뀔 것이다. 우리가 구슬을 방해하는 짓을 멈추면, 구슬은 예전 운동 패턴으로 돌아간다. 변화를 되돌릴 수 있다는 뜻이다.

하지만 일단 우리가 시스템을 너무 많이 교란해 아예 구슬을 들어다 고갯길을 거쳐 다른 계곡으로 옮겨놓는 짓을 저지른다면, 기후 상태를 영구히 바꿔놓는 것이다. 그렇게 되면 우리가 교란을 후회하고 구슬에게 더 이상 영향을 끼치지 않더라도, 구슬은 더 이상 원래 있던 계곡으로 돌아가지 않는다. 여기서 고갯길이 기후시스템의 티핑 포인트인 셈이다.

고갯길을 넘어가는 상황, 즉 북극에서 여름 해빙이 사라져 버리는 상황이 임박했다. 어쩌면 우리는 이미 고갯길을 넘어, 고갯길 뒤편에 난 급경사진 오솔길에 있는지도 모른다. 그리고 더 이상 여름철 북극에 얼음이 없어지는 상황을 막지 못한다. 그리고 이 티핑 포인트는 지구온난화가 증가하면서 처음 넘어야 할 고갯길에 불과하다. 온난화로 인해 지구 평균 기온이 약 1.5도 상승하면, 티핑 포인트를 촉발할 위험이 증가한다. 그린란드와 서쪽 남극 빙상이 불안정해져 장기적으로 사라질 수 있고, 고산 빙하가 위협받으며, 산호초를 살릴 수 있는지 여부는 오늘날 더 이상 알 수 없다.

온난화로 기온이 섭씨 2도 이상 상승하면, 더 많은 티핑 포인트가 기다리고 있다. 그중에는 아마존 열대 우림이 사라지고 열염순환, 즉 기본 해류가 근본적으로 변화하는 상황도 포함된다. 또한, 북방 침엽수림boreal forest도 존립을 위협받게 된다.

지구가 계속 따뜻해지면서 동쪽 남극 빙상, 시베리아·북미 영구 동토층, 심지어 겨울철 북극 얼음까지 사라질 수 있다는 우려도 커지고 있다.

이러한 티핑 포인트 중 상당수는 어디에 도사리고 있는지, 어느 정도로 온난화가 진행되어야 촉발하는지 정확하게 알 길이 없다.

섭씨 1.5도 이상의 온난화가 진행되면 이러한 티핑 포인트가 지뢰밭처럼 사방에 깔린다. 그러나 우리는 지뢰가 어디에 묻혀 있는지 정확하게 알 길이 없다.

하지만 한 가지 알 수 있는 건 있다. 여름철 북극 해빙이 사라진다는 것은, 지뢰밭에서 첫 번째 지뢰를 밟는 것이나 마찬가지라는 사실이다. 그리고 나는 이미 우리가 지뢰를 밟고 폭발이 시작되는 광경을 두 눈으로 직접 본 게 아닌가 하는 의구심이 든다.

이 지뢰밭에 무턱대고 걸어 들어가고 싶은가? 또는 우리 아이들을 지뢰밭 한복판으로 보내고 싶은가? 이를 도저히 선량하고 책임감 있는 개념이라고 볼 수 없다. 구슬을 점점 더 심하게 교란하는 짓을 멈춰야 한다. 온실가스 배출, 무엇보다 이산화탄소 배출을 단호하고 신속하게 줄여야 한다.

지뢰밭에 발을 들여놓는 상황을 피하려면, 그러니까 지구온난화를 섭씨 1.5도로 제한하려면 21세기 중반까지 전 세계 온실가스 순 배출량을 0으로 줄여야 한다(넷제로net zero-옮긴이). 이는 대기 중에 배출하는 온실가스양과 대기에서 다시 흡수하는 온실가스양이 같다는 의미다. 이것이 실현 가능한지는 의문이다. 하지만 섭씨 1.5도라는 한도를 넘어 10분의 1도씩 기온이 오를 때마다 위험 또한 증가하고, 그 결과 전 세계는 기후변화라는 심각한 위기 상황에 놓인다. 그러므로 우리는 적어도 미래 세대를 지뢰밭 한복판으로 보내지 않도록 의미 있는 노력을 아끼지 말아야 한다.

이를 위해 온실가스를 줄이기 위한 현실적인 목표를 설정한 뒤, 이 목표를 달성하기 위한 조치를 취해야 한다. 이산화탄소 배출을 성공적으로 줄이기 위한 계획을 세우려면 두 가지 기본 조건을 충족해야 한다.

첫 번째 기본 조건은, 효과를 거둘 수 있는 계획이어야 한다. 이는 의도한 감축 목표에 도달하는 데 적합한 계획이어야 한다는 의미다. 이는 굳이 언급할 가치조차 거의 없을 정도로 당연하고 명백한 기본 조건인 것 같다. 그러나 유감스럽게도 지난 몇 년 동안 취해진 기후 보호 대책은 전부 이 명백한 기본 조건을 완전히 충족하지 못하고 있다. 이러한 조치만으로는 우리 스스로 설정한 감축 목표에 도달할 수 없다.

두 번째 기본 조건은, 다수의 지지를 확보할 수 있는 계획이어야 한다. 민주주의 체제에서 사회적으로 다수의 찬성을 못 얻으면, 아무것도 지속적으로 이룰 수 없다. 물론 민주주의의 특성인 대의제를 통해 일시적으로 관철할 수는 있다. 하지만 장기적으로 보면 이는 진정한 해결책이 못 된다.

이는 우리를 딜레마에 빠뜨린다. 첫 번째 기본 조건과 두 번째 기본 조건이 서로 해결할 수 없는 모순으로 치닫는다면 어찌해야 할까? 현재 우리는 바로 이러한 상황에 놓인 듯하다. 즉 "기후변화에 대처하기 위해 더 많은 걸 해야 한다"라는 의견에 찬성하는 사회적 다수가 광범위하게 존재하기는 하나, 다른 한편으로 이를 실천하기 위한 구체적이고 효과적인 제안이 다수의 지지를 얻는 경우는 극히 드물다.

항상 자신이 낸 제안이 다수의 관심을 끌어야 하는 정치인은, 점점 더 중요해지는 이 분야에서 자신이 열심히 활동하고 있다는 것을 유권자에게 보여주기 위해 이른바 '플라세보(placebo, 위약-옮긴이) 대책'으로 숨어버리는 경우가 많다. 하지만 예를 들어 독일 전체 이산화탄소 배출량 중 0.2퍼센트를 차지하는 국내 항공편만 따로 떼어내어 주요 의제로 초점을 맞추는 것이, 과연 우리 독일인에게 도움이 될까? 물론 우리는 이산화탄소 배출원을 전부 파악해야 하며, 감축만 할 수 있다면 아무리 사소한 부분이라도 놓쳐서는 안 된다. 하지만 이로 인해 독일 전체 이산화탄소 배출량의 90퍼센트를 차지하는 분야가 소홀히 다루어져서는 안 된다. 즉 에너지 생산(32퍼센트), 산업(23퍼센트), 운송(20퍼센트), 건물 난방(15퍼센트) 분야도 주시해야 한다. 그런데 유감스럽게도 이 분야에서 효과적인 조치를 취하려 해도, 아직 사회적 다수의 지지를 얻기가 요원하다.

어떤 이들은 본인의 명예를 엄청나게 추구하려는 동기에 사로잡혀, "무언가 해야 하지 않을까"라고 생각하는 다수를 이용한다. 그리하여 사회가 기후 문제에 있어서 민주주의 체제에 제약을 가하도록 획책한다. 그러고는 "무엇을 해야 하는가"라는 문제도 소수가 설계하고 관철한 대책으로 해결하려 하고, 다수가 이 조치를 따르라고 강요한다. 나는 환경보호단체인 '멸종 저항Extinction Rebellion'의 창립자 중 한 사람인 로저 할람Roger Hallam이 한 "사회가 도덕적으로 너무 부패하게 행동하면, 민주주의는 무의미한 게 아닌가"라는 발언(2019년 9월 13일 자《슈피겔 온라인Spiegel Online》인터뷰)을 대단히 우려스럽게 생각한다. 이 같은 발언은 기후 보호 대책에 대한 합리적 요구의 신빙성을 저해하고, 사회적 다수의 지지를 얻으려는 노력을 약화한다. 그럼으로써 기후 보호에 막대한 피해를 입힌다.

아무리 선의에서 비롯된 요구라 하더라도 사회적 반발에 부딪힐 가능성을 염두에 두어야 한다. 어쨌든 과감한 기후 보호 대책을 단행해 엄청난 박수갈채를 보내는 사람들을 끌어모으려는 게 아니다.

마찬가지로 설득이 도저히 불가능한 소수의 완고한 사람들을 상대하는 것도 도움이 되지 않는다. 오히려 마음이 흔들리는 다수의 사람을 설득하는 게 중요하다. 과도하게 돌출된 요구로 그들을 겁준다고 해서 기후 보호 대책을 더 많이 시행하는 상황으로 이어지지 않는다. 양극화는 우리에게 전혀 도움이 되지 않는다. 널리 받아들여질 방법을 찾아야 한다.

기후 보호는 그 필요성에 대한 확실한 이해를 바탕으로, 사회적 다수의 지지가 뒷받침되어야 한다. 그래야만 기후 보호는 장기적으로 여러 세대에 걸쳐 성공할 수 있다. 대다수 사람에게 거스르는 행동을 하면, 설령 성공을 거두더라도 얼마 못 간다.

따라서 기후변화를 완화하는 데 성공하기 위해서는 근본적으로 힘겨운 방법만 남게 된다. 즉 첫 번째 기본 조건과 두 번째 기본 조건을 똑같이 충족시키는 개념을 설계한 다음, 다수가 찬성하도록 인내심을 가지고 끊임없이 홍보하는 방법이다.

나는 우리 사회가 통찰력을 지녔다고 굳게 확신한다. 과학적 근거는 매우 명확하므로, 사회적 다수가 행동이 시급하다는 것을 깨닫도록 하기 위해서는 무엇보다 과학적 근거를 집중적으로 알리려는 의지가 필요하다.

그리고 이러한 의지는 지난 2년 동안 급격히 증가했다. 구체적이고 효과적인 기후 보호 대책을 제시해 다수의 지지를 얻는 데 지금처럼 좋은 시기는 없다. 기후 보호라는 주제를 이념적 참호전으로 끌어들여 독살시키지 말고, 지금처럼 유례없이 좋은 기회를 제대로 활용해야 한다.

다수의 지지를 얻으려면 다음 같은 조치가 필요하다.

1) 공정하고 균형 잡힌 조치를 취해야 한다. 이는 이산화탄소 배출 사안을 이념적 편견에서 벗어나 모든 부문을 아울러 동등하게 다루어야 한다는 의미다. 이를 위해 가장 좋은 해결책은 이산화탄소 배출이 발생하는 장소와 방식에 상관없이 균일하게 표준 탄소세를 책정하는 것이다. 탄소세는 세금 또는 인증서 거래 형식을 통하거나, 아니면 아직 개발되지 않은 다른 메커니즘을 통해 납부한다.

2) 조치는 '해외로 밀어내기 효과'를 방지하는 규정으로 보완해야 한다. 그렇게 하지 않으면 이산화탄소를 집중적으로 배출하는 공정이 독일을 벗어나 배출 비용이 전혀 들지 않을 뿐만 아니라 환경보호 기준과 노동자 권리도 아주 미미한 다른 국가로 이전하는 사태가 대규모로 일어날 것이다. 이는 독일 입장에서는 국내에서 이산화탄소 배출량이 줄어드니 좋아 보일지도 모르겠다. 하지만 지구 전체로 보면 전혀 유익하지 않다. 따라서 독일 내 배출에만 일방적으로 초점을 맞추면, 기후는 물론이고 그 밖에 독일 경제에도 해가 된다. 그러나 기후 보호 대책을 이행하는 데 필요한 자원을 창출하기 위해서도, 정상적으로 돌아가는 경제가 필요하다. 아마도 이게 실행하기 가장 어려운 지점일 것이다. 수입품목에 탄소세를 부과하는 등의 명백한 조치가, 그 자체로 재화 가치가 높은 단체인 세계 무역 기구WTO가 정한 국제 규정에 위반되기 때문이다. 그럼에도 세계 무역 전문가들은 이 사안을 의제로 삼고 해결책을 찾아야 한다.

3) 해당 조치로 인한 수익은 전부 국민에게 100퍼센트 환원될 수 있도록 설계해야 한다. 국가가 기후 정책을 구실로 금고나 채운다는 인상을 주면, 다수의 지지를 못 받는 커다란 위기 상황에 직면할 수 있다. 아울러 다수의 지지를 잃을 수 있는 위협으로 작용하는 또

다른 요인은, 기후 보호 대책의 사회적 불균형이다. 이러한 불균형이 쉽게 발생할 수 있는 이유는, 저소득층은 에너지 비용(예를 들면 난방, 전기, 연료)의 증가를 감당할 능력이 고소득층보다 훨씬 떨어지기 때문이다. 그러므로 이 사회적 불균형 사안에 대한 대책을 마련해야 한다.

그런데 예를 들어 탄소세 수입을 국민 한 사람당 균등하게 분배한다면, 평균적으로 저소득층은 자신이 더 많은 혜택을 누린다고 느낄 것이다. 왜냐면 저소득층은 대체로 부유층보다 에너지를 덜 소비하는 경향이 있기 때문이다. 이는 분배 메커니즘을 통한 환급금이 에너지 가격 상승에 따른 추가 비용을 훨씬 능가한다는 의미다. 그럼에도 모든 이가 에너지 절약 행위에 대한 보상을 받게 될 것이다. 이렇게 환급 메커니즘 시행에서 발생하는 효과를 적절하면서 이해하기 쉽게 알리는 데 성공한다면, 머지않아 사회적 다수의 지지를 얻을 것이라고 확신한다.

성공적인 기후 보호 개념을 들여다보면, 전부 예외 없이 인센티브(자발적 동기 부여-옮긴이) 효과를 개진하고 있다. 이렇게 하는 것이 바람직할뿐더러 사안의 핵심이기도 하다. 인센티브 효과를 시행하다 보면, 큰 타격을 받을 수밖에 없는 관련 산업 분야나 사회단체의 불만이 불가피하다. 그래서 예외 또는 보상 규정을 둘 수 있지만, 이는 인센티브 효과를 완전히 훼손하는 행위다. 그러면 안 된다. 하지만 국가가 시행하는 조치에 대한 국민의 신뢰와 확신 또한, 훼손되어서는 안 된다.

예를 하나 들어보자. 직장에서 멀리 떨어진 곳, 임대료가 저렴한 곳에서 사는 사람은, 출퇴근 시간이 짧고 임대료가 높은 도시에서 사는 사람에 비해 이동 비용이 훨씬 많이 든다. 그럴 수밖에 없는 것이, 출퇴근 시간이 길면 그만큼 이산화탄소 배출량도 많아지기 때문이다. 다만, 사람들은 거주지를 선택할 때 아주 장기간에 걸쳐 결정을 내린다. 따라서 국가는 국민이 이러한 결정을 내릴 수 있는 기본 조건을 유지하도록 높은 수준의 신뢰성을 보장해야 한다. 국가에 대한 신뢰성 또한, 우리가 결코 가볍게 포기해서는 안 되는 주요 사회 자산이니까.

새로운 기후 보호 규정은 일시적으로 기후 보호에 거스르는 것처럼 보이기는 하겠지만, 그런 까닭에 항목별로 국민이 신뢰할 수 있는 조건이 포함된 잠정적·과도기적 해결책도 고려해야 한다. 이러한 요소를 통해, 국가는 공정하고 균형 잡히고 책임감 있게 정책을 펴나가는 모습을 보여줄 수 있다. 그리고 이는 기후 보호 대책이 다수의 지지를 얻기 위한 또 다른 필수 전제조건이다. 다수의 지지 없이는 아무것도 이룰 수 없으니까.

인류는 이미 공동 행동을 통해 지구 환경 문제를 성공적으로 해결해 왔다. 전 세계 모든 국가가 몬트리올 의정서와 그 이후 강화된 후속 규제 조치에 따라 오존 파괴 물질을 더 이상 생산하지 않기로 약속했기 때문에, 오존층은 회복의 길에 접어들고 있다. 이러한 사례를 통해, 국가 간 이해 상충에도 불구하고 우리는 얼마든지 책임감 있게 공동 행동을 할 수 있다는 것을 입증해 냈다. 우리는 뱀 앞에 놓인 집토끼처럼 무슨 일이 일어날지 수동적으로 기다리기만 하는 존재가 아니다.

그리고 어느 단계에서 모든 국가가 동참하지는 않는 상황이 발생하면 다른 국가가 앞장서야 한다. 오존층 보호가 그랬던 것처럼, 기후 보호 또한, 여러 세대에 걸쳐 해결해야 할 과제다. 오존 문제 해결은 기후 문제 해결보다 훨씬 쉬웠다. 그럼에도 이러한 사례는 우리가 글로벌 차원에서도 원칙적으로 행동할 수 있는 능력이 있다는 것을 보여준다.

안타깝게도 지금 우리가 사는 세상에서는 날이 갈수록 국가 간 이해가 서로 첨예하게 충돌하는 양상이 두드러진다. 이러한 상황은 다시 바뀌어야 하며 이를 위해 우리는 노력해야 한다. 국가주의에 대응하는 개념인 다자주의多者主義, multilateralism, 국제적 공동 협력, 전 세계 모든 국가의 지구에 대한 공동 책임이 다시 우위를 점해야 한다. 그러지 않으면 기후변화로 인해 인류가 직면한 엄청난 도전 상황에 성공적으로 대처할 수 없기 때문이다.

북극 해빙은 지구 기후시스템에서 중요한 역할을 할 뿐만 아니라 고대古代 문화의 일부이며 상당수 토착민 사회의 생활 기반이기도 하다. 그리고 이곳은 매혹적이고 독특한 아름다움으로 가득한 장소다. 우리는 미래 세대를 위해 북극 해빙을 보존하는 노력을 아낌없이 기울여야 한다.

감사의 말

모자익 원정은 수백 명의 지칠 줄 모르는 노력이 없었다면 불가능했을 것이다. 그들은 원정 전은 물론, 원정 중에도 배와 육지를 오가며 영혼을 불살랐다.

모자익 프로젝트의 아버지이자 공동 코디네이터인 클라우스 데트로프에게 특별히 감사의 말씀을 드린다. 그는 10여 년 전에 이 원정에 대한 아이디어를 생각해 냈고, 이후 몇 년에 걸쳐 이 아이디어를 끈질기게 추구하고 발전시켰다. 클라우스 데트로프가 없었다면 모자익은 아예 존재하지도 않았을 것이다. 또한, 마찬가지로 모자익 프로젝트의 공동 코디네이터인 매튜 슈프에게도 감사의 말씀을 드린다. 그는 모자익 프로그램을 개발할 때 초기 비전 제시에 기여했고, 원정 전과 원정 기간 중 지칠 줄 모르는 노력을 기울여 모자익 프로그램이 성공적으로 완료하는 데 크게 한몫했다. 또한, 안야 좀머펠트Anja Sommerfeld에게도 진심으로 감사의 말씀을 드린다. 모자익 프로젝트 매니저인 그녀는 믿기 힘든 수준의 개인적 노력과 엄청난 에너지를 아낌없이 투여했다. 안야의 지원으로 모자익 프로젝트는 성공적으로 구현될 수 있었다.

특히 모자익 물류라는 개념을 배후에서 조종한 인물이자 알프레트 베게너 연구소 부소장이며 알프레트 베게너 연구소 물류 책임자인 우베 닉스도르프에게 감사의 말씀을 전한다. 엄청나게 전문적이고 능력 있는 알프레트 베게너 연구소 물류부서가 있었기에 모자익 원정이 가능했다. 물류팀 직원들, 특히 마리우스 히르제코른Marius Hirsekorn, 베레나 모하우프트Verena Mohaupt, 브옐라 쾨니히Bjela König, 에버하르트 콜베르크Eberhard Kohlberg, 팀 하이트란트Tim Heitland, 디르크 멩에도트Dirk Mengedoht, 니나 마흐너Nina Machner, 기타 많은 분에게도 감사의 말씀을 드린다. 미하엘 투어만Michael Thurmann과 F. 라아이츠F. Laeisz 해운의 모든 관계자에게도 감사의 말씀을 드린다. 그들은 원정을 계획하고 실행할 때 훌륭한 협력과 발군의 지원을 아끼지 않았고, 모자익이 감수해야 했던 복잡한 선박 운영 절차를 모조리 전문적으로 처리해 주었다.

알프레트 베게너 연구소의 전현직 소장인 카린 로흐테와 안트예 뵈티우스에게도 당연히 진심으로 감사를 드려야 한다. 그들은 모자익 프로젝트에 대해 지칠 줄 모르는 확고하고 신뢰할 수 있는 지원을 아끼지 않았다. 그들의 열정적인 도움 덕분에 원정 계획을 원활하게 가속화하고 실행할 수 있었다. 카린 로흐테는 재임 기간 동안 국제적 모멘텀을 구축하는 데 핵심적인 역할을 해, 모자익 원정을 가능케 했다. 안트예 뵈티우스는 모든 가능한 방법을 동원해 모자익 프로젝트의 구현을 지침 없이 지원했다. 그들이 보여준 엄청난 노력은, 코로나19가 대유행하는 상황에서도 원정을 계속할 수 있었던 결정적인 요인으로 작용했다.

폴라르슈테른호를 진두지휘한 두 명의 선장인 슈테판 슈바르체와 토마스 분더리히는 원정 기간 중 엄청난 경험치와 신중함을 발휘해, 원정 진행이 근본적으로 원활하게 이루어지고 좋은 성과를 거두는 데 크게 기여했다. 그리고 폴라르슈테른호 전체 승무원의 엄청난 개인적 노력이 없었다면, 모자익 같은 원정은 절대 생각조차 할 수 없었을 것이다. 그들이 보인 노력은 통상적이고 예상 가능한 수준을 훨씬 뛰어넘었다. 사실상 폴라르슈테른호 승무원들이 이 원정을 이끈 것이다. 모든 승무원과 선장 두 분이 보여준 노고에 감사드린다. 그들은 원정 기간 동안 인상적인 성과를 거두었고, 북극 얼음 한복판에서 잊을 수 없는 시간을 함께 보냈다. 이들 승무원과 그들이 거둔 성과를 절대 잊지 못하리라!

또한, 모든 파트너 선박의 선장과 승무원들에게도 감사드린다. 그들은 겨울철 가장 어려운 얼음 조건에서도 지원과 물자 보급을 아끼지 않았을뿐더러, 코로나 팬데믹 때문에 모든 계획이 무산됐을 때에도 단숨에 곁으로 달려와 우리 편이 되어주었다. 이들은 바로 아카데믹 페도로프호, 카피탄 드라니친호, 애드미럴 마카로프호, 마리아 S. 메리안호, 존네호, 아카데믹 트료쉬니코프호다. 우리는 이 선박들에 가서 아주 멋진 시간을 보냈고, 이는 오로지 승무원들 덕분이다. 또한, 독일 연구선 관리국 조정실, 독일 연구재단, 독일 연방 교육연구부에게도 감사의 말씀을 드린다. 그들은 코로나 유행 시기, 매우 짧은 시간 안에 마리아 S. 메리안호와 존네호를 투입해 원정을 계속할 수 있도록 해주었다.

알프레트 베게너 연구소에 근무하는 많은 직원의 엄청난 헌신과 노력이 없었다면, 모자익처럼 복잡한 프로젝트는 실현 불가능했을 것이다. 조수 자비네 헬비히Sabine Helbig와 모든 동료에게도 감사의 말씀을 전한다. 그들은 정신없이 바쁜 와중에도 도움을 아끼지 않았고, 수많은 과제를 분담해 내 손을 덜어주었다. 그리고 모자익 원정을 가능케 하려고 지치지 않고 열정을 쏟아부어 준 통제부, 구매부, 인사부, 커뮤니케이션 및 미디어부, 총무부, 관리부, 이사회 사무국 직원들에게도 모두 감사드린다.

오랜 신뢰와 긴밀한 협력을 아끼지 않은 상트페테르부르크 소재 러시아 극지연구소AARI에게도 감사의 말씀을 드린다. 특히 AARI 소장인 알렉산드르 마카로프Alexander Makarov와 AARI의 북극 활동 운영 책임자인 블라디미르 소코로프에게도 경의를 표한다. 러시아 동료들 및 AARI 친구들의 파트너십이 없었다면, 모자익 원정은 실행되지 못했을 것이다.

독일 헬름홀츠 협회 회장 오트마르 비스틀러에게도 감사를 드린다. 그는 확고한 자세로 모자익 프로젝트에 엄청난 지원을 아끼지 않았고, 우리가 진행하는 연구에 대해서도 열정을 아끼지 않았다. 그의 열정은 다른 사람들까지 영향을 받을 정도였다.

연방연구장관 안야 카를리첵에게도 깊은 감사를 드린다. 그녀는 좋은 시기는 물론이고 코로나 팬데믹으로 모자익 원정이 붕괴 직전까지 몰렸던 나쁜 시기에도 신뢰를 잃지 않고 든든한 버팀목이 되어 주었다.

독일 외교부 장관 하이코 마스에게도 감사드린다. 나는 그와 북극의 급격한 기후변화가 초래하는 광범위한 영향, 특히 국제 관계와 분쟁 예방 관리에 끼치는 영향에 대해 흥미진진한 대화를 나눈

바 있다. 이 대화는 우리가 진행하는 일에 대한 영감과 동기 부여의 원천으로 작용했다. 특히 독일 외교부에게도 감사드린다. 독일 외교부는 다국적 원정대원들이 코로나 시기에 고국으로 귀환하는 여행을 원활히 할 수 있도록 지원을 아끼지 않았다.

국제 북극 과학 위원회International Arctic Science Committee. IASC와, 모자익에게 중요한 시기에 이 위원회를 이끈 폴커 라흐홀트Volker Rachold에게도 감사의 말씀을 드린다. 국제 북극 과학 위원회는 모자익 프로젝트가 매우 중요하게 여긴 사안인 국제 협력 관계 구축에서 핵심적인 역할을 해 왔다.

모자익 프로젝트는 모든 파트너의 기여를 전부 합한 결과물이다. 20개국에서 온 80여 개 이상의 국제 모자익 파트너 기관, 기금 지원 기관, 과학 협회에게 특별히 감사드리고 싶다. 이 책의 본문을 수정하고 누락되거나 결함이 있는 부분을 보완하고 정보 상자 중 상당수를 집필해 준 마를레네 괴링Marlene Göring에게 감사의 말씀을 드린다. 편집부 아르노 마치너Arno Matschiner에게도 감사드린다. 카렌 구다스Karen Guddas와 C. 베텔스만 출판사 직원 일동에게도 감사의 말씀을 드린다. 그들의 엄청난 지원 덕분에 이 책을 출간하는 프로젝트가 실현될 수 있었다.

원정에 참가한 남녀 대원 덕분에 모자익은 살아남을 수 있었다. 그들은 원정을 성공으로 이끌었고, 매우 중요한 과학 데이터와 샘플을 수집했으며, 관련자 모두에게 잊을 수 없는 경험을 선사했다. 장기적으로 과학계를 변화시킬 환상적인 한 해를 함께 보낸 모든 원정대원에게 진심으로 감사의 말씀을 드린다. 원정 단계마다 현장 지휘 역할을 한 두 분인 크리스티안 하스와 토르스텐 칸초브는 물론, 모자익 프로그램 실행을 위해 쉬지 않고 노력해 준 대기 팀, 얼음 팀, 해양 팀, 생태계 팀, BGC 팀, 물류 팀, 모델링 팀, 데이터 팀, 통신 팀, 원격 감지 팀, 항공기 팀의 팀장 모두에게도 감사의 말씀을 드린다. 그리고 마지막으로 원정 참가자의 모든 가족과 친구들에게도 감사드린다. 그들은 오랜 시간 떨어져 지내는 힘든 시기에도 항상 활기찬 격려의 메시지로, 우리에게 응원을 아끼지 않았다.

찾아보기

북극에서 얼어붙다

소멸하는 북극에서 얼음 시계를 되감을 330일간의 위대한 도전

초판 1쇄 찍은날	2024년 3월 18일
초판 1쇄 펴낸날	2024년 3월 26일
지은이	마르쿠스 렉스·마를레네 괴링
옮긴이	오공훈
펴낸이	한성봉
편집	최창문·이종석·오시경·권지연·이동현·김선형·전유경
콘텐츠제작	안상준
디자인	최세정
마케팅	박신용·오주형·박민지·이예지
경영지원	국지연·송인경
펴낸곳	도서출판 동아시아
등록	1998년 3월 5일 제1998-000243호
주소	서울 중구 필동로8길 73 [예장동 1-42] 동아시아빌딩
페이스북	www.facebook.com/dongasiabooks
전자우편	dongasiabook@naver.com
블로그	blog.naver.com/dongasiabook
인스타그램	www.instargram.com/dongasiabook
전화	02) 757-9724, 5
팩스	02) 757-9726

ISBN	978-89-6262-192-1 03450

만든 사람들

책임편집	권지연
크로스교열	안상준
디자인	최세정